現代精緻
旅館經營管理
——理論與實務

余慶華 / 著

周　序

　　旅館事業在觀光產業發展過程中，扮演著極重要的角色。近二十多年以來，伴隨著台灣經濟的成長，世界各地的觀光團體、商務人士來台的數量不斷增加，旅館業不但提供國內外旅客在旅途中的居所，並以溫馨、舒適的環境與從業人員熱情親切的服務，盛情款待這些國內外的友人，使他們倍感溫馨，賓至如歸，贏得了許多國際友誼，成功地拓展台灣的國民外交。

　　由於旅館事業的發展蓬勃，培養優秀的旅館人才，是當前最重要的課題。唯有大量優秀的從業人員投入市場，才能使旅館事業生生不息，品質及水準更加提升。然而，旅館的領域是極為專業的。服務的技術與觀念不斷進步，旅館事業的發展亦不斷向前超越。旅館管理人員須時時進修，擷取先進的技術，以彌補自身的不足。不論是數百間客房的大型飯店或是三、五十間客房的小型旅館，都有其學問與技術。在經營管理層面，所考量的因素及輕重緩急均有所不同。因此，任何細節對管理者來說，都是重點，不得絲毫怠慢。

　　余慶華先生在業界一直是非常優秀的專業經理人，具有豐富的旅館經營管理經驗。如今他將多年的寶貴經驗，鉅細靡遺地以文字呈現出來，與讀者分享，實屬難能可貴。本書的特色在於實務的操作面，從業人員的工作流程、技巧和基本的態度，都有很詳細完整

的闡述，對旅館業的從業人員具有積極的參考價值，亦是餐旅科系學生的絕佳教材資料。本書即將付梓之際，本人極樂意爲序推薦。

唯客樂飯店董事長

周文禧

徐　序

　　顧客決定市場！消費者的需求，告訴我們要蓋什麼樣的旅館。

　　現代旅館型態多元且活潑，是因為社會型態的改變，消費者價值觀的轉變，同時亦刺激旅館市場的變革。無論軟體或硬體的服務，都精緻化許多。並且，市場定位亦越趨明顯。例如，商務型態的旅館，在商務功能方面，便極為重視，不斷加入新的科技設備或服務項目，使洽商的旅客更為便利與提升效率；休閒型態的旅館在豪華感、舒適性和隱密性等方面十分講究。提供客人的視覺、觸覺感受，得到不同的體驗，並且塑造非凡的價值感，創造專屬的私密空間，滿足顧客追求刺激與好奇的需求。

　　很高興能看到有關於中小型旅館經營管理的書籍出版。多年來，一直都缺乏像《現代精緻旅館經營管理──理論與實務》，以中小型旅館的經營管理為闡述對象的書籍。

　　本人從事旅館管理工作多年，而中小型旅館這個領域，的確有別於大型旅館，不論在經營面或管理面，均有其專屬之 Know How 。以往，中小型旅館的經營技術較少被具體化，因此在專業知識的傳播與展現，也較為弱勢。員工訓練方面，由於沒有適合的參考書，不易系統化地傳承。如今看到余慶華君將中小型旅館經營管理的寶貴資料，撰寫成書，分享業界，真的令人感到無比的振

奮。

　　書中將極細微的操作細節，均加以詳細描述，顯示作者的用
心，更可看出其實務經驗是極為豐富的。作者並以豐富的經驗，結
合現代市場的潮流，敘述台灣的中小型旅館市場發展情況，深入而
確實，見解極為精闢，值得讀者細細體會。

台北市旅館商業同業公會理事長

富園國際商務飯店董事長

徐銀樹

許　序——細節決定成敗

　　這二十年來，台灣由於資金及人才不斷外流，造成各行各業急遽萎縮，其中最首當其衝的莫過於服務各種產業的旅館業。台灣觀光業也從民國 65 年來台觀光人數衝破百萬人次，開啓台灣國際觀光熱潮之後，經過四十個年頭的演化，至今卻面臨國際觀光人數銳減，且每下愈況的窘狀。而所幸民國 89 年，由於薇閣精品旅館將台灣中小型旅館的產業發展出一個新的類別及方向，使得近年來中小型旅館如雨後春筍般拔地而起，此時慶華兄又適時地出版了《現代精緻旅館經營管理——理論與實務》，立即彌補了空有硬體卻苦無軟體奧援的缺憾。

　　慶華兄以其豐富的實務經驗及「不藏於己」的無私精神，將其所學貢獻業界，喚起以前不重視細節管理的中小型旅館，開始反省與學習，實為本書最大的貢獻。全書中舉凡櫃檯、房務、安全、顧客抱怨乃至稽核、工程設備、組織人力甚至連換房、鑰匙管理、毛巾清洗等均多所著墨，可以說是一部中小型旅館的「管理聖經」。

　　在拙作《薇閣傳奇》中提到「旅館業就是服務業，服務業就是細節事業」（Hotel Is Detail）。現代中小型旅館的設施，舉凡 KTV 設備、蒸氣、烤箱、按摩椅、按摩浴缸、八爪椅甚至連隱形眼鏡藥水及置放盒等等，都是大型星級飯店所付之闕如的。而顧客的來源

也更加多元化，人員的僱用數量及管理等等與大型旅館的複雜度更不遑多讓。慶華兄《現代精緻旅館經營管理──理論與實務》的出版，正提供日趨複雜的中小型旅館管理，詳細而實務的解答。

　　服務業的管理現狀如台灣諺語所說「要壞，水崩山；要好，龜爬壁」，是要一步一腳印，日積月累，全體團隊不斷努力而有以致之。所以說「沒有 Magic ，只有 Basic」，本書的出版就以 Basic 的實務精神「把普通的事，做到很不普通」。

　　如前所述，由於薇閣在中小型旅館開啓了中小型旅館的新類別後，後繼模仿者風起雲湧，蔚為風潮。而最難模仿的卻是細節及公司的文化，一個好的、永續的中小型旅館，絕不是跟著賺錢的風潮走，而是想把事情做好。想和自己的顧客建立長期而且微妙的關係，想追求合理而非最高的利潤，想把經營的效果大於經營的效率。就像慶華兄一樣，一輩子只想做好一件事，那件事就是「把普通的事做到很不普通」。因為「現代服務業，世界級的競爭，就是細節的競爭」。

薇閣精品旅館董事長

許調謀

文　序

　　和慶華兄是十多年的老朋友了。在我的印象裡，他一直是懷抱著積極與熱情的年輕人，並且具有專業的旅館知識與經驗。前些年，聽說他計畫投入資訊業的領域，我感到十分惋惜。因為旅館業界即將失去一位積極熱情的專業經理人，這將是旅館業界的一大損失！如今，得知慶華正準備出版《現代精緻旅館經營管理──理論與實務》這本書，則令我十分欣慰與感動。我知道，慶華兄又回到旅館這個領域，並且為旅館業貢獻心力。

　　旅館的工作便是細節的工作，著重每個細節的落實。旅館管理，除了提升效率外，另外的一個重大義意，便是延長旅館的壽命，進而提升旅館服務品質與降低經營成本。對於業主而言，旅館從業人員是幕僚也是管家，是人才也是奴才。我們要像照顧自己的家一樣照顧我們的旅館，堅守本分，恪盡職責，並且無怨無悔。這種執著，是旅館從業人員的特性，也是我從事旅館管理工作三十年的經驗之談與肺腑之言。

　　長久以來台灣觀光業的發展，除政府扮演推動的角色之外，從業人員的執著與熱忱，更積極地影響著觀光事業的品質與水準。旅館業一直是觀光產業背後的功臣，旅館從業人員也都是為觀光事業默默耕耘的無名英雄。由於他們的辛勤付出，才能呈現高品質的旅

館水準，使中外旅客在旅途中倍感溫馨舒適。

　　旅館的從業人員，除了工作認眞努力之外，有空時亦不妨多看看其他的旅館。利用休閒時，選擇較具代表性或較知名的旅館實際觀摩，從顧客的角度看旅館，體會顧客眞實的需求。從設計、設備和服務的優劣，一一檢視，細細觀察。這麼做，可以幫助自己開拓視野，並學習同業的優點，作爲改善缺失及增加自身專業的參考依據。

　　本書是慶華兄的精心成果，內容精彩豐富可期。除了實務經驗的展現，更有許多十分精闢的見解，可提供旅館從業人員工作的參考典範。同時推薦給有志從事旅館工作的在學學子們教學與研究的書籍。藉書中理論與實務兼重，從實務中印證理論，從理論中實踐實務，培養新一代優秀的旅館從業人員。以一個旅館管理人員的立場，看到本書的出版，的確令人欣慰與感動，更希望這本書能在旅館業界發揮其影響與建樹。並祝福慶華兄在旅館業的專業領域中，更能展現其所長，大放異彩。

Executive Housekeeper of Shangri-La's Far Eastern Plaza Hotel

William Wen 文蓉湘

自　序

　　從事旅館工作近二十年了，也看了不少相關的書籍。坊間的書，大都以大型飯店的管理模式作為基礎，並且偏重理論。但是，有關於探討中、小型旅館的經營管理方面的書，卻十分少見。事實上，規模中、小型的精緻旅館，在經營的策略和管理的模式，與大型旅館是有所不同的，雖然在管理的精神上一致，但在操作的方式卻有很大的差異，也可以說是不同的領域。

　　目前台灣地區中、小型旅館的數量約有三千多家，從業人員約數萬人。並且，近年來台灣出現許多規模雖小，但品質卻精緻得令人讚歎的旅館，亦創造出台灣旅館新的文化和新的市場，就企業經營而言，它們也都有亮麗的獲利成績，在台灣的旅館市場中占有重要的地位。因此我認為，這個領域應加強耕耘，而不應被忽略。

　　這本書便是在這個理念下產生。我想要呈現的，不只是中、小型旅館的經營管理的理論與觀念，更希望以多年的工作經驗，提供讀者一個較具體的操作方式。因此，本書的精神，亦同時重視實務方面的表現。

　　我的專長是旅館管理，而非寫作，所以這本書的確花了不少時間才告完成。感謝我的老東家唯客樂飯店董事長周文禧先生，以及旅館業界先進薇閣精品旅館董事長許調謀先生、台北市旅館同業公

會理事長徐銀樹先生、台北香格里拉遠東國際大飯店經理文蓉湘先生等，不吝賜序並大力支持。寫書的期間，衷心感謝緻點旅館事業有限公司總經理王仲霙先生給我的鼓勵與協助，我的愛妻曾碧貞幫忙蒐集資料、圖片，和提供許多寶貴的意見。沒有他們的協助，就無法順利的出版這本書。由於準備時間匆促，難免有所謬誤疏漏，尚祈旅館業先進不吝給予批評指教！

余慶華　謹誌

目　錄

概論篇

── 前檯篇 ──

── 房務篇 ──

────────── 服務與安全篇 ──────────

────────── 開發與工程篇 ──────────

概論篇

第一章

認識精緻旅館

第 1 節 旅館常用的稱呼

　　所謂旅館指的是「提供餐飲、住宿及相關服務，並且收取合理利潤的營業場所」。「旅館」一詞，是專業性的稱呼。但也有人認為這個稱呼，給人的感覺好像是過去的「旅舍」或「旅社」，似乎有點不太高雅。其實不然，旅館和旅舍、旅社是不同的。旅館這個名稱是正式的，是學術上的稱呼，也是一種統稱。旅舍和旅社的概念，則是指較傳統的小型旅館。

　　旅館在台灣最常稱為「飯店」。飯店這個詞彙最為中性，不論是何種型態、何種規模的旅館，都可以使用這個名稱稱呼，甚至比「旅館」，還足以形容旅館。大型知名國際觀光旅館常使用，例如西華飯店、台北喜來登大飯店、香格里拉遠東國際大飯店；「飯店」也可以是規模小型的旅館：唯客樂飯店、皇都飯店。

　　除了飯店之外，「酒店」也是一種經常被採用的名稱，香港與大陸地區的旅館，使用「酒店」的比例較高。在台灣將酒店作為旅館的稱呼，一般來說，以大型的觀光旅館較為適當，例如老爺酒店、晶華酒店。若是不具知名度的小型旅館，使用酒店這個稱呼的話，恐怕大多數的消費者會誤認為是「喝酒的場所」。

　　「賓館」一詞也是旅館的一種稱呼，但是一樣有習慣性的問題。相信一般台灣民眾將賓館認定為「小型」且似乎還「不太正規」的旅館，多少帶些負面的感覺。但令人覺得弔詭的是，若是提到台北市第一家國際級觀光飯店「中泰賓館」那又另當別論，印象中絕對是一家「大飯店」。尤其是民國 80 年間，更是叱咤一時的國際高級觀光旅館，雖然現在已走進歷史，但留在人們心中深刻的印象。

在台灣以外的華人地區，賓館一詞是代表大型豪華飯店，並非小型飯店。

「客棧」也是旅館的稱呼，六福客棧便是採用此一名詞。另外，由於台灣地區的中、小型旅館發展蓬勃，業者的創意無限，便開始引用其他的同義詞彙來稱呼自己的旅館，常見的像是「旅店」、「精品旅館」、「精品汽車旅館」、「客旅」、「休旅」、「會館」、「休閒會館」等，將旅館業的名稱裝飾得更加迷人，並且活潑生動的稱呼背後，便是精緻典雅的風格和親切體貼的服務。因此，台灣的中、小型旅館稱呼，不但多元生動，並且代表旅館本身的產品特色與水準定位，是十分獨特的旅館文化。

第 2 節　什麼是精緻旅館？

台灣地區從民國 66 年，政府鼓勵民間興建觀光旅館政策，加上台灣正值經濟起飛的階段，台灣觀光及商業活動的需求日益增加，旅館市場便快速的發展。三、四十年來，質與量都呈現顯著的成長。尤其近十多年來，旅館市場之發展更趨成熟，中、小型旅館的市場亦在如此的環境中快速崛起。其間許多業主的投入，不論資金規模、經營技術與觀念、服務水準以及產品包裝與促銷技巧等，均不斷研發改良，更形成百花齊放的市場局面。又歷經優勝劣敗的競爭及法令因素影響的市場變革，目前可謂蛻變後的新生命，綻放出迷人的光彩。優質的水準，來勢洶洶，頗有與大型星級旅館一較高下之勢。

什麼叫精緻旅館？其實這是一個概念性的區分。本書所指的精緻旅館，即客房數在 250 間以下之中、小型優質旅館。

若以旅館的規模來分類，150 間客房以下者，稱為小型旅館，151-450 間客房者，稱中型旅館，451 間客房以上者，稱大型旅館。而本書所指的精緻中、小型旅館，客房數大約在 250 間以下。這類規模的旅館，經營管理的方式與技術領域，與 300 間客房以上的中、大型旅館，在實務上有許多經營管理的觀念及著眼點是有所不同的。因此，250 間客房以下、並且以客房為主要經營項目的精緻中、小型旅館，適用本書所提出的觀念、管理模式與操作流程。

台灣地區存在許多中、小型的旅館，客房數雖不多，卻極具有理想性與高度的品質，甚至許多是 100 間客房以下的小型旅館，而經營得有聲有色，將台灣多樣的旅館市場，發揮得淋漓盡致。

中、小型旅館與大型旅館經營管理的操作模式並不相同，坊間的書籍大都是以大型星級飯店作為討論闡述的對象，並沒有一本討論中、小型旅館經營管理的書籍，也少有專題以中、小型旅館作為探討對象。台灣地區的數千家中、小型旅館的市場，長期以來被忽略，未被重視的情況存在已久。事實上，中、小型旅館對台灣的觀光旅遊及休閒事業，默默地奉獻，數萬名的從業人員，辛勤地在工作崗位上付出努力，使台灣的旅館市場更加蓬勃。除了昂貴的五星級旅館之外，具有更多樣的選項；不但在國人的出差旅遊及休閒市場，具有相當的貢獻，並且對於國際觀光、商務的市場，亦具有積極支援觀光旅館資源不足的功能，贏得許多國際的友誼，也為國民外交盡了一份心力。

是不是具有大型旅館的經營管理經驗，就一定懂得中、小型旅館的經營管理？這是不正確的觀念。中、小型旅館有其特有的屬性，與大型旅館是兩個不同的領域。在經營方向、技術、管理模式與操作流程方面，均有其特殊的部分。若非具有經營管理中、小型旅館的實務經驗，是無法領略的。單憑在大型旅館的片面經驗與想

法，是很難融入中、小型旅館的特性中，並且掌握不到真正的重
點。

第 **3** 節　精緻旅館的特性

一、是創業者打造心中夢想的事業

　　旅館事業是需要投入大量資金、專業知識、人力物力等資源的
事業。以現今的水準，蓋一座五星級四、五百間客房的國際觀光飯
店，最起碼需要有數十億的資金。這對一個有抱負的旅館從業人員
或是中、小企業主來說，的確是個天文數字，遙不可及。以此模式
來看，想要有一家實現自己的夢想，屬於自己的旅館事業，簡直永
遠不可能。

　　但是，中、小型旅館的模式並不是如此，它可以以有限的資
金，創造實現夢想的環境。可以發揮自己的所長，打理飯店，擁有
自己的旅館王國。並且，只要夠專業，中、小型旅館的經營優勢絕
對不遜於大型旅館，所呈現的水準，與大型旅館相比較，也毫不遜
色。

　　中、小型旅館的經營模式，不像大型旅館般繁複，亦不須投入
如此龐大的開辦資金，組織精簡，經營成本較易控制，獲利率高。

二、經營規模具彈性

　　中、小型旅館的經營規模彈性很大。小可以十幾二十間客房，
大可以二、三百間客房，這樣的規模，可依照投資者的理想及資金
條件作適當的規劃。

舉例來說，同樣 200 間客房規模的概念，可以規劃一間中型的觀光或商務旅館。也可以將 200 間客房的規模，拆成四個旅館來經營，分別位於不同的區域，不同的時間成立（當然必須經過評估與規劃）；也就是說，例如同樣 200 間客房的規模，但是卻是四間小型旅館，並且形成連鎖企業的經營模式，各自發展區域性客源，甚至可以規劃不同屬性的旅館，經營模式極具彈性。當然，最重要的是必須符合市場的期待與需求，以規劃最適當的經濟量體。

　　上述的例子，只是說明中、小型旅館對於投入的資金與規模，可以依不同的資金能力，作不同的規劃，卻同樣可以占到市場的戰略位置，而不限於較高資金的門檻。因此，規劃不同特性的旅館，且都以小規模的姿態介入市場，分別爭取不同的市場客源，亦是中、小型旅館領域中常見的現象。

三、回收快

　　中、小型旅館的經營模式較為精簡且彈性較大，成本較為節約，所創造的獲利空間、投資報酬率就相對的較高。舉個最簡單的例子，以一間 80 間客房的小型城市旅館為例，這是常見的規模。其投資額控制在八千萬至一億元上下，不含不動產的取得成本。事實上，這是一個水準不錯的小型旅館建設的投資資金。

　　飯店主體建物，設定為租賃方式。租賃條件設定為：由地主起造，依承租方的需求建築，結構體、隔間、外牆及基礎設備完成後，交由承租方經營，租期 10 年。

　　那麼八千萬至一億的投資額是花費在什麼地方呢？

　　這八千萬至一億的資金，是用於設備、裝潢、家具、房屋押租金、營業周轉金等方面。中、小型旅館的營運成本，以房租和人事兩項占的比例最大。所以，這兩項控制得好，那麼就離「獲利」不

遠了。當然，管理的技術亦不得輕忽，這部分的專業度，其重要性與影響性，對於任何型態的旅館以及任何型態的服務業皆然，毋須贅述。

一個 80 至 100 間客房的小型旅館，可以有多少的營業額呢？很難講。一般來說，這類規模的小型旅館若經營得當，其獲利大約爲營收的 30 ％至 50 ％。至於投資報酬率方面，二至三年內回收第一個投資額。以 10 年爲週期來看，回收三至五個投資額，則經營績效尙屬不錯。當然，這只是個概念，其中相關的影響因素甚多，不一而論。

四、客房是主要產品

以台灣地區的中、小型旅館市場來看，其最主要，甚至是唯一的銷售商品是客房。

中、小型旅館受限於整體規模，在飯店設施的部分較缺乏，較無法提供整合性的服務。多數的中、小型旅館沒有設置健身房、游泳池、酒吧、夜總會等。這類型飯店通常設有小型中、西餐廳一～二座，主要用來服務房客早餐之用，並兼做一些簡餐，服務館內的顧客和客房餐飲服務（Room Service），大都並不以額外的營利作爲主要目的。部分經營餐飲較擅長的業者，在旅館內規劃了較多的餐飲空間，可能有兩座以上中、小型餐廳，其經營模式亦較專業，例如歐式自助餐、日本料理等，更加提升旅館的水準和價值，但在市場上較爲少數。

五、專業化的經營管理領域

大型飯店的組織綿密，部門分工精細，並且每個部門更細分許多工作範圍，交給不同的人去執行。因此，所涉及的深度較深、較

專精，但領域較窄。

　　250 間客房以下的中、小型旅館則正好相反，其組織十分扁平，分工也較粗略。用人精簡，一個人要負責的區塊範圍很廣，每個人幾乎都要是「全才」。涉及事務的層面極廣，減少許多平行的協調。一氣呵成，反應更快速，更直接的提供顧客必要的服務與協助。大部分的飯店功能，基本上都在相同的介面上呈現，可謂麻雀雖小，五臟俱全。

　　以櫃檯人員來說，通常會身兼接待、訂房、總機、出納、甚至行李員等，這些工作都是櫃檯人員每天要做的事情，由同一個職務的人員負責，並且在同一個部門內運作。櫃檯人員所涉及的飯店事務亦較廣泛，較為全面與完整，所以也是主管的養成教育。一個優秀的櫃檯員，日後通常可以成為主管的人選。

　　房務人員，負責房務的全般事務，快速而確實地整理及保養客房是主要任務。若飯店的公共區域稍大，通常配置有專任的清潔員擔任清潔工作。有些規模較小的旅館也由房務人員兼任公共區域的清潔工作。

　　行政人員，一般來說也就是會計一人（多則二至三名），除了帳務、財務、薪資的工作，也要兼任倉管、主管助理等事務。

　　主管的工作，更是要負責客務、房務、安全、工程、一般行政工作，甚至業務與公關等層面，因此對於飯店事務的熟悉度要更全面。要做好一個中、小型旅館的主管，除應具備很強的工作能力及體力，反應與機智都要具有相當的水準，絕非泛泛之輩所能勝任。

　　另外一項很大的不同，是經營面的。大型飯店銷售客房均以一日為單位，通常並沒有將一天的時間，拆成若干時段來銷售。中、小型旅館將客房的一日當中，拆成若干時段來銷售。以使用客房的時間來計價，也就是所謂的「休息」產品。中、小型旅館基本上大

都樂於銷售休息的產品，因為僅休息的房租收入，就占整體營收的10％至60％不等，甚至更高。由此可知，中、小型旅館對於休息業務的管理，亦是相當重視的。而要將休息業務操作得理想，發揮最高的產值，並不是一件容易的事，其中所涉及的複雜因素，必須是經驗豐富的經理人才足以勝任。

可能許多人都認為，中、小型旅館的專業不如五星級大飯店，事實上這並不是一個正確的說法。應該是說，領域不同，文化不同，專業也有所不同。你可曾聽說過，哪一家五星級飯店的從業人員，一人身兼數職，各個職務都要做到滴水不漏，完美演出，而且是常態性的。只有中、小型旅館的從業人員，有這樣的能耐，也因為這樣的環境，提供了這樣的舞台，造就了全能的旅館從業人員。

當然，或許部分的中、小型旅館在管理上，並不完善，造成員工缺少工作中的成就感。容易產生倦勤與缺乏認同，這些部分的確值得檢討。在中、小型旅館的領域中，有許多專業沒有被發揚，其實是有空間可以做得更好。這個領域可以更專業、更有價值、更有形象。關鍵在於，這個領域中的業主、經理人以及從業人員，必須真正善盡職責，堅持原則，積極研發改良與維持良好品質。將中、小型旅館這個事業發展得更專業，使顧客獲得優質的住房服務，也使得這個領域的專業技術及社會形象能更上一層樓。那麼便會有更多的優秀人才投入，創造更好的經營和工作環境。如此良性循環，這個領域才得以生生不息，不斷創造高峰。

六、創造旅館新的價值與文化

現今的中、小型旅館，其客房設計是整體旅館規劃的重點。多主題、多式樣、設備豪華、氛圍幽雅浪漫等特色的各式主題客房，因此應運而生，並且蓬勃發展，帶給顧客一個全然不同的客房面

貌，並且也創造了旅館市場上的「新價值」、「新需求」甚至是「新文化」。目前許多消費者已感染到這種新的消費趨勢，因此，對於旅館客房的要求，已不再止於標準端正的格局與色系，他們開始尋找新的價值，他們需要一個精緻、體貼、舒適、多功能的住宿經驗，不但可滿足休息與睡眠的功能，更可以具有特殊體驗的難忘回味。

中、小型旅館在客房的設計規劃，所下的功夫是值得肯定的。除了裝潢格調高雅細緻，較新的旅館通常都配備大型按摩浴缸、淋浴間、蒸汽間、浴室電視、甚至三溫暖烤箱、健身器材、私人游泳池等，豪華的程度，絕對超越一般星級旅館的客房。如此看來，中、小型旅館可以給你更多。

七、親切友善，與顧客情誼深厚

由於中、小型旅館的規模較小，服務的顧客數量少；人事組織單純，交班頻率亦較低，這個現象有助營造服務人員與顧客間互動的良好環境。

服務人員對每位館內顧客都較為熟悉，很容易記住顧客的姓名及房號，甚至特殊的習性。每每當顧客返回飯店，剛進入大門，眼尖的櫃檯人員，不必等顧客走近並報上房號，就已立即準備好客房鑰匙，並親切問候顧客，稱呼顧客的姓氏，使顧客感到溫暖、親切，倍受禮遇。

並且，顧客也很容易認識飯店的服務人員，經常也以姓氏或英文名稱呼服務人員，相互的距離拉得很近。不像大型旅館因顧客數量繁多，服務人員不可能完全記住每位飯店內的顧客。走近櫃檯洽詢事務，難免多少會有陌生或疏離之感，較不親近。這種情形在中、小型旅館則不會發生，櫃檯員或其他的服務人員，老遠便笑臉

迎人，稱呼「白先生，您好！有什麼需要我幫忙的嗎？」或是 "Good afternoon, Mr. White. How may I help you?"，尤其是旅行出國在外的遊子，對於旅館服務人員的誠懇與親切態度，感受最為深刻。因此培養出許多「死忠」的顧客，這也是中、小型旅館，大都擁有許多老顧客支持的原因。

八、精緻風格展現魅力

有鑑於現今旅館市場之變化，評鑑旅館的優劣，一般刻板印象中的星級旅館分級制度，已不具全面的代表意義。非星級的優質中、小型旅館往往已超越星級旅館的品質，甚至房價都高於大型星級飯店，創造出新的價值、新的旅館文化，並且也發展出實用、精簡、降低成本的管理模式。

世界 SLH（Small Luxury Hotels of the World）組織，成立已逾30 年。在全世界五十餘國家，擁有數百個會員。其中都是小而精緻、小而美的旅館個案，且個個都是業者的心血結晶，只要你真正去感受，一定會被這些作品所深深感動，甚至大感驚訝。

同樣的，在台灣也有許多優質的中、小型旅館個案，其軟硬體都具相當水準，並不亞於任何中大型星級旅館，這些精緻的旅館絕對可以列入國際高評價的 Boutique Hotel 的水準，甚至有些中、小型旅館的房價，已遠遠超越五星級旅館的房價，那麼為什麼仍有許多中外旅客願意以高於五星級的房價，光臨這類小型的旅館呢？是因為其卓越的住房品質和服務技巧，讓許多顧客有了新的感受，而產生新的選項，因為在這類小型旅館中，有其他五星級飯店所沒有的東西——更為精緻、更為體貼——這就是優質中、小型旅館的魅力。

九、也是時尚產品

目前台灣市場的中、小型旅館中，傳統老舊的不談，只要是企業化經營的個案或連鎖集團，其客房產品大都是豪華出眾，設計精緻，並且各有風格特色。除了飯店整體規模以外，競爭性絕對不亞於大型飯店。優質的中、小型旅館以洶洶之來勢，直取大型飯店的顧客市場。

中、小型旅館的客房產品變化多樣，結合社會脈動，活潑而時尚。它可以是簡約高雅的商務旅館，可以是神秘浪漫的汽車旅館，當然也可以是陽光休閒的度假旅館。尤其以電子科技發展快速的現今，中、小型旅館是首先將科技感融入客房設計的產業。由客房的科技家電設備、控制系統、衛浴的多樣功能等，便不難看出中、小型旅館業主對於市場的反應速度，絕對超越一般大型旅館。有時候，幾乎可以驕傲的說，是中、小型旅館主導制定旅館客房設備的標準，像是率先全館採用液晶電視（甚至全館採用浴室液晶電視）、全館採用高級按摩浴缸、全館將 DVD 影音設備列為客房準備配、全館採用伴唱設備、全館採用全自動房控設備；以及感應式自動馬桶、情境燈光、免費無線網路服務等，都是中、小型旅館率先採行。將現代主流的科技產品融入客房的設備，增添客房科技感及自動化機能，除了更加舒適、豪華、尊榮與驚豔之外，更注入了幾分時尚感。無疑的，每每為旅館市場投下了巨大震撼彈，掀起旅館市場的觀念及設備標準的革命。接下來的一段時間，漸漸大型的知名旅館，亦紛紛依此標準改善客房設施。

近年來大吹休閒風，泡湯、 SPA 等具時尚性質的休閒活動，更是中、小型旅館大展身手的舞台。風景區的溫泉旅館紛紛興起，各式各樣的湯屋客房及設施不斷研發創新，加入了養生及美容的中

藥、精油、香草等元素，並配合有特色的餐飲方案，將市場發揮得精彩而豐富。徹底改變數十年來人們對於溫泉的傳統觀念，取而代之的是高級、精緻、時尚、健康，並且更為年輕化、活潑化。由此可知，中、小型旅館更能掌握時尚並創造時尚。

快速的反應與決策，靈活的經營模式，一切盡其在我。關鍵在於社會的脈動、市場的需求、創業者的夢想、經營者的專業。只要你有信心、有興趣、有專業、有基本的資金，你心中的飯店王國藍圖，由你建構，由你打造！

第 4 節　休息商品──住宿以外的選項

一、何謂休息？

所謂「休息」，也就是在旅館管理領域中的 "Day Use" 業務。這項業務以現代社會特性來看，已有越來越普遍的趨勢，只是大型飯店會以其他的設施與服務，配套包裝，加以行銷。有些旅館限定休息的時段以白天 8:00-24:00 為限，有些旅館則不作限制，全日時段均接受休息業務。

依據「旅館業管理規則」中第二條內容：「本規則所稱旅館業，指觀光旅館業以外，對旅客提供住宿、休息及其他經中央主管機關核定相關業務之營利事業。」可見「休息」一詞是正式的法律名稱，並且為經主管機關核定之業務，並非無法登大雅之堂，而帶有隱諱的詞語。

休息，不過是將旅館住宿一天的時間，切割成若干較短的時段，分別銷售給不同的顧客而已，除此之外，與住宿又有何不同？

大型觀光旅館雖無休息業務，但實際上顧客支付全日房租，卻使用數小時客房即退房的情形亦非罕見，如此情況稱為 "Day Use"，與中、小型旅館之休息實無差異。

隨著社會的開放，價值觀的轉變，男女情愛之事已並非隱諱，許多男女共度情人節、共享燭光晚餐、公開示愛求婚之事，已屢見不鮮。飯店、會館、餐廳等業者，更以男女情愛作為主題，以包裝多樣且精緻的產品，大作文章，廣告促銷，的確帶動了男女情愛浪漫的風氣。飯店休息的產業，也因此而形成多樣且豐富，並且在某種程度上，已降低了隱諱的色彩。

中、小型旅館的休息，其客源多以本地客人為主，其屬性多以男女朋友、情侶等，以二至三小時的時間，租用客房。這種文化亦是源於日本的 Love Hotel 旅館文化。台灣的旅館市場，雖然未普遍採用 Love Hotel 作為歸類，但部分的旅館，其主要客層便是鎖定休息的族群，故在動線設計、裝潢風格上，多採隱密與浪漫系列，以符合休息客層的需求。目前在市場上大行其道的豪華精品汽車旅館，便是其中的代表作。

二、汽車旅館創造台灣的新的休息文化和話題

台灣汽車旅館的興起，不過十幾年。這是引用美國汽車旅館（Motel）的概念，應用在台灣的旅館市場，引發極大的迴響。其實美國的汽車旅館是為開車的長途旅行者而設的旅館，早期是一種像是驛站的功能，所以設置的地點都是較偏僻的鄉鎮，並非市區。當然在設備上亦大多較為簡單，不如正統旅館來得講究，在旅館的等級概念中，屬於中、下的等級，並非高級旅館的類型。但是，這種「帶有車位的客房」產品，到了台灣，卻正中了台灣人「停車不便」，與「休息客人重視隱私」的下懷。在極短的時間內，便得到

市場極大的迴響，竄紅成為小型旅館的主流。

　　業者在這樣的產品中，因具較高的利潤空間，獲得很大的鼓舞，便不斷跟進與展店，於是台灣的豪華汽車旅館，便如雨後春筍般的蓬勃發展，至今仍深得市場青睞。近來坊間出現許多專門介紹汽車旅館的書籍、雜誌，圖文並茂，由此可見一斑。

　　以往的做休息業務的旅館經常採行「自助選房」的方式，以電腦自動房控系統加以控制。Check In 時完全不需要人員服務，客房的供電系統會自動供電與節電，房租也會自動計算，十分便捷（**圖 1-1**）。並且在隱密性上達到十分良好的效果，這種作法在當時很受顧客的歡迎。不過由於配房的問題，以及汽車旅館的興起，這種方式已漸漸不復流行。現今的汽車旅館或以大量休息業務為主的飯

圖 1-1　自助選房　　　　　　　　資料來源：皇都飯店。

店，即使未採行自助選房的方式，其服務人員亦受過良好之訓練，與客人之互動僅限於最基本的溝通，儘量避免過多的交談與眼光的交會。因此，也被客人視為「不會被打擾」的程度範圍，接受度很高。

汽車旅館不只是旅館，它是極致享樂的場所。新興的汽車旅館，似乎發展成一種「奢華風」。館內的裝潢設施及陳設擺飾，不斷超越顧客的期待，將顧客奉為貴族般的侍奉。許多顧客便是為了滿足短暫在「現實生活」中無法達到的「超現實生活」而光顧汽車旅館，享受片刻皇宮般生活的奢華欲望。

奢華，已成為新興汽車旅館的標準備配，並且成為標榜的口號。這類型的汽車旅館，的確創造台灣旅館史的許多「奇蹟」。成為一種話題，一種時尚。在許多特別的日子，例如情人節、耶誕節，甚至是情侶的求婚儀式，各種媒體均將汽車旅館的促銷方式、特別贈品、豪華設備等，大加炒作，開闢話題與新聞性，成為人們茶餘飯後津津樂道的話題。

正由於許多汽車旅館多屬精品旅館，強調精緻與休閒，也漸漸為夫妻、情侶檔所接受，成為休閒的選項之一，並且漸漸擺脫汽車旅館「偷情」的負面形象。精品汽車旅館的設計、規劃、設備、裝潢、風格等，都是一時之選。精緻與豪華的程度，比起國內五星級觀光旅館，絕對毫不遜色，且有過之而無不及，極盡奢華之能事，已超越了基本的實用與美觀程度，極具感官的刺激與滿足感。顧客在客房內盡情享受二人世界的美好，放鬆平日工作的緊張與壓力，充分獲得休息，的確是符合現代人的休閒需求。

然而精品汽車旅館在價格策略上亦採高價策略，吸引高級消費族群。休息或住宿均所費不貲，尚且大排長龍、「客滿為患」，其獲利能力就毋須贅言了。

三、休息商品是旅館創造利潤的利器

　　休息商品在現今中、小型旅館產業中，毋須諱言，亦是主要商品之一。

　　休息商品的本質，只不過是因應顧客的需求，將商品的時間調整為較短、價格較低而已。就業者而言，將房間的利用率提升，可以分段銷售給不同的顧客，爭取更高的績效。休息的管理，亦是一門不容忽視的課題，管理得當，將人力及資源發揮最佳的效率，帶給旅館更高的經營績效。

　　一般旅館業中，休息產品占總營業額相當高的比例，甚至超過50％以上，就營業觀點來看，絕對是不容忽視的營業項目。也是旅館業者相當重視的經營區塊。商務飯店的休息業務，在比重上會較低，但通常亦不完全排除，有時則會以稍高之單價來制量，這是經營上的策略問題。

第二章

客房

第 **1** 節　客房的種類

　　旅館的領域中，「客房」無疑是最重要的一項產品。對於許多中、小型旅館而言，更可能是唯一的產品。因此，客房的成敗，影響旅館經營的成敗，其重要性自是不言可喻。

　　一般對於客房的定義，有一定的概念及標準。全世界的旅行者，也都使用這些標準的概念。雖然或許有小部分的差異，但是仍不至於偏離太遠。因此，從業人員對於客房的分類必須充分了解，以避免與客人溝通時，認知上產生差異，造成不必要的誤會與工作上的困擾。

一、單人房

　　單人房（Single Room）指一張床的客房，可分為單人床單人房，及雙人床單人房。當然，以台灣目前稍具規模的旅館市場環境來說，單人床的單人房已經很少見了。因此，我們一般指單人房，便是配備一張大床（雙人床）的客房（**圖 2-1**）。

　　那麼，問題來了，單人房是提供幾位旅客住宿呢？顧名思義，單人房即是單人使用嗎？其實不然。適合安排單人房的顧客對象是，單身顧客或是一對親密的顧客，通常是夫妻或是情侶——他們希望睡在同一張床上的顧客。不過有些歐美的中、老年夫妻，希望分開睡，這類的顧客，我們就不適合將他們安排在單人房。

二、雙人房

　　雙人房（Twin Room / Double Room）指配置兩張分開的單人

圖 2-1　單人房　　　　　　　資料來源：皇都飯店。

床的客房。

這個類型的客房通常適合安排給兩位同性的顧客、非親密關係的顧客，以及不希望睡在同一張床上的顧客。

一般來說，雙人房的兩張床通常會分開放置，中間隔著一張床頭几；另外一種稱為「好萊塢式」的配置方式，便是將兩張床合併放置，但是採用完全獨立的床架、床墊和寢具（**圖 2-2**）。

三、好萊塢式

即以兩張單人床合併成一張雙人床，亦可分開成為兩張單人床的形式，稱為「好萊塢式」（Hollywood）的客房。在作法上，應注意床頭飾板的設計，當兩張床合併或分開時，均能適用。此房型在

圖 2-2　雙人房　　　　　　　　　資料來源：富園國際商務飯店。

功能上較具有彈性，可以增加房間類型的彈性，在必要時可以視需求變換成單人房或雙人房，並可滿足不同顧客的需求。若再加入連通房的功能，則變化的彈性更大，並適合家庭、或 5-8 人的小型團體使用。不過，早期在台灣中、小型旅館中，是較少採行的方式，近年來已較為常見。

　　另外，床頭櫃的移動，對於電話及電器的控制面板位置，以及相關線路將有影響，必須設計規劃妥當，以具有功能性又不失美觀。合併的兩張床，其連接的縫隙，顧客會產生不舒適之感，因此必須加上軟墊，可消除縫隙產生的不舒適感。

四、套房

套房（Suite）的概念是指客房內兼具有睡房（Sleeping Room）與客廳（Living Room），且通常是隔開的，這樣的房型基本上面積較大，配備上也比較豪華。

許多飯店的套房會有好幾種等級，配置餐廳、廚房、書房、小型會議室都有。

五、三人房

三人房（Triple）通常指配置一張單人床、一張雙人床的客房（圖 **2-3**）。

規劃客房時，若空間允許或是例如旅遊區的飯店，有較多的家

圖 **2-3** 三人房　　　　　　　　　資料來源：富園國際商務飯店。

庭型態的顧客，則需要此類型的客房。一般城市型態的旅館較少採行，即使有，在比例上亦是極小。

六、四人房

四人房（Double Double）指客房內配置兩張雙人床（**圖 2-4**）。

這種客房類型亦是團體或家庭型顧客較有此需求，較常出現在接待團體的觀光旅館或是旅遊區的休閒度假旅館。一般中、小型旅館或城市型旅館不多採行，或搭配少數客房比例。

圖 2-4　四人房　　　　　　　　　　　資料來源：皇都飯店。

七、連通房

連通房（Connecting Room）是指兩間相連接的客房，在間隔的牆上，做一扇連通的門。這扇門是兩邊客房都有獨立的門扇和門鎖，平時是關閉的，若有同一家庭或同一團體的顧客，可以將兩邊的門都開啓，便可以相連通，成爲同一個隱私的區域。

所以，連通房的概念，事實上應是客房組合功能的概念，並非是客房類型。在實際的規劃上，常見的是雙人房與單人房相連通，也有套房與單人房或雙人房相連通。是考慮人數 3-5 人的群體顧客，或是主人與侍從、父母與成年子女等關係類型顧客的需求。

八、車庫房

車庫房（Room with Garage）這種客房類型，大都被規劃在汽車旅館內，有些度假的小木屋亦有類似的客房類型。這個房型最主要的功能，是在客房的一側或樓下，有獨立專屬的車庫，顧客在車輛停妥後，可直接進入客房，配合 Check In 手續的快速並且毋須下車，隱密性極佳。

第 2 節　客房設備及備品

客房內的設備視旅館功能而有部分差異，旅館所提供的設備，需考慮實用性與美觀性兼具，不但營造客房的價值與美感，更不失其實用性。旅館管理者應以顧客的需求爲制定設計標準的依據，爲顧客規劃最佳的客房設備及用品，將實用性與藝術美學相結合，研發創新，改良缺失，呈現最體貼最完美的客房功能，令顧客產生貼

心的感動。

一、床

基本的觀念中，床仍是客房中，旅客公認最基本亦是最重要的一項設備。顧客在客房內要獲得良好的休息，一張舒適的床是絕對不可或缺的。當然，以現今的飯店水準而言，客房中的設備，有許多設備重要性之比重，是相同的。

床鋪的形式，以目前的飯店水準來看，已經不會考慮彈簧床以外的選項了。除非是如日本和式等特殊型態的客房，否則都以彈簧床最為適當。彈簧床主要的組成包括上墊、下墊。也有些飯店裝潢時以木作訂製床箱，做成固定式的，只需要在上方放置彈簧床墊。

彈簧床墊的選用，必須非常重視謹慎，因為「床」在客房所有的設備中，所占的重要性是不言而喻的。目前在市場上的產品，床墊的品質差異很大，價格也相對有差異。採用獨立筒的床墊，在柔軟度與彈性Q度上的效果會比較好，也就是一般說的符合「人體工學」，舒適、健康，並可獲得較佳睡眠品質。優良的彈簧床，部分供應商提供十年的保固，可見品質已具相當水準。

有少數顧客喜愛睡硬床，則應另準備床板，襯於上下墊之間，或是襯於上墊，並在床板上另鋪設海棉軟墊，這樣便可以滿足喜愛睡硬床的顧客需求。事實上，以目前彈簧床的品質，較以往已有很大的改良。人體受力面的支撐力道平均，在舒適度方面有很大的提升。以往品質不佳的過軟的彈簧床，讓人睡得搖搖晃晃，即使旁邊的人翻個身，都搖晃不已的情況，已不復見。因此睡不習慣的顧客已非常少了。尤以歐美人士，均偏愛軟床。

（一）床的種類

旅館的床，常見的種類有：

1. 單人床（Single Bed）。
2. 標準床（Standard）。
3. 大尺寸（Queen Size）。
4. 超大尺寸（King Size）。
5. 圓床（Round Bed）：此形式的床主要是營造浪漫氣氛，十多年前較流行，但現今的旅館已較少採用，原因是其雖具氣氛效果，但實用性較差。
6. 四柱床（Fourposter）：近幾年汽車旅館採用較多，亦是營造浪漫效果，且質感佳，搭配紗布幔，展現柔美浪漫與貴族氛圍的絕佳利器。
7. 沙發床（Sofa Bed）：沙發床也是一種 Hide-A-Bed，就是隱藏式的床鋪。目前較常運用在較大空間的客房或套房，與沙發的功能合併，作為加床（Extra Bed）的功能之用。需要加床時，可以將床展開，並鋪設床單、羽毛被等。事實上，這類型的床，其舒適度是較差的。

另外，可活動的、臨時性的「加床」，是為了顧客在客房內，床鋪數量不夠時，另外要求加的活動式的簡易床。還有，專為嬰兒設計的「嬰兒床」（Baby Bed），飯店一般會採行活動組合式的，由床框（含欄杆）、床板和軟墊組成，並有嬰兒枕。

旅館用的床尺寸種類十分繁多，且許多為訂製尺寸，各種區分床等級名稱與對應之尺寸種類極為混亂，唯適用於該旅館是最重要的考量。普通的雙人床寬度大約 150 公分，長度 188 公分（5 呎 × 6.2 呎），但是以現今飯店發展，客房的面積至少都在八、九坪以

上，比較理想的尺寸是 160 × 195 公分，甚至 180 × 210 ，或 200 × 210 公分（**表 2-1**）。歐美的客人身高都很高， 188 公分長度的床對西方人的身材是不夠的，床大些舒適度也會提升。

（二）床具的組成

床具的組成分為上墊（Mattress）、下墊（Box Spring）和床腳（Bed Stand）。

✥ 上墊

為軟而具彈性的床墊，內部為軟墊及彈簧筒。品質佳的上墊內部為獨立彈簧筒，在彈性及 Q 度的表現，均十分理想，並且符合人體工學。

由於每個彈簧體為個別運作，獨立支撐，能單獨伸縮。因此，睡臥其上，使身體之各個部位受到較佳的支撐性，舒適度較佳。上墊的厚約 17-19 公分，床面至地面高度約為 50-55 公分。

✥ 下墊

為硬的彈簧墊，置於上墊的下方，為承托上墊的功能，並且吸收上墊承受的壓力，使上墊的彈性表現更為柔軟，吸震力更佳。有些旅館採用床箱代替下墊，則舒適度的表現上會受到影響。

表 2-1　旅館使用之床型及對應尺寸

Type	市售規格尺寸	旅館用較適當的尺寸
Standard	150 × 188	150 × 195
King	180 × 210	200 × 210

✤ 床腳

床腳為支撐整個床具之用，通常裝設有輪子，以方便整理時床的移動。

（三）寢具的組成

✤ 床裙（Bed Skirt）

彈簧下墊的四周，以床裙圍覆，增加美觀性。

✤ 保潔墊（Bed Pad）

為薄狀的棉墊，置於彈簧床上墊的上方，主要目的是避免床墊污染，並可增加床墊的柔軟感。

✤ 毛毯或羽毛被（Blanket or Down Comforter）

早期飯店使用毛毯較普遍，現今飯店多採用羽毛被。根據經驗，大多數的顧客較喜愛羽毛被。

✤ 枕頭（Pillow）。

通常使用的是羽毛枕，尺寸約為 50 × 70 公分。

枕頭若不舒適或不習慣，非常影響睡眠品質。飯店可貼心地提供數種枕頭，供顧客選擇。常態擺設的是羽毛枕，另外製作「枕頭種類表」（Pillow List）供房客提出需求。其種類內容包括：海棉枕、止鼾枕、茶葉枕等。

✤ 枕套（Pillow Case）

較佳的作法是分內枕套和外枕套兩層。以內枕套套覆枕心，再以外枕套套覆在外，長度須比枕頭長 20 公分，約為 50 × 90 公分。外枕套需每日更換，內枕套應定期更換或髒時更換。

內外枕套可採同一種形式與材質，好處是作業較單純；也有些

飯店的作法是，外枕套以被套相同之材質製作，並車上寬邊，更加
美觀，精緻度更加提升。

❖ 床單（Bed Sheet）

床單包覆床墊，或包覆毛毯及羽毛被。若未採用被單，則做好
一張床至少使用兩件床單，較佳的作法是使用三件床單，將床墊及
毛毯或羽毛被的上下層均以床單包覆。床單、被套、內外枕套等，
均以白色系為佳，整齊性較一致，清潔度亦較易控制。

❖ 被套（Comfort Cover）

羽毛被可用被套或床單包覆，供房客睡眠時覆蓋身體。在舒適
效果上，以被套較佳，已漸漸被廣泛採用。並且，選擇柔軟棉質的
布料製作，車上寬邊，增添質感。

❖ 床罩或床尾巾（Bed Cover）

在床的最外層覆蓋上床罩，可以增添美觀與質感，近來已有漸
漸被床尾巾取代的趨勢。床尾巾的優點為作業方便，成本較低，又
不失質感，故現代許多旅館已捨床罩而以床尾巾代之（**圖 2-5**）。
床罩及床尾巾並非提供顧客睡眠時覆蓋之用，為裝飾的用途。

❖ 裝飾枕、抱枕

日間做好床後，放置各式裝飾枕及抱枕，增加美觀；夜床服務
時，再將裝飾枕、抱枕收起來。裝飾枕與抱枕設置的目的亦並不是
供顧客睡眠時使用，為裝飾之用途。

❖ 其他特殊需求的床板、軟墊

有些顧客不喜愛彈簧床，故要求在彈簧床上下墊之間，再墊上
床板，或甚至在上墊上方墊床板，以增加硬度。

圖 2-5 　床尾巾 　　　　　　　資料來源：皇都飯店。

　　另外，好萊塢式的兩張床合併後，爲消除兩張床墊之間不舒適感，可在上墊上方墊上一層軟墊。

❖ 備用毛毯或羽毛被

　　有些顧客較怕冷，故客房內須另配置備用的毛毯或是羽毛被，以供顧客自行取用。

二、家具

　　家具是客房設備最主要的一環，家具區分爲固定式的與活動式的，固定式的是以木工現場訂製，並且成爲裝潢的一部分，固定在牆面或地面上；活動式的，是選用適當的形式或訂製所需的形式及尺寸，放置於客房內，屬可活動的。以現代的旅館市場中，均趨向

採行活動式的家具，減少固定式家具的比例，但衣櫃、Mini-bar這些部分，仍有許多旅館採行現場製作固定式的，原因是將這些部分的家具亦視爲裝潢的一部分。

客房家具除了床具以外，其他則包含：衣櫃、行李架、床頭櫃、書桌、椅、沙發組、茶几、電視櫃、Mini-bar、保險箱、五斗櫃、衣帽架等。

選擇家具的基本原則如下：

1. 家具的外型應採一致的風格展現，並搭配客房裝潢的色系及風格。
2. 重視其材質是否耐用，應具有一定的使用壽命。
3. 尺寸需適中，不宜過小，以適應各類型身材的顧客。
4. 清潔保養維護的實施，不可過於複雜或困難。
5. 不宜有過尖過利的銳角或邊，以免發生危險。

(一) 床頭櫃

床頭櫃爲設置於床頭兩側（或兩張床間隔中間）的矮櫃，其功能爲放置檯燈（床頭燈）、電話、煙灰缸、便條紙及其他小物品等，並且弱電系統的控制器亦置於床頭櫃。床頭櫃的高度應略高於床面3-10公分，以避免客人於睡眠時，無意識以手臂將物品拂落地面。

(二) 寫字檯

爲客人處理事務或書信而設，因此備有文具組及文具夾，置於桌面或抽屜內，桌面應置檯燈作爲照明，亦有設置煙灰缸、便條紙、電話等。一般面牆的寫子檯亦兼作化妝桌使用，牆面設有大面鏡子，作爲化妝鏡的功能。寫字檯的材質以木質居多，現代旅館重

視設計感，亦多有採用玻璃材質加金屬框架或包覆皮質檯面。

（三）沙發茶几組

客房內除睡眠使用床鋪之外，主要的且經常使用的休憩區域即沙發茶几區，通常喝茶、看電視等活動，大都使用沙發茶几組的功能，可謂客房中十分重要的家具。沙發面大多採布質或皮質，尺寸依客房之空間設計，唯不宜過小，否則將失去功能性。較大空間的客房，亦可另配置主人椅，搭配腳椅及小茶几，成為舒適的休閒座椅，是很好的設計。

（四）衣櫃

衣櫃提供客人掛衣之用，商務客、長期住客需求性較高，汽車旅館類型的旅館需求較低。

常見將衣櫃規劃為木作裝潢的部分，並不採行活動式家具，將衣櫃訂製成吸頂式的，內部具有二層，上層可放置備毯、床罩等，下層吊掛衣服。唯新興精品汽車旅館，常將衣櫃與燈具組合，兼具立燈的功能，下方以橢圓形的小型衣櫃作為吊掛衣物之用。

（五）迷你吧

迷你吧的櫃子通常為高櫃，傳統的設計方式設於衣櫃旁，並為木作的裝潢訂製。檯面高約 100 公分，放置煮水設備（煮水器、熱水瓶等）、咖啡杯、水杯、礦泉水、咖啡包、茶包組、點心食品等，檯面下方放置冰箱（**圖 2-6**）。較新式的迷你吧，有的與電視櫃結合，也有活動式的櫃子，變化較大。材質有木質、大理石或玻璃檯面。

（六）電視櫃

電視櫃為放置電視的矮櫃，檯面下層亦具有置物的功能。

圖 2-6　迷你吧　　　　　　　　　　　資料來源：皇都飯店。

　　電視櫃之形式尺寸及功能等，除搭配整體裝潢外，電視機的尺寸及形式是重要的考慮因素。採用傳統 CRT 螢幕的電視機，尺寸及厚度都十分龐大，採用 LCD 或電漿電視機，則尺寸輕薄許多，對於電視的選用，所搭配的電視櫃，有不同的形式及尺寸（**圖 2-7**）。

　　傳統的客房設計，電視櫃均靠牆設置，訊號電源由後方牆面出線；新興的汽車旅館，由於客房朝向大面積發展，因此常見到將電視設置於客房中央的位置，並不靠牆，線路改由地面出線。並且床、浴缸（開放式空間）、沙發等位置，可能方向均不相同，因此發展出電視櫃可 180 度的旋轉功能，使顧客在任何方向均能看電視，而不受限於電視櫃的方向。

圖 2-7　液晶電視及電視櫃　　資料來源：富園國際商務飯店。

（七）行李櫃

　　商務旅館的特性對於行李櫃的需求較高，做休息業務的城市旅館或汽車旅館需求性較低。行李櫃的功能為放置行李箱，因此檯面會設計防止磨擦的立體條狀金屬，檯面的下方為抽屜，供置物用。有些空間較小的客房，並不設置行李櫃，改由活動式的行李架代替，以節省空間。

（八）保險箱

　　保險箱選型，除安全性能之考量外，應考慮操作簡便及實用性。例如，個人保險箱的密碼設定方式，可選用具備刷卡功能的機型（**圖 2-8**），目前信用卡極為普遍，相信每位顧客都有，設定密碼時只要刷一下信用卡，非常方便，信用卡必定隨身妥善保管，顧

圖 2-8 刷卡式保險箱 資料來源：富園國際商務飯店。

客也不需刻意記憶密碼，若遺忘時又會造成困擾。另外，保險箱的尺寸也要注意，最好能放置標準尺寸的筆記型電腦，這部分的功能需求已越來越高。

三、電器

客房電器包含：電冰箱、電視機、電話、吹風機、煮水器（熱水壺）、立燈、檯燈、壁燈、嵌燈、夜燈等。

亦有些旅館配置以下的電器，提升硬體的服務，例如：傳真機、DVD 放影機、卡拉 OK 伴唱機、電熨斗、咖啡壺等，甚至電腦及電腦周邊設備。以下列舉幾項較重要項目加以說明。

（一）電視

　　客房電視考慮美觀及實用，現代旅館的趨勢多採用薄型的液晶或電漿電視，傳統映像管的電視機由於體積過大，已漸漸退出旅館客房設備的市場。

　　液晶或電漿電視的優點為，造型美觀較為現代感，畫質清晰，輻射線小，螢幕視覺效果佳，並且體積輕薄不占空間，相對的客房面積因此而顯得較為寬敞。可單獨放置或融入客房的裝潢設計中，像是嵌入裝潢的壁面中的作法，除可節省空間外，對於電視遺失的問題亦可避免，汽車旅館樂於採行這類的方式。

　　液晶電視均有多種端子界面，可連接多種電子數位產品，例如電腦、數位相機、MP3 等，觀看相片、圖片、影片，或播放 MP3 音樂，是目前電子數位時代的討喜產品。唯選用時，須注意視角的問題，視角過小的電視螢幕並不適用在旅館使用。尤其空間較大的客房，視角的問題將影響電視的觀賞，必須在床及沙發的位置，都能清楚地欣賞電視，不可因液晶電視視角的限制，而影響觀賞的品質；浴室電視亦同，必須在馬桶與浴缸的位置，都能清楚地欣賞電視。所以，水平及垂直的視角，都要接近 160 度以上，這是選型的基本的要求。

　　成本價格方面，液晶與電漿電視雖較傳統映像管電視為高，但由於其優點多，故亦廣受消費者的喜愛，一般民生家庭亦是如此。電視機的尺寸方面，應視客房空間及等級而定，一般標準 6-12 坪的客房，採用 27-32 吋均屬恰當。較大空間的豪華客房，可採用較大的尺寸，例如 42-50 吋，彰顯氣派豪華。

（二）冰箱

　　客房用的冰箱多屬小尺寸，容量約 50-90 公升，置於迷你吧下

方的空間，主要放置冷飲、啤酒等，以及小點心。過去的小型旅館冰箱曾設計自動控制系統，與計費系統連接，顧客取用飲料時則自動計費，這種作法的爭議很大，現代旅館已不採行。

一般來說，客房冰箱冷凍室的部分較少使用，但亦有客人需要使用冰塊，可自行製作冰塊。若是旅館設有製冰機，則客房毋須另配置附冷凍室的冰箱，但若旅館並無製冰設備，則可考慮冰箱附有冷凍室的型號。另外，不要選擇冰箱門上設有蛋架的形式，並不適合旅館使用。

（三）燈具

燈具應選用美觀且節省能源為原則，並能襯托客房氣氛的表現，因此需搭配裝潢格調，通常室內設計師將這個部分亦納為設計之重點。唯應注意照明是否充足，尤其是商務旅館，客房內的照明是很重要的。標準的燈具通常包含：壁燈、檯燈、立燈等，依空間及裝潢風格加以適當配置，營造良好的氣氛及舒適的視覺。

床頭的閱讀燈，對於許多客人相當重要，尤其是商務旅館，更須加以規劃。另外，在馬桶上方裝設閱讀照明燈，亦是體貼顧客的作法，許多客人如廁時都有閱讀習慣，若馬桶上方裝設有閱讀燈，則十分方便。

衣櫃內的照明燈亦是必要的，部分旅館容易忽略這個部分的燈具。

夜燈最好設在走道的下方牆面，但不要直接照射到床頭，燈光宜柔和分散不可太大或集中，以免影響客人安眠。

（四）電話

客房設置電話至少 2 具以上，1 具置於臥房，1 具置於浴室。視客房之空間及設備，設置 3 具至 4 具亦屬常見。

臥房的電話，放置於主要的動線及出入較便利之一側的床頭櫃，通常是靠門或走道較近的一側，為主要動線；若為雙人房，可置於兩張床中間的床頭櫃。若設有寫字檯（書桌），應於寫字檯上另設 1 具。浴室電話位置應考慮正在泡澡或使用馬桶時，均可方便接聽的位置，若無法二者兼顧，則設於馬桶附近的位置。

電話機分為數位式與類比式，數位話機之功能須配合數位總機方能使用。選型上應考慮功能性與美觀性兼顧，並且品質耐用者為佳。客房內若需配備傳真機，則電話線及門號，需事先規劃並預留插孔。

（五）飲水設備

飲水設備常見的有開飲機、電熱水瓶、飲水機、煮水器等，至於極傳統的保溫熱水瓶則不在討論範圍。

市面上開飲機、電熱水瓶大多以家用為主要銷售目標，故造型過於普通，美觀與質感並非十分適合旅館用。飲水機具有冰熱功能，過去常被中、小型旅館採用，設備成本較高，並且須加設管路。其優點為方便，全自動，毋須加水，制冷效果亦佳；但其飲水儲存筒亦設於客房內，因此曾發生歹徒在飲水中加入迷藥，迷昏下一組使用客房的客人，藉機竊取財物之類似事件。開飲機與電熱水瓶，若房務員疏忽未更換乾淨水，亦同樣有此顧慮。

因此，近來的旅館常採用煮水器，並提供免費礦泉水，由顧客自行煮水使用，安全性大大提升，顧客在使用上亦較安心。煮水器的煮水速度很快，設備費用低廉，毋須加設管路，亦不增加房務工作的負擔，是一個不錯的選項。

更加體貼顧客的作法，可增設簡單的蒸汽式或濾泡式的煮咖啡機及咖啡粉，由客人自行煮咖啡享用，衛生方便又有情趣，亦可列

入旅館客房設備的考慮。

（六）空調

　　客房空調之出風方式設計，宜採側吹，儘量避免下吹式（圖 2-9）。尤其以靠近床、沙發、寫字檯等位置的出風口，更應避免出風口採下吹方式，否則將造成客人不適的感受；無論冷氣或暖氣，朝向人體或頭部出風，都會帶給人極不舒適的感受。

　　定期清洗鼓風機（Fan Coil），一年至少清洗一次以上，以免噪音過大，並減低使用壽命。

四、備品

　　為提升旅館的服務品質，現代旅館在客房備品的選用項目上，

圖 2-9　側吹式出風口　　　　　　　　　　　資料來源：皇都飯店。

已有越來越多樣、越來越精緻的趨勢，這也意味著旅館業者的用心與旅館市場的進步。備品之內容繁多，依管理者的管理理念會有所調整。唯其中保險套一項，原本多數的中、小型旅館，均已提供。經 94.1.14 立法院二讀通過「後天免疫不全症候群（愛滋病）防制條列」修正案，明訂旅館業者必須提供保險套供顧客使用，違反本規定，處罰 3 萬元以上， 12 萬元以下之罰鍰。因此，提供保險套之作法，已有明確法源依據，且為強制性的作法，本項備品則不得取消或短缺，在管理及作業上更應留意。

備品之選型，應考慮其功能性、實用性、美觀性、品質及價格等。備品的消耗即是成本的負擔，基本上，備品之成本，應與平均房價成正比，這個比例依不同類型的旅館將有所差異，約為住宿房價的 2 ％至 7 ％，超出這個比例則屬較特殊。

相關備品明細列舉如**表 2-2**。

第 3 節　客房名稱的制定

客房名稱的制定，首先要考慮的是客房類型，若是相同的類型又因面積大小、設備的不同，區分若干房型，那麼在類型前可再加上適當的「形容詞」，加以區別，並且顧客可以「顧名思義」，直接感受客房的等級與主題。

由於通常中、小型旅館之基地面積不大，客房規劃時受限會較多，有些飯店在不得已的情況下，房型會規劃得很多。或是時下流行的汽車旅館，為了取悅顧客，爭取市場，往往在客房的主題設計上大肆發揮，規劃非常多樣的主題型態的房型，甚至許多房型只有一間，其房型的數量與客房的數量，達到非常接近的程度。

表 2-2　旅館備品明細

洗髮精	文具夾
沐浴乳	原子筆
潤髮乳	鉛筆
護膚乳液	便條紙
香皂	訂書機
牙刷	橡皮擦
牙膏	尺
浴帽	煮水器
沐浴巾	衣架
刮鬍刀	洗衣袋
紙銼刀	購物袋
棉籤	三用衣刷
化妝棉	咖啡
護墊	茶包
隱形眼鏡清洗液及存放盒	調棒
漱口水	保險套
針線包	捲筒衛生紙
擦鞋布	盒裝面紙
水杯	客房垃圾桶
拖鞋	茶杯
浴室垃圾桶	煙灰缸
衛生袋	打火機

所以，房型規劃較為複雜，在名稱上也發展得較複雜。

一般性的客房名稱制定，會先選擇簡單明瞭的方法。

例如，比較傳統且標準的客房名稱有：經濟單人客房、標準單人客房、豪華單人客房、標準雙人客房、豪華雙人客房、商務套房、主管套房、（飯店名）套房、總統套房等。也可以加上些特色的形容，例如有：景觀客房、海景套房、皇家套房等。

更新潮的方式，以「意境與氛圍」為命名的主題，也常被休息導向的汽車旅館採行，例如有：上海風情、巴黎風情、巴洛克、凱蒂貓、秘密花園、鐵達尼、星空燦爛、加州陽光、日式禪風、海洋之星等等，琳瑯滿目無奇不有，設計者創意無限，令人讚歎。

第三章

組織與人力

第 1 節　組織架構

　　中、小型旅館的組織架構力求精簡，在管理上將類似性質的工作編入同一部門中，以達到精簡節約人力的目標。其編制依據實際之運作，產生不同的需求及型態。

　　不同性質的旅館，客源層亦不同，需求及運作方式均不盡相同，因此在人力配置上亦多所變化。例如，櫃檯員可身兼總機話務員、訂房員等，或另設總機話務員並兼任訂房員，或設業務之業務專員兼任訂房員等，均以旅館本身的運作需求作為人力配置的考量，運用上甚具彈性。因此，衍生出許多不同形式的組織架構。以下列舉四種因規模不同所採行的基本架構範例，加以說明適用的旅館規模及型態。

一、第一種模式

　　如圖 3-1 的組織架構為較完整之模式，適用於規模較大之旅館，組織分工較細密，人力需求較為龐大。客房數約略在 150-250 間左右，設有 2-5 座中、小型餐廳，並且屬國際性的商務旅館，較適合此架構之運作模式。此架構之人力運用，後台人員的人力比例較高，對於人員訓練及內控管理之效能，將較重視。

二、第二種模式

　　減少後台人力編制，大部分的人力將運用在第一線的服務工作，以現場營運任務為主。此模式適用於客房數約為 100-150 間左右之各類型旅館，旅館內附設有小型餐廳 1-3 座。目前許多稍具規

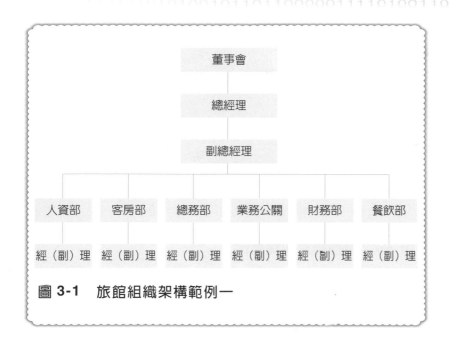

圖 3-1　旅館組織架構範例一

模的中、小型旅館屬於這一類型的組織架構模式（**圖 3-2**）。

三、第三種模式

　　適用於客房數規模更小，並且僅設置一座餐廳的旅館。基本上，除少數 3-5 位的行政人員，其餘均為現場服務人員，人力更加精簡，甚至將許多的事務委外承包，減少常態編制人員。客房數量 80-150 間規模的旅館，多採此類型組織架構，亦是常見的模式之一（**圖 3-3**）。

四、第四種模式

　　為最小的組織架構，基本上「部門」的概念已較為淡化，以「職務」為主要的區分，主管及服務人員均極為精簡。工作劃分較

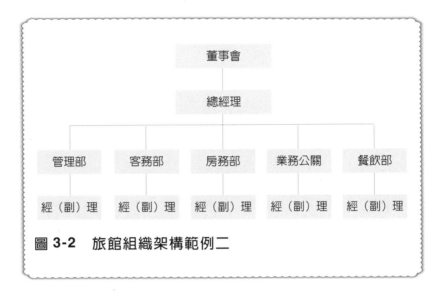

圖 3-2　旅館組織架構範例二

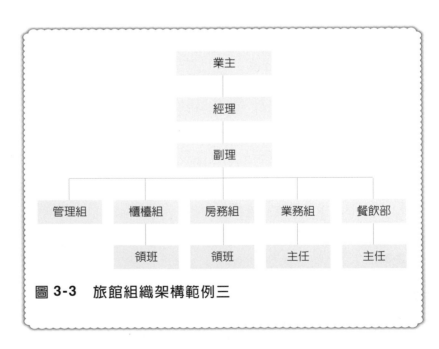

圖 3-3　旅館組織架構範例三

粗略，涵蓋面較廣，在許多情況下，必須兼任相關部門的事務。且大多數的時間內，僅一名主管值勤並兼顧常態性的事務（**圖 3-4**）。小型旅館客房數 80 間以內者，適用此模式之組織架構。

另舉旅館客房部架構範例如**圖 3-5**。

第 2 節　人力資源

中、小型旅館的人力配置多採取精簡政策，多數的從業人員為前場的服務人員，後場的行政人員比例極低。其原因為：

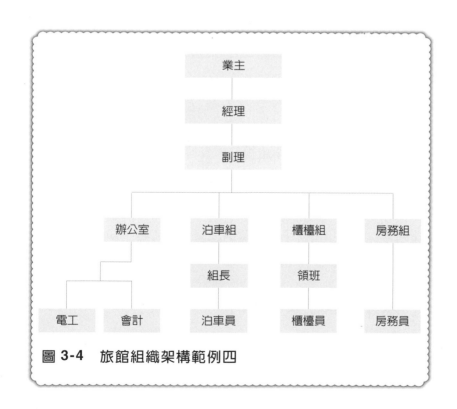

圖 3-4　旅館組織架構範例四

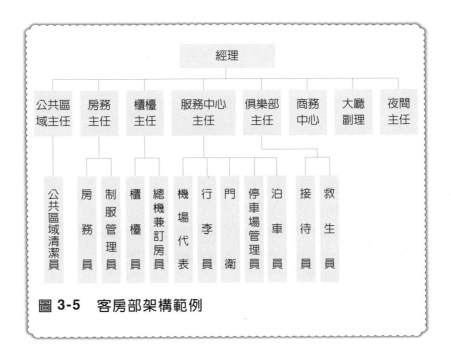

圖 3-5　客房部架構範例

1.人力精簡政策。

2.規模小，事務單純。

3.重視營業行為，較不重視文書資料建立。

4.受限於建築面積，無法規劃充足的辦公空間。

　　因此，許多不具商務功能的旅館，人力極為精簡，所編制的從業人員，均為前場服務人員，僅配置會計兼倉管一名，並處理所有行政事務。

一、人力與客房數的比例

　　一般中、大型旅館的人力規劃，常以「從業人員的總數量」與「客房數」的比值，作為人力資源運用的參考數據。這個人力比值

可以說明，每一個客房，平均配置多少人員服務。不同型態的飯店，會產生不同的比值，若以相似客房數的數個旅館來比較，其比值越高，說明該旅館人力的投資越高。通常，中、大型旅館的比值常落在 0.1 2 之間，視餐飲部的人數影響比值。但 250 間客房以下的中、小型旅館的比值，通常約略在 0.3-1 之間。原因是中、小型旅館的人力配置雖較為精簡，但客房數卻十分少，有些旅館僅二十幾間客房，不論如何精簡，其比值都不可能落在 0.3 以下。另外，許多中、小型旅館不包含餐飲部門，故大部分的人力幾乎都是客房部門，也影響比值的變化。部分小型旅館並且包含具規模的餐飲部門，那麼其人力的比值必定十分高，甚至超過 2 。

經營績效佳的汽車旅館，其人力比值亦較高，因為重視客房整理的速度，因此必須以較高的人力，來支應快速的客房使用輪轉率。

近年來因勞工退休制度的施行，企業對於人力資源的政策也有所改變，旅館業亦同，許多部門朝向外包方式，因此實際參與工作與員工編制的數量有所差異，這也會影響人力比值的變化，而中、小型旅館的外包工作比例亦極大。因此相較之下，人力比值在較小型飯店的運用，其參考的價值較大型飯店的參考價值為低。

二、如何計算人力需求

人力的需求規劃，必須包含以下的因素：

1.預估的營業量。

2.營業現場的規模與配置。

3.品質要求的水準。

4.操作方式的繁簡。

5.勞基法規定勞工工作時數的上限。

　　以上所述的各項因素與使用人力成正比，也就是說，營業量越大、規模越大，或配置越廣越複雜、品質要求越高、操作方式越繁瑣，則人力需求越大。所以，回過頭來說，一個設計規劃得當的硬體環境，是可以節省人力的。

　　人力的預估計算，要靈活不死板，節省低峰時段不必要的冗員人力，將人力運用在營業量高峰時段，不怠慢顧客，保持良好的服務品質，這樣才是好的人力政策。靈活調度也是人力運用的重要課題，在允許的情況下，充分運用人力，一人「兼任」二職或數職，也是節省人力的作法。

　　一般來說，小型飯店的人事成本比例都較撙節，分工也較粗略精簡，例如櫃檯員的職責包含：總機、訂房、接待、出納，甚至行李員或門僮，這些工作在大飯店裡，都是獨立的，而小型飯店的運作型態，便是由櫃檯員一手包辦。某些時候，主管也必須支援櫃檯或其他工作。

（一）主管

　　小型飯店的主管多為值一班 24 小時，下班休息 24 小時，一般稱為「上一休一」，並另外視情形給予一至二班的休假日。另配置代班主管一名，或由櫃檯主任代班。

　　規模略大的旅館，可視需要增加 1-2 名主管，以落實管理工作。基本上，超過 100 間客房以上的旅館規模，需要至少 3 名以上主管。

（二）櫃檯員

　　視旅館的規模及業務量，配置櫃檯員每班約 1-3 名，輪值排班

的方式及變化極具彈性，端視旅館之特性與實際需求而定。有些旅館設計副門廳（**圖 3-6**），並且設有第二座櫃檯，則櫃檯人力相對會提高，每班至少 2-3 名櫃檯員。

中、小型旅館櫃檯員的輪值，遇有排班的限制產生空檔時數，或櫃檯員臨時請假等狀況，則主管人員支援櫃檯工作，是十分常見的情形，大多數的主管人員由櫃檯升任，對於櫃檯事務均十分熟稔。

常見的輪值方式有：

1. **一般正常班制**：例如，上午班 7:00-14:30 ，下午班 14:30-22:00 ，大夜班 22:00-7:00 。這類的班表，通常大夜班由固

圖 3-6　副門廳　　　　　　　　　　資料來源：皇都飯店。

定大夜班櫃檯員擔任。日班櫃檯員輪值上午班及下午班。

2. 上一休一：日班約輪值 14 小時，隔日休息。大夜班由大夜班櫃檯擔任。

3. 上三休二：輪值二天日班，約 10-12 小時，第三天輪大夜班，隔日休息二天。

自從勞基法規定每日工作最高時數後，旅館業者多已修改輪值方式，應以不違反勞基法規定為原則。**表 3-1** 為常見的櫃檯班表形式。

（三）房務員

房務員的人力計算，以勞務量為基礎，若汽車旅館考慮「速度」，則需增加人力，才能達到快速的要求。

商務飯店未考慮休息作業量的人力計算方式，以間數作為每人每日標準的值，每人每日約 12-16 間，這個標準值視客房平均空間大小、樓層間數之不同，而有所調整。以一般 8-10 坪的標準空間來說，每人每日的工作量約為 13-14 間。

同樣的例子，某飯店共 117 間客房，9 個層樓，每層 13 間。其房務員人力的計算方式如下：

每人每日打掃工作量＝ 13 間
每月工作 22 日，每人每月工作量＝ 13 間× 22 日＝ 286 間
假設住客率 100 %，則
每月需打掃間數＝ 117 間× 30 日＝ 3510 間
所需房務員人數＝ 3510 間÷ 286 間＝ 12.27 ≒ 13 人

有休息業務的旅館，重視打掃速度，則應以 2 人一組或 3 人一組的人力配置來計算，並將休息的組數亦納入工作量計算。假設同

表 3-1　常見的櫃檯班表形式

早班編制 5 位 / A、B、C：08:00-20:00

晚班編制 4 位 / E、D、F：20:00-08:00

早班編制 4 位 / A：08:00-15:00，B：15:00-22:00

晚班編制 3 位 / B、C：22:00-08:00

早班編制 3 位 / B、C：08:00-20:00，C-4：08:00-16:00

晚班編制 3 位 / B、C：22:00-08:00

A：08:00-16:00　　B：16:00-00:00　　C：00:00-08:00

A：08:00-20:00　　C：20:00-08:00

樣的規模，每日兩輪的休息量，則：

每組人（二人）每日每班打掃工作量（住宿及休息）＝ 50 間
每月工作 22 日，每組人工作量＝ 50 間× 22 日＝ 1100 間
住客率 100％，平均休息組數兩輪，則
每月所需打掃間數＝（117 ＋ 117 × 2）間× 30 日＝ 10530 間
所需房務員組數＝ 10530 間÷ 1100 間＝ 9.5 ≒ 10 組
所需房務員人數＝ 10 × 2 ＝ 20 人

　　由於中、小型旅館的客房數不多，在房務員人力的安排，與平均住房率，無法完全對應。與較大型的旅館的人力安排上，例如平均住房七成，則安排七成的常態性人力的情況有所不同。中、小型旅館很少有將當日做不完的客房，擋下來至隔日再整理，必須當日全部做完，因為其規模的限制，以及其顧客屬性 Walk In 比例較高，必須以全部的客房作為每日的可賣房數量，以因應每日最大可能的住房需求。因此在正常經營的中、小型旅館人力配置方面，必須以接近 90％至 100％的人力計算，不能過低。

　　房務員的輪班方式通常因旅館性質不同，則有不同。商務旅館無休息業務，房務員的出勤以上午 7:30 至下午 4:30 為原則，視營運狀況調整下午的人力。下午 4:30 房務員下班後，配置 1 名值班人員即可。有休息業務的旅館，須視休息業務量，作為人力安排的依據。通常這類旅館，以集中上班時間、集中休息時間的方式較常見。值班隔日休息。

第 3 節　職務說明

　　製作「職務說明」的用意是說明每一個職務的職稱、等級、工作內容、相關要求、隸屬關係、工作職掌，以及其他相關資訊。人事部門可依據職務說明規劃人力，招募員工；員工亦可依職務說明的內容，了解本身工作的相關資訊，明確界定工作內容及職掌等相關事項。

　　訂定職務說明的內容，應依據旅館特性，制定合適的內容項目。並應依實際狀況加以增修，保持其實用及正確性。未編制專責人事部門的小型旅館，其項目內容及作業流程，不宜過於複雜，否則將影響實際的推動及實用性。以下範例，提供實務操作時的參考，實際製作時，可依需求及特性加以調整。

一、房務員

職　　　　　稱	房務員
部　　　　　門	房務部
等　　　　　級	基層操作人員
職　務　代　號	
所屬上一級主管	房務部領班
下　屬　人　員	
工　作　時　數	每日 9 小時，含用餐時間
休　　　　　假	每月 6 天
性　　　　　別	女
年　　　　　齡	18-50
教　育　程　度	國小畢業以上
專　　　　　業	識字
工　作　經　驗	有無經驗均可
工　作　能　力	落實客房清潔工作基本要求
工　作　關　係	櫃檯、水電工、餐廳
工　作　職　掌	1.依工作準則所制定的準則及工作程序，盡心進行清潔打掃，並維護所負責的區域。 2.保持工作車（工作籃）的清潔及備品的充足。 3.確定所有工作設備的運作狀況皆良好，如工作車（工作籃）、吸塵器、清潔器具等。 4.保持倉庫、儲藏室的整潔。 5.立即報告樓層、客房內之家具、設備之損壞情形。 6.誠實向房務部申報顧客遺失（留）物。 7.工作段落中，確實補充備品。 8.對於地毯特別的污漬，須適時清洗。 9.適時回補客房所缺少的飲料，並回報房務部辦公室入帳。 10.填寫房務整理日報表。 11.樓層及客房之安全維護。

二、公共區域清潔員

職　　　　稱	公共區域清潔員
部　　　　門	房務部
等　　　　級	基層操作人員
職　務　代　號	
所屬上一級主管	房務部領班
下　屬　人　員	
工　作　時　數	每日 9 小時，含用餐時間
休　　　　假	每月 6 天
性　　　　別	女／男
年　　　　齡	18-50
教　育　程　度	國小畢業以上
專　　　　業	識字
工　作　經　驗	有無經驗均可
工　作　能　力	落實客房清潔工作基本要求
工　作　關　係	櫃檯、水電工、餐廳
工　作　職　掌	1.依工作準則所制定的準則及工作程序，盡心進行清潔打掃，並維護所負責的區域。 2.保持工作車（工作籃）的清潔及備品的充足。 3.確定所有工作設備的運作狀況皆良好，如工作車（工作籃）、吸塵器、清潔器具等。 4.保持倉庫、儲藏室的整潔。 5.立即報告公共區域之家具、設備之損壞情形。 6.誠實向房務部申報顧客遺失（留）物。 7.工作段落中，確實補充備品。 8.對於地毯特別的污漬，須適時清洗。 9.填寫公共區域整理日報表。 10.公共區域安全維護。

三、房務部領班

職　　　　　稱	房務領班
部　　　　　門	房務部
等　　　　　級	基層主管
職　務　代　號	
所屬上一級主管	主任
下　屬　人　員	房務員
工　作　時　數	每日 9 小時，含用餐時間
休　　　　　假	每月 6 天
性　　　　　別	女
年　　　　　齡	25-50
教　育　程　度	國小畢業以上
專　　　　　業	諳英文、客房清潔及檢查之專業知識
工　作　經　驗	房務部工作 2 年以上經驗
工　作　能　力	具領導及管理基本能力，製作房務報表
工　作　關　係	櫃檯、水電工、餐廳
工　作　職　掌	1.客房清潔、設備維護保養之檢查及督導。 2.房務員之出勤及工作分配。 3.房務員之訓練。 4.工作紀律之維護。 5.備品之管制。 6.客房報修之維修情況追蹤。 7.樓層及客房之安全維護。

四、櫃檯員

職　　　　稱	櫃檯員
部　　　　門	客務部 / 櫃檯組
等　　　　級	基層操作人員
職　務　代　號	
所屬上一級主管	櫃檯領班
下　屬　人　員	房務員
工　作　時　數	每日 9 小時，含用餐時間
休　　　　假	每月 6 天
性　　　　別	女 / 男
年　　　　齡	20-35
教　育　程　度	高中 / 職畢業以上
專　　　　業	諳英文 / 日文，能操作電腦中英文輸入
工　作　經　驗	有無經驗均可
工　作　能　力	1.反應快。 2.口齒清晰。 3.一般英文書信及便條留言。
工　作　關　係	服務中心、房務部、水電工、餐廳
工　作　職　掌	1.旅客遷入、遷出作業。 2.訂房、排房及房控作業。 3.前檯出納作業。 4.接待及諮詢作業。 5.客房銷售相關作業。 6.總機及話務作業。 7.安全維護。

五、櫃檯領班

職　　　稱	櫃檯領班
部　　　門	客務部／櫃檯組
等　　　級	基層主管
職　務　代　號	
所屬上一級主管	主任
下　屬　人　員	櫃檯員
工　作　時　數	每日 9 小時，含用餐時間
休　　　假	每月 6 天
性　　　別	女／男
年　　　齡	25-35
教　育　程　度	高中／職畢業以上
專　　　業	諳英文／日文，能操作電腦中英文輸入
工　作　經　驗	櫃檯工作經驗 2 年以上
工　作　能　力	1.領導管理基本能力。 2.顧客抱怨的處理。
工　作　關　係	服務中心、房務部、水電工、餐廳
工　作　職　掌	1.櫃檯工作之支援、督導及檢查。 2.顧客參觀客房之指導及介紹。 3.一般抱怨之處理。 4.櫃檯員之出勤及工作分配。 5.櫃檯員之訓練。 6.工作紀律之維護。 7.旅館之安全維護。

六、副理

職　　　　稱	副理
部　　　　門	
等　　　　級	中級主管
職 務 代 號	
所屬上一級主管	經理
下 屬 人 員	主任（或領班）
工 作 時 數	每日 9 小時，含用餐時間
休　　　　假	每月 6 天
性　　　　別	女／男
年　　　　齡	25-45
教 育 程 度	專科／大學畢業以上
專　　　　業	櫃檯、房務各項作業程序
工 作 經 驗	相關副主管工作經驗 1 年以上，或櫃檯或房務主任工作經驗 2 年以上
工 作 能 力	1.協助或代理經理綜理店內各項事務。 2.領導管理能力。 3.顧客抱怨的處理。 4.安全維護。
工 作 關 係	全館相關
工作職掌	1.承經理之命令執行店務管理。 2.櫃檯、房務工作成效之督導及檢查。 3.人力調度之執行與監督。 4.設備定期維護與保養之規劃與執行。 5.顧客抱怨之處理。 6.人員訓練之規劃及督導。 7.臨時、緊急事件之處理。 8.旅館安全工作之督導與執行。 9.對於下屬工作必要之支援。

七、經理

職　　　　稱	經理
部　　　　門	
等　　　　級	高級主管
職 務 代 號	
所屬上一級主管	總經理
下 屬 人 員	副理
工 作 時 數	每日 9 小時，含用餐時間
休　　　　假	每月 6 天
性　　　　別	女／男
年　　　　齡	30-45
教 育 程 度	專科／大學畢業以上
專　　　　業	旅館經營管理
工 作 經 驗	相關主管經驗 1 年以上，或副理工作經驗 3 年以上
工 作 能 力	1.領導管理基本能力。 2.旅館經營管理。 3.市場分析與策略制訂。
工 作 關 係	全館相關
工 作 職 掌	1.綜理全館管理事務。 2.櫃檯及房務工作之督導與檢查。 3.營業報表監督與審查。 4.市場分析與經營策略之制訂。 5.設備維護保養之督導。 6.人員訓練之督導。 7.危機及事件處理。 8.公共關係之處理。 9.旅館安全工作之計劃、督導與執行。 10.其他必要之支援。

第 **4** 節　教育訓練

　　中、小型旅館對於員工教育訓練的作法上，並沒有系統化的成型作法，平均來說較為不足。大都僅限於員工報到後，職前極短時間的工作內容簡介，便以「母雞帶小雞」、「師父帶徒弟」的方式，交由資深者負責指導，進行「傳承香火」。甚至部分主管都不清楚這些櫃檯人員的專業與熟悉度，便在「適當時間」就上前線打仗去了，再從工作中吸取經驗，漸漸從「菜鳥」變成「老鳥」，有機會的話，開始扮演「師父」的角色，帶領下一批後進的工作訓練。事實上，這種傳統的方式並不是最好的方式。新進人員所學的，是前人留下來的方式，至於是不是正確的 Know-How，的確值得商榷。

　　因此，中、小型旅館亟待建立正確的「知識庫」，不但應著重實務經驗之培養，而正確的理論知識及技術文件等，亦應被建置及依循，各種事務之標準的建立，應朝向量化、標準化的方向規範，必須明確而具體地呈現，不應僅以經驗的概念值管理旅館的運作。

　　最基本的，應制定各項作業之「標準作業流程」（Standard Operating Procedure, SOP），將各項作業的流程，一一加以制定標準，並詳實以文字記錄。

　　制定標準作業流程時，必須規劃並鼓勵從業人員參與。與員工共同討論，取得共識，則有助於日後的推動與執行。標準之訂定，應以實際且應達成的目標，作為基礎——將標準訂定過於嚴苛或寬鬆均為不宜。此標準為實際執行的準則，而非形式。建立完善的

SOP 文件，不但作爲作業標準規範的依據，亦是知識傳承的有效方式之一。

此外，導入系統化的方案，亦是知識管理的重要一環。對於旅館知識的建置與傳承，更具有積極的意義。例如，導入「旅館管理系統」（Hotel Computer System, HCS），可將部分的作業標準化，由於系統化的流程必須重視一致性、標準性。從業人員因而自然形成規範，並且可維持標準的持續性，即使人員更迭，新進者亦必須依循此標準作業，而不致流失這些標準。

旅館事業的知識與技術極爲浩瀚，目前全世界許多的專家與學者仍不斷研究更精進的旅館管理知識。然而，任何知識的意義在於被實踐與被運用。因此，旅館管理的知識，並非所有都適用於同一家旅館，而是應被選擇採用的。旅館管理者，必須考慮旅館的特性、背景、文化等因素，選擇合適的知識與技術；同樣的，只要是合適旅館特性的相關知識，就值得在旅館內發揚，這些知識有許多是由從業人員在工作中所發展出來的，都是極爲寶貴的知識來源。旅館管理者應特別加以重視，擬訂有效的管理機制，將這些寶貴的知識加以保存、整理、系統化，進而實踐。並鼓勵從業人員，不斷研發、創新更精進的流程與技巧，使從業人員不斷激發新的觀念、新的技術，對於效率提升、流程改善、精進技術水準等方面，均有相當積極的意義。這便是所謂「知識管理」（Knowledge Management），與建立「學習型組織」的主要精神。

知識管理的另一項重要意義在於，企業內部之核心技術與知識，爲企業成員共享，而非專人獨攬。因此，建置優良的知識管理制度，旅館將不會因任何的個人離開，而影響核心的經營管理技術。並且亦不會因傳承的失誤，而將標準改變或遺失，旅館仍可正常運行。如此，可建立可長可久之管理模式。

中、小型旅館若須永續經營，在市場上立於不敗，則教育訓練的問題不可不重視。旅館業的經營是以「人」為本，任何的政策與經營方針，均是人性為出發考量，顧客的期待與員工的心態是否能予以緊密結合，反映在旅館服務水準的展現，在此所謂的服務水準不僅是軟體，亦包含硬體的服務，在在都與「人」發生直接的關係。

服務水準關係旅館經營的成效，而影響服務水準的因素無他，唯「人」而已！因此，教育訓練的確影響旅館的命脈，中、小型旅館業者與管理階層切不可輕忽。中、小型旅館的員工教育訓練最常採行的方式如下：

一、員工會議

大部分的旅館均訂有定期的員工會議，一般是一個月召開一次的月會，以檢討工作績效與政令的宣傳。這類的會議，亦可加入教育訓練的功能，例如作「專題研究報告」，可由主管擔任或指定員工輪流實施。每次的主題均不同，將工作的理論與實務經驗結合，相互討論，藉以改善工作技巧與流程，尋求最佳的作業與服務方案。如此，對於員工來說，可以增進專業知識與技術，並且具有共識的作法，有助於推行。

二、聘請相關專業人士授課

市場上許多專業企業管理顧問公司或旅館管理顧問公司，均提供員工教育訓練的服務，旅館應視本身的需求，選擇合適的課程，由專業的講師授課，經由專業講師的授課技巧及內容，效果較為提升。這類的課程需要負擔費用，旅館可依照本身特性及人員交替的情況，排定適當的週期。

另外，部分相關之技能訓練，亦應排入員工教育訓練中。例如，消防安全講習、急救訓練、美姿美儀等，對於旅館從業人員亦極為重要，並且這類的訓練通常可接洽相關之單位，均提供免費之訓練課程，並可至旅館專門開課，便於旅館員工學習。像是各地區的消防單位均歡迎機關團體申請消防講習，消防單位將派專業講師實施講習；各醫院、志工組織亦提供急救訓練，同樣歡迎機關團體申請。旅館可多利用這類的管道，配合員工教育訓練課程。

三、外界的專業訓練

旅館可視需要，輔導並鼓勵員工參加外界辦理的相關訓練課程。不論是經營、管理、服務、語文或其他相關技術訓練等，都可增加員工的專業知識及技能、增強本職學能、提升工作觀念及效率，極為值得鼓勵。

對於表現優秀的員工，可有計畫地加以培訓。或是將參加講習訓練作為員工表現優異的獎勵行為，不論對旅館、對員工都是極為正面的方式。

前櫃篇

第四章

前檯管理【一】

前檯的管理是旅館管理中，非常重要的一環。管理的效率將影響整個旅館的工作效率與水準。因為前檯是旅館的眼睛、耳朵和大腦，耳聰目明的旅館，必定是顧客所喜愛的旅館。若是一個人的眼、耳和大腦都不能發揮正常的功能，那麼整個人的協調性一定會出很大的問題，甚至其他的身體機能也都會有影響。所以，飯店前檯若是不能發揮應有的工作效率及水準，那麼飯店整體的服務機制，將會受到極大的影響。

　　前檯的管理，重點在客務的處理及房控的管制。這兩項工作是旅館管理工作中的重點，客務的工作為對客人服務的各項措施，房控管制工作，是將客房的運用與調度，發揮最高的效率。二者對於旅館經營之成敗，關係均極為密切。並且，亦是顧客對於旅館評價或觀感的重要指標。

　　中、小型旅館中，除了房務相關的清潔操作由房務員擔任，其餘絕大部分的工作，幾乎都與櫃檯的職掌有關。因此，中、小型旅館的運作中，櫃檯很自然地成為指揮及協調的中樞，大多的指令都是由櫃檯發出，再轉由房務員或服務中心執行，部分的事務亦由櫃檯自己執行。

　　出色的櫃檯員，較容易受到拔擢擔任主管工作。原因是櫃檯工作的領域，占中、小型旅館的工作領域的大部分，因此櫃檯的工作經驗，對於旅館整體管理的觀念建立，具有相當程度的助益。因此，櫃檯人員亦可說是旅館的靈魂人物。

第 **1** 節　接待及出納作業

一、迎賓的要領

　　當客人到達時，首先接觸到客人的，除了服務中心的門僮、行李員或泊車員外，最重要的迎賓部分，是由櫃檯人員擔任，客人對飯店建立的第一印象好壞，通常也是櫃檯人員的表現影響最深。所以，櫃檯人員除了要有良好的儀容和氣質、敏捷快速的反應能力外，更重要的是，要有一顆真誠而熱情的心。

　　在操作方面，登記旅客基本資料時，應快速熟練，不可讓客人等待過久。各國的護照設計方式有所不同，櫃檯員應能熟悉各種格式，迅速找到所需要的資訊位置。

　　與顧客對話，態度誠懇自然，語氣和緩，自然面帶笑容。客人若有詢問，應仔細聆聽，一定要聽清楚客人的意思或需求，再作適當應答。

❖ 作業程序

　　1.服裝整齊端莊，態度熱情有禮，笑容可掬。
　　2.看見顧客進入，若是坐著，則立即自座位上站起來，並面帶笑容表示歡迎之意，待顧客走近時，致上標準歡迎辭：「歡迎光臨○○飯店！」（Welcome to ○○ hotel, sir/madam.）
　　3.注意姿勢，雙手交叉於前（左手握住右手），身體微微前傾。

4.視情況與顧客寒暄，閒話家常。若顧客因心情不佳或有疲態，則不宜與顧客有太多不必要的對話。

5.注意是否需要協助並且已獲得行李員的協助與引導。若有特別的狀況，例如計程車費尚未付，或司機不知道停車場位置，則先協助顧客解決這類的問題。

❖ Tips

【使用顧客的語言】

櫃檯人員接待顧客，本國人使用國語或台語，甚至以客家語接待客家籍的顧客亦無妨。語言是一種工具，視對象而異，用得恰當則會有加分的效果，但是必須要能了解顧客所使用的語言。

通常，外國人以英文為主，若為日本人，可以使用日文。當然，如果櫃檯員會說客人所屬語系的語言，那麼也不妨可以使用客人所使用的語言，大多客人會感到較親切。但至少，身為櫃檯接待員，英、日語的基礎是應該具備的，尤其是 Hotel Language 的範圍，必須要熟悉。

【特別禁忌】

重視常客是必然的，櫃檯員對於老顧客的親切度會更加強，是一種自然的行為。老顧客對於飯店的忠誠度高，相對的也是對從業人員的肯定，值得我們驕傲。

但是，也有些禁忌。可以說是技巧和原則，值得一提。

有一類的顧客，是飯店的常客，會經常更換伴侶（男、女朋友）。當遇到這樣的客人，並且身旁有伴侶，那麼只需親切地正常招呼，不要說類似以下的話，非常不恰當。譬如：

「張先生，最近好久沒來了……」（意思是以前常來……）

「陳董，您又來啦，您的女朋友越來越漂亮了。」（萬一上次的

女朋友不是同一人……）

「王小姐，上次您的化妝品留在房間，我已幫您收起來了。」
（上次來過？跟誰來過？）

除非是極有把握認識顧客及其伴侶，否則還是儘量不要隨口說
出這類的寒暄語。如果櫃檯員毫無職業的敏感度，對這類客人說了
類似這樣的話，一不小心難免記錯，很可能會「出事」的。那麼便
適得其反，反而引起不必要的困擾。

二、遷入作業

（一）散客遷入

旅客遷入作業包含房控遷入流程，以及帳務建立流程。有關帳
務建立流程詳細內容在「前檯出納作業」中介紹。

散客遷入事宜，通常是在櫃檯進行。亦有將重要的貴賓（Very
Important Person, VIP）安排在特別的位置，如商務中心、貴賓接待
處等，或是直接請顧客進入客房內辦理。

商務客人大都有訂房的習慣，會事先預訂。因此，事先便能掌
握客人的航班、遷入的時間、入住期間、人數等資料，若是有歷史
資料的顧客，更能掌握更多的資訊，對於顧客辦理遷入手續有很大
的幫助。通常，只要有歷史資料的顧客，在入住時，若一切資料均
正確並且未變更，只需在旅客登記卡上簽個名，以及刷個空白信用
卡，即可完成遷入的手續。無歷史資料及未訂房（Walk In）的旅
客，當然需要請客人出示護照加以登記後，輸入電腦系統中，建立
檔案。

❖ 作業程序

1. 自顧客進入大門起，檯檯員起立迎接，目迎顧客到來，自然面帶微笑，目光友善，並一直落在顧客身上，直到顧客走近到可以清楚聽到你說話的範圍內，則應問候顧客，並致上歡迎辭：「Good afternoon, sir. Welcome to ○○ hotel.」（您好，歡迎您光臨○○飯店）若是老顧客，當然，你應該記得他的名字，那麼可以更親切些：「Good afternoon, Mr. White. Welcome to ○○ hotel. Very nice to see you again.」（午安，懷特先生，歡迎您光臨本飯店，真高興再次見到您！）

2. 接著，詢問客人是否有訂房（老客人則應已了解訂房的情況，則不需要再詢問），很快地查到訂房資料，再向客人確認一次訂房的資料，如客人姓名、退房時間、訂房的房型、房價、訂房公司資料、付款方式等。

3. 請客人出示護照，填寫「旅客入住登記表」。最重要的幾項資料，在登記時務必齊全：
   (1)姓名（Guest's Name）。
   (2)證件號碼（護照號碼或身分證字號[Passport Number or ID Number]）。
   (3)國籍（Nationality）。
   (4)出生年月日（Date of Birth）。
   (5)住址（Address）。
   (6)其他相關資料若有則亦可登記（Others）。

4. 檢查是否有該客人的留言、託交的物品或上次退房的遺留物、寄存李行、洗衣等，則一併交給客人（行李、洗衣及大型物品交由行李員或房務員，隨後送進客房內）。

5.帳務作業程序（詳細內容敘述於「前檯出納作業」）。

6.一切核對無誤後，依排定的房間號碼，將鑰匙及飯店鑰匙卡（Key Card, Key Holder）交由客人或行李員，並以手勢輔助，指引客人電梯的方向。並祝福客人：「Please enjoy your stay.」（希望您住宿愉快！）

7.微笑地目送客人離開櫃檯，俟客人遠離或進入電梯後，才將目光移開，這是對顧客尊重，也是專業的表現。

（二）團體遷入

飯店是否接待團體客，視飯店的規模、能力，以及經營政策而定。當然，接待團體客人必有其優點與缺點，但是為了住房率的考量，部分中、小型的旅館仍有能力接待一些小型的團體。

團體的特性是，整團到達，整團離去，所以在到達與離開時，是工作量的尖峰，處理的速度是很重要的。團體客人大部分是旅遊導向，所以心情輕鬆，穿著輕便，不像商務人士較為整齊體面。並且，通常團體客人對於飯店的設備損耗較大。

團體一定事先訂房，並且經過確認。對於團員的人數及訂房種類及數量，旅行社都已先行規劃妥當，名單通常會在 Check In 時才提供。

櫃檯人員可依照預訂的客房種類及數量，將客房鑰匙、早餐券等裝入信封內，一個房號一個信封。

團體到達時，由導遊或領隊與櫃檯接洽，並提供團員名單，徵詢導遊是否有排房方面的特別要求或其他特別的注意事項，依據其要求作排房依據，其餘依序編排房號，並將房號註記在名單上。確認無誤後，將整批鑰匙交給導遊，由導遊發至團員。

行李員則利用排房的時間，將客人的行李搬運至大型的行李車

（Trolley）上，準備運至各樓層客房。行李員應向櫃檯索取名單的影本，根據名單較不易發生錯誤。通常行李員將行李運送至樓層後，依房號逐一請客人指認自己的行李，再為其搬入客房內的行李架上。

團體遷入的電腦作業，由於數量多，較為忙碌，可先將整團先行 Check In，各客房之旅客資料再利用時間補錄入。否則，其他部門便無法即時在電腦中查看到該團客人的任何資料，甚至不知道是否已抵達。尤其是客房的自動控制系統與管理系統結合的飯店，在未 Check In 狀態的客房是關閉電源與電話外線的，因此若是未能即時作好 Check In 的動作，客人到達客房時，將發生沒有電源並且無法使用外線電話，那麼當時剎那之間，櫃檯與總機的抱怨電話將蜂擁而至。

❖ 作業程序

1. 適當的排房。依據該團的屬性、需求，以及飯店當天的房控狀況等因素，安排適當的客房。同團的客房儘量安排在相鄰近的區域，如此便於導遊領隊的管理，另外，對於團員的活動範圍也相對較易掌握，降低與其他房客相互干擾的可能性。

2. 需要加床的客房，先行通知房務部門作業。

3. 將整團的客房鑰匙、早餐券及其他折價券等，都以信封裝置妥，註明房號，並將特殊的房型也一併標示，以利導遊或領隊辨別。

4. 團體抵達時，引導團員顧客先在大廳的沙發稍坐，避免秩序凌亂，大聲喧嘩。行李員先將行李收集在一角，進行搬運的準備作業。

5.尋找負責人，通常是領隊或導遊。索取團員名單，檢視名單上的資料是否完整，並了解是否有特殊的排房要求，有問題與負責人先行溝通。詢問是否需要 Morning Call 。

6.核對訂房及預排房的資訊是否相符。若有出入，立即查明並作溝通。

7.確認排房。將房號標註在名單上。

8.影印名單，櫃檯、總機、服務中心各一份。

9.由團體負責人分發鑰匙給團員，服務中心人員引導團員搭乘電梯至客房。

10.行李員以行李車將行李依序送至客房，並解說客房設備及操作方式。

11.櫃檯、總機進行電腦作業，及建立客房帳。

12.通知總機設定 Morning Call 。通知房務部門，加床數量的增加或取消。

三、退房作業

　　旅客退房作業包含房控遷出流程，以及結帳流程。以下說明房控遷出流程，有關結帳流程於「前檯出納作業」中介紹。

　　辦理客人退房作業的過程中，應適當詢問客人是否滿意本飯店所提供的各項服務，是否有其他任何的意見，飯店將會作為改善的依據。若客人回答一切都滿意，則應向客人表達感謝之意，並希望很快能有再次服務的機會；如若客人有不滿意之處或是任何的建議，應仔細聆聽，除表達歉意之外，視問題的性質，盡可能尋求解決，若不屬於需要立即處理的問題，則將內容記錄下來，向主管反映。

❖ 作業程序

1. 辦理住客退房，詢問客人是否使用冰箱飲料，並立即通知房務員查明房間情況及飲料數量回報。

2. 應回收客房鑰匙。若發生鑰匙遺失之狀況，或客房內之設備遺失、損壞等，應依規定收費。但應注意技巧及禮節。

3. 將帳的內容仔細向客人解釋，並收取款項。依「帳務處理作業」程序進行。

4. 顧客付款工具為外幣者，並依當日匯率兌換本國幣值，以本國幣找零。若支付信用卡，則依信用卡作業程序刷卡取得授權碼。若支付旅行支票，則依旅行支票之票面幣別及幣值兌換為本國幣。以上不論以何種工具支付帳款，均須仔細辨識真偽。

5. 若為南下（暫離數日將再返回）客人，應立即通知行李員辦理行李寄存手續。

6. 遇顧客之抱怨、建議等，應虛心接受，並代表公司向顧客致歉。事後作成記錄，呈報主管。

7. 若有逾時，依規定向顧客說明及收取逾時的費用。通常14:00 前加收逾時費，14:00-18:00 加收半日房租，18:00 以後退房則收當日房租。此部分各飯店有不同之規定。

8. 若當日凌晨 02:00 以後 Check In 的顧客，通常以住宿 12 小時計算，逾時部分以休息逾時費率計算。

9. 遇有特殊情形須報告主管處理。

10. 將電腦資料辦退房。

11. 顧客離去時，櫃檯員應致答謝之歡送辭：「Thank you very much and good bye, sir. We are looking forward to see you

again soon.」（謝謝光臨，歡迎您下次再度光臨本飯店。）

12.微笑目送顧客離去。

13.退房後顧客之訪客、來電、留言、快遞等，均應避免接受，以免反而擔誤顧客要事。若為將南返（先前暫離數日再返回）之顧客，則應將資料、物品妥慎保管，並記錄於該顧客之訂房資料中，列入交接。

四、前檯出納作業

本節中所敘述的流程作法，應融入「遷入作業」及「退房作業」的程序中。由於這個部分較為重要並且繁瑣，本節特別提出來詳細說明。

傳統的旅館管理，將「接待」（Reception）與「出納」（Cashier）這兩個部分的作業，分別由不同的部門負責。櫃檯員隸屬於客務部（Front Office），前檯出納員隸屬於財務部，專門負責結帳，目前仍有部分旅館保持這種管理方式。

現代旅館的管理方式，大都已將這兩個職務合而為一，統一由櫃檯員負責。如此，不但可節省人力資源，並且作業流程可兼具一致性與連貫性，使顧客得到的服務是連續而不中斷的。中、小型旅館的領域中，亦是不區分接待與出納兩項職務，均由櫃檯員負責。因此，櫃檯員除了對於房客事務及客房狀態控制之外，對於客房帳務的處理流程亦必須十分熟悉。並且，櫃檯人員必須具備冷靜清晰的頭腦，反應敏捷，因為旅館的作業，常於某些遷入、遷出的尖峰時段，進行大量的旅客進行遷入、遷出的作業。櫃檯人員不但要立即處理房況的作業，以及伴隨發生的客務相關服務事務，並且必須同時正確而快速地處理顧客的客房帳務，這種工作性質絕非一般公司裡的出納員所能體會的，其當時承受的責任與壓力是非常大的。

因此，櫃檯人員必須時時保持高度的敏銳度，並且不斷提升自己處理事務的精準及速度，因為櫃檯的工作是不容出現絲毫的錯誤的。旅館管理人員亦應有此相同體認，對於新進櫃檯人員的訓練，必須落實，避免將一位不熟悉的生手送進櫃檯，這樣不但會產生作業上的失誤連連，亦會造成服務品質的下降。

　　實務上，顧客的帳務，會因為商務顧客需要核銷出差的差旅費用，所以常將飯店內發生的帳務，區分為客房帳與私帳（Personal Account）。所謂客房帳即是房租，而私帳則包含冰箱飲料、餐廳、電話費等。其用意為，客房帳將返回公司核銷，私帳的部分則自行負擔。以團體客來說，私帳通常是房租及所約定的團體餐以外的其他費用。當然，區分方式並無一定，必須依照顧客的要求加以區別，以利顧客核銷其出差費用。

　　另外，更有許多同公司的帳務，多個客房由其中某客房支付，必須將其他客房的帳務全部或部分轉至該客房帳下，在電腦上常見的所謂「Pay By」或「Pay For」的付款註記。

❖ 作業程序

【建立客房帳】

1.旅客辦理入住登記時，應將必要的資料記錄，這點在帳務的處理作業上，是極有必要的，若是發生任何帳務上的失誤，亦可藉由這些資料儘量追蹤彌補。

2.旅客辦理入住登記時，應詢問客人以何種方式結帳：「How do you like to settle your bill, sir?」（先生，請問您要以哪種方式結帳呢？）通常有下列的幾種結帳方式：

(1)現金（by Cash）。

(2)信用卡（by Credit Card）。

(3)旅行支票（by Travel Check）。

(4)公司帳（by Company）。

3.現金付款之旅客，可視住房天數，先收取若干預付款（保證金[Deposit]）。

4.客人以信用卡付款，可先要求顧客刷空白卡，預取若干金額的授權碼。若能在簽單上取得顧客的簽名字樣，當然是最安全的作法。不過這種作法很容易使顧客感到不受尊重，現今已不鼓勵如此作法。

5.旅行支票的作法同現金，亦可請顧客先付若干預付款。旅行支票必須請顧客在兌現的部分簽名，並核對與原簽名字樣是否符合。

6.若為公司帳，則應與訂房公司聯絡，請該公司派員前來處理。付款的方式與處理流程，與上述同。

7.值得注意的一點是，不論以何種方式付款，應特別留意其支付工具真偽的辨識，慎防偽造或冒用之鈔票、信用卡、旅行支票等。

8.若為 Walk In 的顧客，以現金作為支付方式，則收取一日的房租，或若干保證金額，即入帳。

9.確定客人之付款方式後，接下來在報表打入進住時間，並製作客人之「客房明細帳」，填入房租金額，連同旅客登記表、信用卡簽單等，一併裝訂，存放於帳夾中。

10.每日大夜班櫃檯員，應作核對明細帳及過帳程序。過帳的重點內容：

(1)當日房租。

(2)當日房務員查報的飲料帳。

(3)餐飲及其他館內消費之簽帳單。

(4)其他代支帳單。

11. 過帳時，若發現消費之金額已大於預付之金額時，應即開
立催帳通知，並列入交接，進行催帳。

【退房結帳】

1. 旅客退房結帳時，應將當日尚未入帳的冰箱飲料帳、住宿期
間之電話費等立即結算。製作（或列印）帳單，並請顧客簽
認。

2. 依顧客之付款方式進行結帳。若為信用卡結帳，應將原預取
金額之交易取消，並另刷確實之結帳金額。否則預取之金額
會占據顧客信用卡的額度，甚至在額度不足時會影響本筆消
費交易的授權，這一點必須注意。

3. 結帳完成，將發票、信用卡簽單收執聯與帳單之收執聯一併
裝訂，置於信封袋內，交由顧客收執。

4. 將收款明細填入報表內，並打退房時間。或是在電腦中辦
退。

5. 現金、信用卡簽單、客房明細帳等，依程序整理彙集，作帳
完畢繳交至會計室。

✥ Tips

顧客遷入登記時，要求顧客「預付保證金」（Deposit）的作
法，普遍被旅館作業所採行，目的是為了預防跑帳（Walk Out）的
情形。但這個作法與尊重顧客、信任顧客的原則是相違背的。至於
是否採行，或制定何種機制，應視管理者的理念而定。

在實務上，預付保證金這個部分經常發生與顧客爭執的情形，
甚至得罪客人，造成顧客的流失。施行時，應考慮該顧客的特性，

例如訂房並續住數日的房客，可以鼓勵其使用信用卡結帳，便可以預取授權碼作為消費的保證，若是顧客不願以信用卡作為結帳方式，亦可告知先以信用卡作為住房期間的預付方式，結帳時將取消此交易，可改以其他方式支付。未訂房及無歷史資料的旅客，可先收取一日的房租，通常未訂房 Walk In 的顧客只住一日，續住的機會較小，即使續住數日，並且獲得顧客同意，每日收取房租亦無不可。

五、營業報表製作

　　現場的營業報表，記錄並反映現場營業狀況，櫃檯員製作報表應堅持確實、即時、真實等原則，將實際的營業行為加以記錄並結算。現代旅館已普遍採用電腦作業，各類報表由電腦自動生成，在製作及結算的部分已大為節省人力，並且精確程度及資訊分析的能力均大大提升。但仍有許多中小型旅館未全面導入電腦化，採用傳統手工製作報表。無論是人工或電腦作帳，櫃檯人員均不可馬虎、掉以輕心，否則仍然容易出錯。

　　規模較小的飯店，櫃檯人員若有兩位以上值班，則在工作職掌上會區分主班、副班，用以區分出納工作的責任。除了接待、話務、訂房等客務工作以外，主班兼任出納的工作，包含報表、現金、現場小額支付等，故主班人員必須對帳務及現金負責。當然，在當班時，主、副班的櫃檯人員均會在報表上作業，不限主班人員。若發生問題時，責任的歸屬，應視實際情況而定，並非必定由主班人員承擔。

　　手工作業的報表格式，通常以印製的空白報表格式，每日使用一至數張，由櫃檯人員之主班負責。一般手工報表，將住宿與休息分開製作，格式上也略有不同。亦有二者格式相同，僅以顏色區

分。視旅館之管理特性及需求設計適當之報表格式。

　　商務導向為主的飯店，其續住的情形普遍，且服務項目較多，發生的帳目種類也較複雜，客房帳的製作流程較繁複，格式自然較複雜些；另外，以休息為大量業務的飯店，客房數較少，服務項目較單純，續住的情形較少，故營業報表格式較為簡單。

（一）住宿報表

　　一般的制式格式，其表頭區分為房號、姓名、遷入時間、遷出時間、房租、飲料、電話等（**表 4-1**）。

　　製作時將房號填入，並於旅客遷入時填入姓名、房租，打印遷入時間等項，遷出結帳時，再將電話費、餐飲、飲料等其他的費用結清填入，打印遷出時間。

表 4-1　住宿日報表

序號	姓　名	到達時間	離開時間	房租	折扣	逾時	市電	其他	小費	合計	備　　註

年　　月　　日　　　　馨閣旅店 日報表　　　　No. 001425

主管：　　　　　值班員：

資料來源：馨閣旅店。

每日下午 2:00 以後，將報表統計加總，並計算住房率、營業額等數據。

（二）休息報表

休息報表毋須記錄旅客姓名，房號排列依遷入時間順序填寫，各樓層亦分別製作（**表 4-2**）。客人遷入時，填入房號，打印遷入時間；遷出時，打印遷出時間，計算房租及查詢其他費用，將房租及其他費用一一填入。每日休息時段結束後，結算總和及統計營業額。

表 4-2　休息日報表

序號	姓　　名	到達時間	離開時間	房租	折扣	逾時	市電	其他	小費	合計	備　　　　註

馨閣旅店　日報表　　　No. 002165

主管：　　　　　　　值班員：

資料來源：馨閣旅店。

六、客房推銷技巧

銷售房間是櫃檯員主要的工作之一，「不僅要將房間賣得掉，而且要賣得好！」這才是銷售客房應有的技巧與指導原則。因此，如何將房間銷售得好，是櫃檯人員一門極重要的課題。

發揮良好的銷售技巧，對於客房銷售工作，是絕對重要的，這些銷售技巧必須靈活運用，自然流暢，不著痕跡，恰好搔到顧客的癢處，符合顧客真正的需求，那麼賓主盡歡。顧客滿意，從業人員開心，豈不美事一椿。但要達到這樣的目標，必須事事留心，努力下功夫，不斷訓練，才能有所成效，以下是幾項重點。

（一）重視每一通洽詢的電話

每一通來電都是銷售契機，即使是找客人的訪客，都要把握機會銷售，本身積極熱情的表現就是一種銷售。

遇洽詢的電話，應熱情而積極，展現最大的誠意，為顧客作最好的諮詢服務及解答，感謝顧客的來電，給予我們服務顧客的機會，往後有任何需要，我們都十分樂意再次為顧客服務。使顧客對於熱情而親切的表現，留下深刻的印象。

最好留下洽詢者的姓名、公司、聯絡電話等資料，以便日後追蹤（或轉交業務單位聯絡追蹤）。再者，積極邀請對方來店參觀房間（Show Room），都是有效的銷售作為。

（二）積極提供 Show Room 的服務，並親切引導與介紹

當顧客來店詢及客房的問題時，應積極誘導顧客接受參觀房間的安排，依顧客的時間性及當時館內的房間狀況，安排適當的參觀內容，至少一至二個房型，並且在參觀客房的過程中，將本飯店的特色、交通、客房功能、服務項目、房型及房價等，向顧客介紹。

通常顧客在參觀過客房後，印象會較爲深刻，並且與飯店人員產生良好的互動，選擇該飯店的機率會大大提升，經常是當下即作訂房。

　　顧客欲離去前，應準備旅館的簡介、房價表、促銷廣告、紀念品等，贈送顧客參考。

（三）察顏觀色，作最適切的建議

　　櫃檯人員依據工作經驗，應具有察顏觀色、評估顧客屬性的能力，例如從衣著、談吐、動作及詢問內容等，判斷顧客屬於商務族群，或是一般夜生活族群；是本地或是外地客人；是夫妻關係或是情侶關係；是高消費群，或是有預算限制……，再依據顧客的屬性及需求，作出最適切、最符合顧客需求的建議，那麼顧客的接受度自然會提升。

　　有些顧客有預算上的限制，那麼一定要建議較低價位的客房；有些顧客屬於「錢不是問題，面子才重要」的類型，那麼若建議他住較小的「經濟客房」，恐怕會引發顧客的不悅，要與你理論是不是看不起他？再者，高階的商務主管常有訪客拜訪洽商，若不建議其選擇客廳與臥室有隔間的套房，那麼可能顯示櫃檯員的專業有問題，基本的服務理念都不足。所以，察顏觀色，作出正確的判斷，可以說是身爲一個櫃檯員極爲重要的本領。

（四）對於猶豫不決的顧客，適當地爲他們作決定，也是一種高度技巧

　　許多顧客考慮的方面太多，一時無法打定主意，因此猶豫不決，遇到這種的情況，絕不可顯得不耐煩，應付出更多的關心，了解其無法作決定的原因，並且適時以話術誘導其思考方向，多說些有利顧客的情況，並且以溫和誠懇的態度，爲他作出決定：「……那麼，我們訂先 A 房型×間，如果有變化或是客人不喜歡，我們

再為您更換……」如此，大多的顧客會接受櫃檯員的建議：「好吧……那就先這樣了，有問題再說……」可以減少許多不必要的周旋，展現效率。但是，千萬不可以勉強顧客，故意給顧客壓力，或是表現得不耐煩，這些都是極為忌諱的事，最後不但生意做不成，連旅館的聲譽都跟著賠上。

（五）可能的話，從高價位的房間開始銷售，但不可以勉強客人

高價位的客房銷售較不易，經常是留下幾間高價位的客房未能銷售，而沒有達到 100 ％的住房率。

對於能接受高價位客房的顧客，櫃檯員可先從高價位的客房開始推銷，但要懂得技巧與顧客的感受，多說些讚美顧客的話，有助於銷售高價位的客房。由於高價位客房留得越晚，越不利銷售，其原因為：

1.能接受高價位的顧客比例上本來就較少。
2.顧客的心態認為，高價位的豪華客房，使用的時間要長才划算，若是凌晨 Check In 的顧客，只是休息一晚，花費高而無時間享受客房的豪華，那麼便是划不來。

因此，越早將高價位客房銷售掉，當日「客滿」的目標便有望達成了。再者，在銷售業績的角度來看，高價位的客房對於旅館來說收入高，相對利潤亦較高，有利營業表現。

（六）重視 Walk In 的客人

中、小型旅館客房數不多，每日續住及訂房以外，其餘的客房必須依賴當日 Walk In 的顧客，將住房率填補。因此，Walk In 的顧客，對於一般中、小型旅館來說，是非常重要的客源，必須加以重視。

客人進入我們的飯店，便是給了旅館服務人員一個推銷的機會，全體旅館從業人員都應把握這個機會，將最好的一面呈現在客人面前，極力爭取客人的好印象，並且期待這位客人從此成為旅館永遠的忠誠顧客。

Walk In 的客人大部分是本國客人，並且在深夜時段都可能隨時走進旅館投宿。櫃檯人員接待 Walk In 的客人，絕對不可以有差別待遇，必須要一樣的親切熱情，殷勤地服務，使客人感受溫馨與關懷，即使是隨機選擇這家旅館，但由於從業人員的熱情與真誠，相信必定會留下深刻的印象，下次需要住宿旅館時，一定會再度選擇這家旅館，或者有機會時，也會向親友推薦。若是具有商務屬性的顧客，可以說明旅館對於簽約廠商的優惠，得到客人的回應後，可將客人的資訊報告主管或轉至業務部追蹤。

或許部分 Walk In 的客人帶有酒意，表現得並不太紳士淑女，但是從業人員應本著服務的基本精神，以關懷與尊敬善待每一位顧客，如此必能將推銷與服務的工作做得很好，成為一位稱職的櫃檯人員。

❖ 作業程序

1. 熟記房況，將當日的訂房、排房及各種房型的空房狀況，都牢記在心，隨時都能作出快速且正確的銷售及配房反應。

2. 發揮高度企圖心，只要顧客進入館內，絕不輕易放棄任何可能的機會，必定讓顧客住下，成為飯店的房客。

3. 對於顧客的屬性，作出最快速且正確的判斷，以最適切的建議，使顧客滿意接受，達成銷售任務。

4. 原則上從價位高的客房開始推銷。但必須掌握正確的銷售對象與顧客需求，不可過於勉強顧客，否則只會招致反效果，

即使當時顧客勉強接受，但是可能永遠不再光臨，旅館將永遠失去這位顧客。

5. 積極提供 Show Room 的服務，在 Show Room 的過程中，發揮推銷技巧，說服客人接受推薦的房型。

6. 對於猶豫不決的顧客，必要時，為其作出適切的決定，可以減少不必要的拖延，加快效率，但必須極注意技巧。

7. 顧客若是堅持離去，一定要將店卡奉上，禮貌地致歉，表達為不能滿足顧客的需求感到抱歉與遺憾。如此，顧客仍有可能經再三考慮後，再回頭訂房，因為顧客手中有飯店的店卡。

七、諮詢服務

身為一個專業的櫃檯員，對於解答顧客的問題，是一項極重要的工作。並且從這個部分的表現，可以看出一個櫃檯員專業與否。櫃檯員應蒐集各種必要的資訊，加以彙整，方便隨時查閱。尤其是櫃檯主管，在這個部分應發揮影響力及統合資訊的能力，加以整理並且系統化存集成檔案。

除了飯店內部的設施、收費方式、營業時間等，其他的相關訊息更要多加收集，舉凡各機關的電話號碼、飯店以外的服務之廠商或店家的資料、旅遊資訊、商店商品資訊、娛樂場所資訊、交通、醫院、飯店等，當然越豐富越好，這是櫃檯人員應具備的工作能力，平日要多蒐集，才能提供顧客最好的諮詢服務。平時便要熟悉這些資訊，若有遺忘或不清楚，則應隨時查閱。並且，應經常更新這些資訊，以免過時而與現況不符，造成資訊錯誤，影響服務品質。

回答客人的問題，態度上應注意禮貌，並且表現得親切、熱情

與自信。旅館內的任何服務，不但要照顧客人的身體，也要照顧客人的心理，所以從業人員對待客人的每一個動作，每說一句話，都必須在意客人的感受，不可以有不禮貌或逾越分際的情形。

　　客人的問題或是需求所涉及的層面，若已超過自己權限範圍，必須請示過主管才能作出承諾，不可以擅自作主答應客人，否則引發不良的後果，將會適得其反。若是在權限範圍內的事務，承諾客人後，必須要做到，給客人一個滿意的結果，絕對不可以隨便搪塞，敷衍客人。胡亂承諾，並且沒有做到，比當初拒絕客人更糟，對於客人的影響與傷害也更大。

　　另外，適當的肢體語言，將有助於溝通。在談話中加入適當的手勢，表現優雅風度，可以增加自己的魅力與親和力，使客人留下良好的印象。

　　有一點要特別提出來，當客人有病痛時，飯店人員千萬不能以自身的經驗任意判斷病情，作出不當的建議，必須抱持審慎的態度，盡量建議客人就醫，接受專業治療，飯店人員不要主動建議與提供成藥，甚至偏方，以免發生延誤就醫的情況。

❖ 作業程序

　　1.任何問題，儘量不要說：
　　　(1)「我不知道。」
　　　(2)「不可以。」
　　要說：
　　　(1)「我幫您查一下。」
　　　(2)「我稍後告訴您。」
　　　(3)「我會轉達您的意思。」
　　　(4)「我會反映您的寶貴意見。」

2.為什麼不要說「我不知道」或「不可以」？這是一種說話技巧，並且也是一種做事的態度。

不要直接拒絕顧客，這樣會讓顧客心裡產生極大的不悅，好像你並不重視他的問題，或是他問的問題很離譜、很可笑。不論如何，客人的心情會極為不悅；另外，你是旅館的服務人員，為顧客服務是你的職責，為什麼對於顧客的問題，你想都不想就隨意回答「不知道」、「不可以」？顯然這樣的做法是不認真、不負責任的。根據經驗來說，若不是存心搗蛋的顧客，他的每一個問題都是有他背後的道理與用意、有確實的需要。或許是顧客的表達不完全，或許是你一時無法體會，總之，這些問題都是應被重視的。再說，任何問題應該都可以找到解決的辦法或是解釋的方式，而不應該只是「不知道」或是「不可以」。所以，或許真正的問題是，你夠不夠專業，夠不夠用心。

3.若一時無法聽懂顧客所說的意思，應問清楚，並重複顧客所說的內容，以確認沒有誤解，這點是很重要的，千萬不要因為誤會顧客的意思，而造成事後許多不必要的困擾。

4.不懂的問題，不要隨意回答。回答顧客的問題，必須有十足的把握，將絕對正確的資訊告訴顧客，避免隨便問答，反而誤導客人。沒有把握的問題，立即向相關人員查詢，或查閱相關資料。

5.回答顧客的詢問，態度須熱情而誠懇，語氣親切和善，並儘量清楚詳細，若備有相關資料應提供其參考。遇不明白的問題，不可貿然臆測而誤導客人，應先尋求正確的解答，再行回覆。

6.顧客的詢問問題，是櫃檯員表現專業服務的機會。櫃檯員應

善加把握每一個機會，表現自己的專業才能；有些問題，顧客並沒有好的解決方法，這時我們必須用心尋求圓滿的解決方式，超越顧客的期待，進而取悅顧客，這樣才算是成功而專業的服務表現。

7. 不要以「這是公司規定，我也沒辦法！」來回答顧客。更有甚者，會說「都是老闆小氣嘛……我們也沒有辦法……」這些都是極不妥的作法，表面像是將問題搪塞過去，其實是非常差勁的表現，不但有損飯店形象，更顯示從業人員的不專業。公司的規定，必定有其道理，所以應將其中的道理向顧客解釋，並配合你的話術及誠懇的態度，尋求顧客的諒解，而不是以「公司規定」來搪塞顧客。

8. 若顧客正在氣頭上，千萬不可與客人爭辯，即使真的有理由，也應先順從顧客，表現出十分理解、贊同的態度。在肢體語言上，可以頻頻點頭，並以「是……是……我了解……」來回應。這樣容易引起顧客的認同，並可使顧客覺得受到重視，而情緒會漸漸和緩下來。顧客較為緩和後，再慢慢說明，會較順利平和。

9. 不可作超越自己權限的承諾。婉轉向顧客解釋，這個問題已超出本身的職權範圍，將會請示主管再作答覆。

第 2 節　訂房作業

一、訂房與房控

訂房作業由訂房組（Reservation Office）人員負責，編制隸屬

於業務部。若未設訂房組專責部門，則由櫃檯員或業務部人員兼任亦可。不論由何部門人員負責，訂房作業是前檯作業中極為重要的一環，是飯店與顧客具體互動的第一個層次，會直接影響顧客對於飯店第一印象的建立。

訂房員的工作，是為顧客預訂所需要的客房，但同時也負有行銷的責任。訂房組人員必須充分了解各種房型的空間、格局、設備、房價，以及飯店之相關促銷方案等，才能清楚向顧客介紹及適當的建議。

當了解顧客的需求時，可以依照顧客的需求，作出最適切的建議，可能比顧客原先的計畫更好，自然會獲得顧客的認同。另外，若遇到客滿或需求的房型已訂滿的情形，也要作出最佳的處置，取得顧客的諒解，並欣然接受你的建議與安排，暫時先改住其他飯店或其他房型，再將顧客接回或換房。如此，不會得罪顧客，也不影響飯店的利益，這些都是一個訂房員必須具備的觀念與技能。

控制客房之預訂情況，可由電腦訂房系統或是人工作業的「訂房控制表」（Space Availability Chart）（**表 4-3**）。電腦的操作簡便，效率高，適用於客房數較多的旅館；若五、六十間客房的旅館，亦可以不需要電腦系統輔助，以人工製作「訂房控制表」亦可達到控制訂房的目的。

訂房控制表，製作時應儘量將版面放大，因為要將每個客房都規劃在上面，規模超過 80 間的商務旅館，這個控制表將會較為複雜，製作的清晰與實用度必須注意，以免使用時產生看不清楚或資料記載空間不夠等現象。通常使用 A3 以上尺寸的厚卡紙製作。尤其櫃檯員兼訂房工作的旅館，要製作得較美觀，因為經常需要在櫃檯內作業此控制表，顧客的觀瞻必須加以考慮。

表 4-3　訂房控制表

房型	1	2	3	4	5	6	7	8	9	10	11	12	13	14	15	16	17	18	19	20	21	22	23	24	25	26	27	28	29	30	31
Single1																															
Single1																															
Single1																															
Single1																															
Single1																															
Single1																															
Single1																															
Single1																															
Single1																															
Single1																															
Single2																															
Single2																															
Single2																															
Single2																															
Single2																															
Single2																															
Single2																															
Single2																															
Single2																															
Single3																															
Single3																															
Single3																															
Single3																															
Single3																															
Single3																															
Single3																															
Single3																															
Single3																															
Twin																															
Twin																															
Twin																															
Twin																															
Twin																															
Twin																															
Twin																															
Twin																															
Twin																															
Twin																															
Suite1																															
Suite1																															
Suite1																															
Suite1																															
Suite1																															
Suite2																															
Suite2																															
Suite2																															
Suite2																															

❖ 作業程序

1. 接受顧客訂房的同時，應先查詢空房狀況，確定仍有該房型之空房，方可接受顧客訂房。

2. 若該房型之客房已訂滿無空房，應向顧客婉轉解釋並道歉，最重要的是，引導顧客同意改訂其他的房型，並積極說明該房型的優點，使顧客感到滿意，高興地完成訂房過程。

3. 若有需要在相同的房價上升級（Upgrade）至其他高價的客房，應由主管授權。

4. 接受訂房時，應依「訂房登記卡」（Reservation Form）（**表 4-4**）所需之各項資料，逐一詢問顧客，必要的資料例如：

   (1) 住客姓名（Guest's Name）。

   (2) 國籍（Nationality）。

表 4-4 訂房登記卡

CHECK/IN： 年 月 日	CHECK/OUT： 年 月 日
南返日期： 月 日～ 月 日	☐接機 班機： 時間：
房價與間數： 共（ ）間	旅客姓名： 共（ ）名
折扣： %	
訂房公司：	
訂房人名：	
公司電話：	
傳真電話：	
行動電話：	
備註：	
TO： FAX：	FROM：京都商務旅館 FAX：(02)2531-7490
ATTN：	經辦人：
京都商務旅館 KYOTO HOTEL 台北市中山區長春路38號 TEL：(02)2567-3366	

資料來源：京都商務旅館。

(3)預定到達日期及時間（Arrival Date/Time）。

(4)航班號碼（Flight Number）。

(5)預定退房時間（Departure Date/Time）。

(6)訂房種類、房型（Room Type）。

(7)訂房人姓名、公司名稱（Booked By）。

(8)訂房人或公司的折扣等級（Discount Level），這點最好不要詢問顧客，必須自行查詢。

(9)聯絡電話（Phone Number），最好留公司電話及行動電話。

5. 若為傳真、電子郵件訂房，亦應繕寫訂房單，並以電話、傳真或電子郵件加以回覆訂房人確認。來函內的資訊若有缺少或不清楚，一併加以查詢。

6. 對於顧客的要求應清楚而詳細地記錄，尤其是允諾顧客的要求事項，更應清楚交代，貫徹執行。若觀察顧客發現有特殊情形，具參考價值，亦應詳實敘述，記錄於訂房記錄中，供當日當班之櫃檯人員參考。

7. 每日櫃檯人員應列印（或製作）訂房統計報表（**表4-5**），並以電話再確認當日的每筆訂房，以掌握訂房資料之正確性，作為排房之依據。遇取消訂房或 No Show 等情形，應在報表上做成記錄。

❖Tips

訂房作業中的每一筆訂房中，必定有一組對應的「訂房代號」，這個號碼原則上是內部使用的。事實上，旅館無法要求顧客記住這個號碼，並且於確認訂房時必須使用這個號碼。若有旅館這麼做，絕對是不智的。因此除非顧客訂房後並不放心，或是主動詢

表 4-5 訂房統計表

訂 房 表

年　月　日

公司名稱	旅客姓名	人數	SGL	TWN	SUITE	住宿日期	到達時間	備　　　註

問訂房代號，則可以將代號告知，否則不必主動告知。要求顧客必須記住這個訂房代號，是不恰當的作法，很可能引起顧客的不悅。

為使住房率達到百分之百，訂房作業經常會出現某種程度上的超額訂房（Over Booking），但必須妥慎處理，若處理不當，則易發生顧客訂房卻無房可住的情形，會造成顧客極大的抱怨，對飯店的形象損害很大。因此，如何提高飯店的住房率、衝高房價、創造高營收，並且適當地安排每一位客人，使他們得到最滿意的住房經驗，是訂房部門的主要課題，也是全體訂房員共同努力的目標。

二、排房作業

排房的技巧是提升服務的一環。排房得宜，不但顧客感到貼心滿意，房務工作也會運轉順暢，相對的，也能提升整個服務效率，是十分重要的一項工作。

排房尤其須考慮訂房時交代的各種事項，應儘量滿足客人的需求。故良好的排房作業，須將各種狀況均作通盤考量，達到最完美的狀況，以及休息房運轉能力等。平均安排在各樓層，儘量使工作量平均的原則。應避免空房過於集中，影響隔日的房務工作進度。

排房可分為散客的排房與團體的排房，在原則上是有所不同的，並且要降低彼此的干擾情況。所在排房時，可區分樓層，或是同樓層安排不同的區域。

團體排房應注意該團客房的房型、大小是否接近一致，避免差異性過大，以免相互比較，引起抱怨。並且，依照各樓層工作量的情況，可將較大的團體拆成數個樓層，以免同時退房的工作量不平均。此外，長期客應優先考慮，短期客次之；貴賓應優先考慮，一般旅客次之。

❖ 作業程序

1. 預排房應考慮的因素很多，必須儘量兼顧，才是完美的排房。例如：

   (1)當日的續住量。

   (2)當日退房量。

   (3)進住量及客房種類。

   (4)客人進住的預定抵達時間。

   (5)客人的習性、喜好、特殊要求等。

   (6)休息運轉能力。

2. 休息的樓層儘量避免安排兩天以上的商務客人，以免相互干擾，應將干擾降到最低。

3. 商務客人對於客房的格局、照明、清潔度等，較一般 Walk In 的客人要求高。

4. 充分了解房況，譬如某些房間有些小缺失、小故障，在排房時要注意一併考慮其適當性。

5. 有些客人在 Check In 之前，會以電話確認其訂房，遇到這種情況，儘量不要立刻將房號告知客人，請客人到達時，再行告知確切的房號，這樣才不會使排房作業變得沒有彈性，造成排房的困擾。譬如說，其中一間的房間在安排上有問題，可能會牽動其他房間的安排，都必須作更改。因此，儘量不要在顧客尚未到達前將房號告知客人。但若是已事先告知的房號，則不宜再作更動。

第 3 節　總機作業

一、話務

　　規模在 100 間客房以下的旅館，一般來說其作業量尚不需要設置專責總機人員，大都由櫃檯員兼任。但商務型態導向較重的旅館或是餐飲業務較具規模的旅館，其話務作業量便較高，則應視情況設置專責的總機話務部門。

　　總機工作是飯店與顧客互動的第一線之一。大多數的顧客與飯店的第一次接觸，是透過電話，總機人員的話務服務便是他們最先接觸到的服務，也會影響他們對飯店的整體服務品質的評價。由於總機居於幕後，只以聲音的型態表現服務，並沒有表情、肢體語言可以輔助，來電者的印象全都建立在總機的音調、語氣和處理速度上。

　　首先，應向來電者致上標準問候語。有一點非常重要，也是一般總機人員常犯的錯誤，在報告飯店名稱與致問候語時，語調應清楚，說話速度不宜太快，要讓來電者聽清楚說的內容，這樣才有意義，而不是一開口先一股腦兒將「該說的」都說完，管他聽得懂不懂？這是許多總機人員常犯的毛病，應加以避免。管理人員在設計標準問候語時，亦應考慮內容不宜過多，以免在表達上太過繁複，顧客並不能耐心聽清楚，反而適得其反。

　　處理速度，是總機人員非常需要注意的。來電者無法以視覺判斷當時的情況，只能憑總機人員的聲音表達來感覺，而等待時是沒

有聲音的，顧客感覺不到總機人員在做什麼。所以，要避免讓來電者等待過久，這樣會引起來電者的不耐與抱怨。

譬如，在查詢客人名單時，許多外國旅客名字很長，或有好幾個名字，來電者有時候並不清楚實際的情形，在查詢時不是立即就能查到。但來電者並非直接面對，在視覺上看不到總機人員，所以等待的耐性會相對降低。因此不可讓來電者等候太久，查詢時間若超過 20-30 秒，則應在過程中再次告知「目前正在處理，麻煩您再稍候一會兒」，以免來電者不耐等候，產生不悅的情緒。

總機人員對於顧客的資訊須加以保密，不得任意告知第三者。通常來電者知道住客的房號與姓名，則為其轉接是毫無問題的（除非顧客拒電）。但是若是試探性的詢問住客房號或資料，則應注意判斷，不可任意透露，以免造成客人的困擾，引起抱怨。若顧客交待拒絕接聽電話，則必須記錄並確實執行，不得將任何電話轉入。

作業紀律

總機話務人員工作時應專注，即使在沒有接聽電話時亦不得嬉鬧、翻閱書報等，否則這些動作都會影響總機人員的專注程度，增加工作失誤的可能性。

總機人員不可以有情緒，所以任何情況，其應對的方式均一致，顧客憑音調和語氣來判斷你的熱情與冷漠。因此，處理任何電話的語氣都應保持最佳狀態，絕對不可以夾帶情緒性口吻與措辭，必須以標準化流程進行每一個步驟。

電話的基本禮節用語必須時時使用，例如：
「您好！很高興為您服務。」
「請稍候，我為您轉接。」
「對不起，讓您久等了。」

「謝謝。」

「對不起，目前沒人接聽，我能為您留言嗎？」

「是的……是……」

「好的，我為您查一下，請您稍候。」

「Yes, Sir/Madam.」

話務人員十分忌諱以不專業的口吻與顧客說話，甚至令顧客反感。例如：

「喂……」

「好，我幫你轉過去。」

「等一下喔……」

「喂，沒人聽喔……」

「那你要不要留話？」

「嗯，對啊……」

「我也不知道耶……」

「這樣啊……那怎麼辦……？」

「OK ……」

❖ 作業程序

1. 總機接聽來電，應在鈴響三聲內接聽，絕對不可以超過三響！

2. 接聽後之第一時間，先應答規定的問候語：

   (1)外線：「Good morning, ○○ hotel. ○○飯店，您早！」

   (2)內線：「Good morning, operator. May I help you?」

3. 聲音要清晰，語調謙和自然，熱情而不疾不徐。切忌快速含糊地一口氣唸完，而顧客一句話也沒聽懂，那麼便失去了問候的意義，也使飯店的形象受到影響。

4.處理顧客電話，注意態度應恭敬謹慎。若客人在房內，直接將外線轉入；若客人不在，則進行留言。

5.來電者若以房號為對象，則應詢問其住客姓名，確認後才可轉接，以免來電者記錯房號（或根本不認識住客），造成困擾。

6.總機應過濾不當的電話。以下的情況，電話不宜轉入客房：
　(1)客人交代拒電。
　(2)來電者完全不知道客人的姓名、國籍等相關資訊。
　(3)來電者之狀態可疑（可先詢問客人）。

7.遇較不易判斷的不明電話，可先保留（Hold）住，並由總機人員直接洽詢客人，再行決定是否轉接。

8.來電者知道住客姓名，但不知房號，而詢問總機人員該客人之房號時，可將來電接入客房，請來電者直接詢問客人本人，總機人員避免直接回答。

9.總機人員切不可透露任何有關客人的資訊。

10.轉接至客房的外線電話，應留意客人是否接聽。若未接聽，則應接回總機，告知來電者房內無人接聽，並詢問是否需留言。

11.深夜的電話尤其應加以過濾，確實確認無誤後才可以轉接，以免打擾客人睡眠，這樣是非常嚴重的失誤。

12.遇同時兩線以上的電話同時來電時，應作適當處理，若無法立即結束正在接聽的電話，應先說明予以保留，儘快接聽第二通電話，再依重要性決定處理順序。

二、緊急事件通報及廣播

緊急廣播較常見的是火災或其他災害、緊急事件發生的廣播，

由總機話務員負責，未設總機話務員的旅館，由櫃檯員負責。

　　旅館「緊急廣播系統」以及「火警授信總機」、「電梯緊急對講機」、「監視系統」等設在總機室，24 小時監控。規模較小的旅館，未設總機室，則以櫃檯為監控安全的控制中心，負有監控飯店安全之責任，以上相關硬體設備亦設在櫃檯的範圍，因為櫃檯是 24 小時都有值勤人員的部門。

　　遇緊急事件之警鈴信號時，總機人員立即查明並確認情況，若狀況屬實，則立即實施通報及廣播。緊急廣播系統可強制廣播至各客房、走道及其他公共區域。現今許多授信總機連接緊急廣播系統，在火災發生時會自動廣播，這類的功能當然很好，是可以視情況採行。但火災以外的事件，仍需要由總機人員依實際狀況實施廣播，故這部分的技能和訓練仍必須時時具備，不能因為裝設了火警自動緊急廣播而忽略。

❖ 作業程序

【火警】

1. 警鈴聲響起，立即查看燈號位置，先將鈴聲關閉（不可按復原鍵）。
2. 通知安全人員、房務部、值班主管，說明情形及發生地點，上述人員應立即前往現場查看，並回報總機人員情況。
3. 若證實為誤報，則解除授信總機的火警信號。通知廠商檢查授信總機是否故障。
4. 確認為火警事故發生，除依程序作危機處理外，並須以緊急廣播系統，通報旅客及疏散旅客。緊急廣播系統可強制廣播至各客房、走道及其他公共區域。
5. 緊急疏散廣播稿如下：「各位貴賓，這是飯店防災中心報

告，現在飯店○樓發生火警，請各位旅客不要驚慌，迅速利用兩側的逃生梯，疏散至地面層，並請不要搭乘電梯。」（重複廣播）

6. 狀況解除後，亦必須廣播，請顧客安心。廣播稿如下：「各位貴賓，這裡是飯店防災中心報告，稍早前之○樓火警，已經完全撲滅，火警警報解除，敬請旅客安心住宿，不便之處，敬請原諒！」

7. 記錄事件始末，列入交接。

【火警警報系統測試】

1. 預先廣播，通知客人勿驚慌。預報廣播稿如下：「各位貴賓，這裡是飯店防災中心報告，本飯店即將實施火警警報測試，請您不要驚慌，不需作任何配合，時間約 15 秒鐘，不便之處，敬請原諒！」（至少連續二至三次）

2. 結束測試後，再次廣播通知客人，結束廣播稿如下：「各位貴賓，這裡是飯店防災中心報告，本飯店火警警報已經測試完畢，感謝您的合作與體諒！」

【地震停電】

1. 發生較大地震時，或因地震造成停電時，經請示主管，作以下的廣播，使客人安心：「各位貴賓，這裡是飯店防災中心報告，剛才台灣地區發生○級的有感地震，並且造成台北（飯店所在地）部分地區停止供電。停電期間，本飯店備有緊急發電設備，暫時供應部分客用電梯及照明，造成各位貴賓不便之處，本飯店深感抱歉，敬請原諒！地震發生時，請勿驚慌，勿搭乘電梯。若有進一步的情況，本飯店將再向各

位貴賓報告，謝謝您的合作與諒解。」

2. 恢復供電時，廣播如下：「各位貴賓，這裡是飯店防災中心報告，先前因地震造成的停電已經結束，現在所有供電系統已恢復正常，停電期間造成您的不便，本飯店深感抱歉，並感謝您的合作與諒解！」

【電梯故障】

1. 電梯對講機警鈴聲響起，立即接聽，致標準回覆語：「Operator, may I help you? 總機，您好！」

2. 發生電梯故障情形時，先道歉並且安撫受困客人情緒，請客人不要緊張，已經通知工程人員處理中，很快就會修復。

3. 如果可能的話，詢問客人目前電梯停在第幾層。

4. 立即通知工程人員（工程部及電梯廠商）前往維修。並通知安全人員、值班主管了解並處理。

5. 維修期間，適時與受困客人聯繫，這時客人的情緒可能十分緊張或生氣，總機人員應儘可能安撫其情緒，甚至與客人閒聊，轉移其注意力，以抒解緊張害怕或氣憤的心情。

6. 事件結束後，提醒主管安排特別的致歉、致意。

7. 記錄事件始末，列入交接。

【監視系統】

1. 24 小時隨時監視監視器之畫面狀況。

2. 如有任何異常，立即通知安全人員、場所負責人員（如停車場之管理員）前往查看。

3. 將情況記錄於「監視記錄簿」中。

4. 若狀況屬實，則通知值班主管、部門主管前往處理。

5.監視系統有故障或功能異常情形，報工程人員或廠商進行檢修，以確保功能之正常。

6.記錄事件始末，列入交接。

【客人身體不適】

1.客人身體不適時，通知值班主管或房務部前往探視，判斷情況，是否需要協助就醫。

2.若有需要，徵得客人同意後，聯絡特約醫院或具規模的醫院，了解醫生預定到達的時間。

3.回覆在現場處理的主管，由主管轉達客人，醫生將於多少時間內到達，請客人安心等候。

4.情況嚴重時，則立即呼叫救護車。

5.通知服務中心協助引導醫生或救護人員至客人所在現場（客房或餐廳、健身房等）。

6.記錄事件始末，列入交接。

【接受緊急事件報告】

1.無論各部門發生緊急事件，都會在第一時間內報告總機。接受對方的報告時，應注意將完整的資訊一次問清楚，以免延誤處理的時效。

2.問清楚內容：

　(1)報告者是誰？

　(2)發生什麼事？

　(3)發生事情的人是誰？

　(4)在什麼地方？

　(5)什麼時候發生的？

3.通知值班主管及相關人員前往現場處理。

4.記錄事件始末，列入交接。

第 **4** 節　服務中心

服務中心，英文稱 Service Center ，法文稱 Consierge ，兩種用法在現今旅館中都常採用。服務中心所負責的任務是，對來客作第一線的服務，也就是說客人來到旅館時，第一個會見到的，就是服務中心的人，不論是泊車員、行李員、門衛，甚或是機場代表，都是服務中心的負責範圍。

並且，服務中心服務的對象，並不限於館內的住客，亦包括來飯店用餐、訪客等的客人，都是服務中心的主要服務對象。

服務中心的組織包括：

機場代表（Airport Represent）。

司機（Driver）。

泊車員或停車管理員（Valet Parking Attendant）。

門衛（Door Attendant, Door Man）。

行李員（Bell Man, Porter）。

一、中、小型旅館的服務中心功能

中、小型旅館因規模的關係，毋須編制如此繁複的組織，但通常泊車員或停車場管理員是必定列入編制的（除非是完全沒有停車場的飯店）。若服務需求再大些的飯店，則會加入行李員的編制。而機場代表、司機和門衛這兩個職務，較少出現在中、小型旅館的組織編制內。通常，服務中心不編制主管人員（泊車組可設組長一

名），由櫃檯主管或是直接由飯店主管管理。

　　未編制的職務，並不是代表飯店就沒有這個服務功能，而是由其他的職務兼任。例如，接機的工作會由配合租車客運公司擔任，門衛由行李員兼任，或是由櫃檯員兼任行李員。總之，中、小型旅館的作法上會很彈性，為顧客提供一切必要的服務。

　　通常商務導向的中、小型旅館，編制有行李員。其主要的工作是為顧客開門及運送行李，並且擔任送信、送報紙等機動的服務工作，另外，也會引導顧客及為顧客叫車等。在忙碌時，行李員可支援櫃檯做一些周邊的工作，或是處理顧客臨時性的要求等。設有行李員的飯店，對於櫃檯的運作，會有很大幫助。

　　服務中心的人員，其重要性亦不亞於櫃檯，尤其是對飯店的形象和顧客的第一印象的好壞，與服務中心人員的表現關係相當大。最常見的，泊車員的禮儀及服務態度，經常會影響顧客的情緒。泊車員的表現良好，使顧客感到尊重與親切，那麼顧客的消費意願會跟著提升，並且對飯店的滿意度也會相對提高。泊車員的表現確實十分重要，只可惜許多管理者會忽略這一環。

　　泊車員應遴選外型適中、氣質良好的男性員工，並且在制服的穿著上，要特別注意整潔及精神，避免衣著不整且蓬頭垢面的情形。如果一家飯店大門口出現了一位衣衫不整、邊幅不修的泊車人員，那麼縱使飯店的裝潢設備多麼豪華講究，對於客人的情緒會大受影響，而感受不到這些優點，抹煞其他方面的用心和努力。服務中心人員的任何姿勢、行為，均代表旅館的榮譽。

二、服務中心的工作守則

　　1.準時交班，熟悉所有交接事項。

　　2.服裝儀容整潔，著制服，不蓄長髮及鬍鬚，口氣清新。

3.精神飽滿，常微笑，親切與顧客招呼問好。

4.以右手開門。

5.為顧客開車門，注意車未完全停妥前，絕不可開啟車門。

6.與顧客交談，態度誠懇而自然，語氣緩和而有禮。

7.為顧客作最快速且正確的解答，不可以說「不知道」。

8.不得有暗示顧客支付小費的行為。

9.嚴禁在工作崗位高聲談笑、撥打私人電話。

10.未經核准，不得擅離崗位。

11.不得從事任何未經授權或不法之媒介。

三、工作職掌

（一）泊車員

1.指揮交通，引導顧客車輛進入停車場。

2.為顧客開車門，致標準歡迎辭。

3.代客停車。

4.正確填寫停車卡及報表。

5.妥善保管顧客車鑰匙。交接班時注意清點。

6.善盡職責，維護顧客車輛之安全。

7.妥善運用車位，適當調度車輛位置。

8.協助顧客處理行李，通知行李員作運送行李服務。

9.保護顧客之穩私，空曠之停車區車輛應作車牌掩飾（**圖 4-1**），防止不明人士窺探。

10.VIP 車輛應先行預留適當車位。

11.顧客取車，快速將車輛停至出口處，並為顧客開門及指揮交通。

圖 4-1　車牌遮掩方式　　　　　　　　資料來源：皇都飯店。

12.敦親睦鄰，與鄰居互動良好。

13.維護飯店外圍安全，注意可疑人事物。

❖ 作業程序

1.在適當的位置待命，見車輛駛進入口，應立即給予指揮，協助其在適當的位置停車，並立即開立停車卡。

2.為顧客開車門，並致上誠摯熱情的歡迎辭：「您好，歡迎光臨○○飯店，很高興為您服務！這是您的停車卡，請您收妥，謝謝。」

3.先給予顧客指示的協助：「大廳請走這邊。」或是「休息可自行選房，請走這邊。」

4.若是住宿客人，並且行李很多，則為顧客提行李至櫃檯辦理登記手續，或是立即呼叫行李員過來服務行李。

5.將顧客的車輛停至適當的車位，若是休息的顧客，則不要停太遠，住宿的顧客可停至地下室。

6.應保護顧客的車輛不可曝光，尤其在一樓的車輛，須在車牌上加壓克力飾牌，具遮掩效果。

7.為顧客停車儘量不要調整顧客的座椅，若實在必須調整，則應記住原先的狀態，停車後再予調整成原先的狀態；車內其他的設定或是任何物品，均不得任意撥弄或移動。

8.顧客取車時，檢視停車卡，將顧客的車輛迅速移至上車處，不要熄火，下車並為顧客關車門。過程中不得停滯或故意間斷，以暗示小費。

9.為顧客作必要的交通指揮，引導顧客車輛順利駛出。

10.遇顧客給予小費，應態度恭敬，鞠躬致謝。

（二）行李員

1.為顧客搬運行李，行李少時以手提方式，行李多時以行李車運送。

2.熟悉飯店設施及飯店周遭各類場所、產品、設施等資訊，為顧客提供迅速正確的指引。

3.為顧客開門，叫計程車，並記下車號。

4.傳送 Message 、信函、傳真、報紙等。

5.寄存、保管、提領行李服務（**圖 4-2** 、**圖 4-3**）。

6.大廳部分簡單的清潔工作。

7.支援櫃檯部分周邊的服務工作，例如，購物、顧客臨時性的交辦事項。

圖 4-2　行李卡正面　　　　　　　　　　資料來源：京都商務旅館。

日　期 _____
DATE

姓　名 _____
NAME

房　號 _____
ROOM NO.

備　註 _____
NOTE

圖 4-3　行李卡背面　　　　　　　　　　資料來源：京都商務旅館。

8. 支援交通指揮及引導車輛進入停車場。

9. 維護大廳之安全事項。

❖ 作業程序

1. 顧客進入旅館時，先致上歡迎辭：「歡迎光臨○○飯店，很高興為您服務，請將您的行李交給我來處理。」並將客人的行李接過來。

2. 若從當日到達名單中得知客人姓名，或是認得某位客人時，當該客人到達旅館時，則稱呼其姓氏：「陳先生，我們正在等您的光臨呢！歡迎歡迎！」如此多麼令客人窩心啊！

3. 客人若有特別貴重的物品或易碎品，則應先請問客人：「這件貴重物品，請問您要自己拿嗎？」

4. 引導客人至櫃檯辦理 Check In 手續。並站在客人後方幾步的距離等候。

5. 辦妥手續後，接過鑰匙，引導顧客前往搭乘電梯，並請客人先走，以示尊重。進、出電梯時為客人按電梯，並請客人先行。

6. 以鑰匙開啟房門，打開電源，請客人進入客房。將行李放置於行李架上或其他適當的位置。

7. 為客人解說客房設備、操作方式，以及其他的服務內容。

8. 最後請問客人：「還有別的需要嗎？」「希望您住得愉快。」則退出客房，並將房門帶上。

9. 客人離去時，先引導客人至櫃檯辦理 Check Out 手續，並將客人的行李提至客人的車上放置妥當。

10. 歡送客人離去：「謝謝光臨，再見，希望下次再光臨！」

第五章

前檯管理【二】

第 1 節　客房鑰匙的管制

　　櫃檯員對於客房鑰匙之存取，均應謹慎，切不可大意。接班時應先核對，是否有異常，發現問題要立即追查，不可馬虎了事，否則過了第一時間，可能追查就較為困難。

　　住客存放鑰匙時，依正確房號放置於鑰匙盒（Key Box）內，不可放錯，以免造成取錯鑰匙的困擾，並且可能造成顧客的誤會及不悅，這點必須特別注意。因為櫃檯員的疏失，曾發生鑰匙錯放於不同房號的 Box 內，取鑰匙時又未發覺，將錯誤的鑰匙交給客人，造成極大的誤會。

　　顧客取鑰匙時，若發現 Key Box 內無鑰匙，櫃檯員不要立刻質疑客人未交回鑰匙，應檢視是否有放錯鑰匙的情況，再行判斷原因。雖然經常是客人大意，外出時忘了交至櫃檯，將鑰匙放在口袋或遺忘在客房內，但是櫃檯員仍不可過於武斷或堅持，這樣會造成客人的不悅。只要一次的判斷錯誤，都可能會造成極大的不良影響。

　　現今的旅館常採用卡片鎖的方式，如此顧客較不會將卡片鎖交回櫃檯，櫃檯人員會以房內節電器的訊號，作為判斷客人是否在房內的依據。卡片鎖遺失的處理，也不像鑰匙遺失那麼嚴重，只需重新製作一張卡片，並將遺失的卡片作廢即可，亦不需要更換房門鎖，因為作廢的卡片立即失效，對於安全不會構成影響。

　　規模較小的旅館與房客的互動較親近，櫃檯人員多半能記住館內的房客的容貌，所以安全的顧慮較小些，只要對較陌生的顧客加以留意，便可過濾是否為館內房客。

❖ 作業程序

1. 客人在完成 Check In 的手續後，將製作好的鑰匙及飯店鑰匙卡（Key Holder, Key Card）呈交予客人。

2. 客人外出前至櫃檯交回鑰匙，依房號正確地放置於 Key Box 內，並將客房狀態變為外出（若系統為自動顯示，則不必作任何動作）。

3. 客人返回取鑰匙時，應確認客人的身分，若無法辨識確認為住客本人，必要時應詢問客人姓名、停留幾天等資訊，以確認其身分。這是保護客人安全的作法，有時候會引起客人的不耐，但是婉轉說明，一定可以得到客人的諒解。所以，櫃檯員應儘量記住客人的相貌及姓名、房號，看見客人從大門走進來，接近櫃檯時，不待客人開口，即取出鑰匙，並主動微笑招呼：「陳先生，您回來啦！這是您的鑰匙！」這樣給客人的感覺很不一樣，是最完美的服務動作！相反的，若是相同的客人，你問了兩次以上，那麼客人的感受會認為不受重視或櫃檯人員的訓練不足，會更加不耐煩！

4. 除住客特別交代之對象外，任何人一律不得取鑰匙。

5. 若非顧客本人出示飯店鑰匙卡，則可禮貌的確認一次住客的姓名，若應答無誤，則可以交付鑰匙。

6. 客人外出時，儘量引導客人將鑰匙留在櫃檯，這樣做的好處在於：

   (1) 避免顧客將鑰匙遺失。

   (2) 可以清楚的知道客人不在房內。

   (3) 可以清楚的知道客人返回時間，外出其間若有留言或信件等，可當面交付。

7.客房鑰匙若發生遺失，若責任在於顧客，應依規定收取費用，並通知主管立即處理，將客房更換門鎖及鑰匙。

8.交接班時，雙方核對鑰匙，列為重要的交接項目。

第 2 節　換房作業

客人要求換房，應了解原因，作為改進之參考。顧客可能換房的原因有：

1.安排不適當的房型、不符合顧客需求，或是顧客的需求有變化。

2.客房的格局或裝潢，顧客不喜歡。

3.客房內的設備有故障。

4.客房的清潔出了問題。

5.飯店方面的請求。

顧客要求換房，必定有其原因。若是旅館本身出了問題，使顧客產生不滿而要求更換房間，則必須向顧客道歉，並為其更換房間。但是應特別留意，所更換的新房間，千萬不可發生同樣的失誤，否則將引發顧客更大的不滿。

換房必須重新整理及檢查，即使認為顧客根本沒有使用房間，也必須做徹底的檢查，因為往往在小地方已經更動，甚至使用過，若未發覺而當成 OK Room，那麼便很容易造成飯店的缺失。

換房後，最重要的是更改住宿名單及電腦資料，客房帳要跟著轉至新的房號，並要在交接簿上記錄，列入交接重點，櫃檯員要通知相關部門人員，如全組櫃檯人員、總機話務人員及房務人員，各

部門均作交接，務使相關人員均知悉。

一切相關之來電、留言、傳真、信函、快遞、報紙、洗衣、行李、訪客等事務，均要轉入新的房號，千萬不可失誤繼續沿用舊房號，否則將再次引起顧客的不滿與抱怨。這點是相當重要的。

❖ 作業程序

1. 先查明是否仍有該房型之空房。
2. 查明仍有空房，則安排適當的客房，告知客人新房號、房型及房價，客人若能接受，請客人回房將行李略作整理，以便移至新房號。若客人由外部來電交代換房事宜，並且行李簡單，則可代為整理，將行李移至新客房內。
3. 通知服務中心行李員，並將新房號鑰匙交由該行李員，引導客人由原房號至新房號，及行李移至新房號。未設行李員之旅館，由房務員負責。
4. 回收原房號之鑰匙及飯店鑰匙卡。
5. 通知房務員換房。房務員依程序整理並檢查房間。
6. 更改電腦或住客報表資料，列入交接，往後所有之來電、留言、傳真、信函、快遞、報紙、洗衣、行李、訪客等，均轉送至新房號。
7. 將客房明細帳移轉至新房號，更改報表之資料及帳務資料。

❖ Tips

換房一般來說都是正常而合理的。但旅館的專業人員，應具有專業的警覺性與敏感度。有旅館曾發生不法客人藉換房作為犯罪的佈局，不法份子進入客房後即先佈置錄影（錄音）設備或在飲料中作好手腳後，迅速要求換房，再監控原客房的情況，伺機犯案。

因此，客人換房後，房務員進入檢查時，應特別注意客房是否異常。櫃檯人員對於換房若有疑慮時，應聯絡房務員特別仔細加以檢查，不可輕忽這方面的安全性。

第 3 節　休息作業

休息顧客的屬性與商務顧客的屬性並不相同，需求亦不相同；兩者之間，本質上也有相衝突之處，故就服務工作來說，如何將衝突降到最低，並創造公司最大利益的情況，是櫃檯員在櫃檯工作中，不可忽視的課題與技術。排房的技術上，若情況允許，可以將休息的樓層與商務住客的樓層區隔，如此可降低干擾的程度。

休息作業的基本要求是「快速」、「準確」。當然也不可以忽略應有的服務品質。然而，是不是要做到充分與顧客面對面的溝通、面對面的服務，依經驗法則來看，是需要加以調整的。也就是說，屬於休息客人的服務，「品質」要到位，硬體設備儘量提供；軟體服務以標示說明或自動化系統為主，取代「人」的服務與互動，儘量避免打擾客人及引起尷尬。這些措施，對某些屬性的族群，是相當符合需求且必要的。

對於休息客人的應對，可以略為放低音量，若有必須作說明或解釋的，也儘量不要太過高聲或太過繁複而引人注意，休息客人通常比較介意這點。休息的客層組成份子較為複雜，櫃檯員要能反應機警，對於不尋常的事物能立即察覺。

❖ 作業程序

1.休息作業在配房時，應考慮儘量不與商務客人相互干擾。

2.客人進入時，可簡單詢問是否為休息？並交付客房鑰匙（或自行選房），指引客人電梯方向。在報表上打進房時間。

3.休息以兩小時為一個單位，約 20 分鐘前應通知客人時間將至（或設定電話自動通知）；若客人表明繼續使用房間則可以再等二個小時再行催房，但不可放任不管。

4.上述催房動作，不可過於強勢無禮，也不可完全不為。催房有兩個意義：

　(1)在休息高峰的時段，可加快客人的退房時間，提升客房運轉能力。可以增加休息組數，增加營利。

　(2)可掌握客人在房間內是安全的。

　(3)提醒一時睡著或忘了時間的客人，避免結帳時的抱怨與糾紛。

5.客人退房，通常是男女伴一起出電梯，有時會有一位未經櫃檯即先行離去，櫃檯員若能確定是同一房號的客人，則不須追問離去之客人，另一位會至櫃檯結帳。

6.若僅一位先行離去，那麼一定要加以詢問房號及朋友是否仍在房間，並且同時打電話至該房號確認，這個動作很重要，可以預防：

　(1)跑帳（Walk Out）。

　(2)客房內的另一位客人是否正常、安全？

7.客人退房結帳時，在報表上打退房時間，回收客房鑰匙。若客人將鑰匙遺忘在房間內，立刻通知房務員前往查看確認，不可疏忽。

8.詢問客人是否使用飲料，快速地計算時間、核算房租，並收取房租費用。

9.收費時，應覆誦金額。例如：「房租 980 元，收您 1000

元，找您 20 元。」

10.適當地致歡送辭：「謝謝光臨，歡迎下次再度光臨。」不
需要刻意目送客人。

❖ Tips

中、小型旅館的從業人員，甚至是旅館的老闆，在內心深處，
似乎都有一種說不出的心理障礙，好像中、小型旅館的水準，矮人
一截，不如大型旅館體面風光，從業人員也多少感到無奈與自卑。
無可諱言，這是普遍的現象，只是承認的人並不多。

但是，何須如此？

信心，要自己建立。不論是從業人員或是業主老闆，都應建立
本職應有的自信與驕傲。事實上，在旅館的客房設備方面，經常是
我們在制定標準，我們的鋒頭很健，我們的生意作得很好，顧客對
我們很滿意，我們一點也不輸給其他任何型態的飯店，我們就是最
好的，識貨的客人都知道。

休息？有什麼問題嗎？法律允許的商業行為。住宿，休息，哪
裡不同？時間長短和房價不同而已。這是因為我們的生意頭腦好，
開發這樣的旅館商品，使顧客的花費更實惠，享受到超星級的服務
與設備。從我們的旅館走出去的客人，個個都露出滿意的微笑，這
就是我們的成功。

能夠將客房在一天之內，創造兩個甚至兩個以上的住宿房租營
收，這樣的成績，說給大飯店的從業人員聽，他們會無法想像。但
是我們辦到了，而且做得很好。這種技術，不是人人都會，沒有接
受過訓練的人，絕對無法勝任，不僅手忙腳亂，而且會錯誤連連！

你還在嫌自己的旅館不如大飯店風光嗎？勸你快將這種不健康
的想法拋棄，因為，我們才是最好的。

第 **4** 節　其他綜合服務

一、客人留言及交代事項之處理

旅館作業中，「留言」這個名詞包含的情形很多，例如：

1. 訪客對住客的留言。
2. 住客對特定訪客的留言。
3. 住客對所有訪客的留言。
4. 住客對櫃檯人員的交代與提醒。
5. 櫃檯員留言給客人。
6. 其他。

留言往往涉及十分重要的事務，不論是哪一類的情形，都必須仔細辨別，妥慎處理；若處理不當，可能會引起顧客極大的不悅，也可能造成顧客極大的不便，或是在生意、金錢或其他事務上的極大損失。遇有不清楚的部分，一定要確認清楚，絕不能心存僥倖，得過且過，否則必定會產生誤會或疏失，所造成的影響性，往往必須付出十倍，甚至千百倍的精神與資源去彌補。不但浪費了資源，更重要的是造成顧客的抱怨與不滿，使飯店的形象蒙受傷害，是更重大的損失。所以對於任何留言，都必須非常謹慎地處理！

櫃檯人員若需留言給顧客，應注意文書的格式、用語、措辭和語氣等方面，表現應有的禮節，這個部分可參照商務文書的應用型態。因此櫃檯人員必須加強自身的商務文書能力，否則應用時發生錯誤，不但可能導致客人誤解，並且產生笑柄，使客人質疑旅館的

專業，影響旅館商譽。

❖ **作業程序**

1. 客人外出時或客人交代拒絕電話及訪客時，應將來電及訪客進行留言，俟客人返回或接受來電時，轉交客人。

2. 客人若在客房內，則：

   (1) 客人拒電，視客人情況，交代行李員將留言由門縫塞入或按電鈴當面交付。

   (2) 客人未拒電，其留言可即時送至客房，當面交付。

3. 接到拜訪客人的電話或訪客，應告知其客人已外出，並查看客人外出時是否有留言或交代去處（當然應先辨別可以告知的對象），若無，則主動詢問對方是否需要留言，並將留言詳細記錄。

4. 記錄留言的要點：

   (1) 來電或來訪者姓名。

   (2) 聯絡電話。

   (3) 交代事項。

   (4) 來電或來訪時間。

   (5) 接待人員。

5. 來電或來訪者的交代內容要完整轉達，所以一定要聽明白，並覆誦其內容，確定無誤後，再行記錄，尤其是電話號碼絕對不可記錯。記錄內容的文字敘述要點：

   (1) 內容應力求完整、正確。

   (2) 文字撰寫清晰。

   (3) 措辭簡單明瞭。

6. 本國客人，以中文繕寫；外國客人，以英文或該國語言繕

寫。

7. 訪客將文件、包裹、物品等委託轉交房客，必須請委託之人
   註明姓名、公司、聯絡電話、留言等資訊，以免客人接到有
   疑問時可以查詢。

8. 有些事務必須以口頭說明，應註明「有關交代事項，櫃檯人
   員○○○將以口頭向您說明」。若該櫃檯員下班前客人仍未
   返回，應交接清楚。或是貼一張 Memo 在客人的 Key Box 房
   號或鑰匙柄上。若是使用卡片鎖的旅館，客人返回並不經過
   櫃檯，則應將 Message 送至客房塞入門縫，使客人返回時可
   以看到。

二、確認機票及代訂機位作業

　　旅館的房客通常會將機票交由旅館的櫃檯人員代為預訂或確認
機位。櫃檯員避免保管客人機票正本，應將機票影印，若有不清
晰，須當場向客人確認並加以註記。

　　確認機位前，必須先懂得閱讀機票的內容，了解訂位及確認機
位的幾個必要的欄位資料，因為航空公司的訂位組必須要取得這些
資訊，才能進行訂位的作業。旅館櫃檯員必須熟悉機票的格式，以
及閱讀的方法，才能正確掌握機票資訊，完成訂位或確認的手續。

　　若顧客有特殊的需求，例如素食、兒童餐、行動不便等，應在
訂位時主動告知航空公司，以便提前作業。

　　訂位或確認的結果若有問題，應設法第一時間通知顧客知悉，
以利顧客爭取時間作其他的應變措施，尤其是班機時間十分接近
時，更應注意通知顧客的時效。外國客人或商務客人的行程通常是
由訂房公司安排，所以當訂位發生問題或其他緊急情形，可聯絡訂
房公司，通常可以找到客人。

若是已訂位之更改航班，應注意機票是否限制更改，有些機票是不可以更改班機的，或是更改班機需補差額。通常航空公司會要求將機票影印並傳真到核發的航空公司加以確認可否更改。若有轉機，則應一併更改轉機的航班。

❖ 作業程序

1.影印機票，並確認機票上的資訊均能清晰辨認。

2.即時處理，以免在高峰時段遇到客滿而無法訂位。尤其是尚未訂位的情形。

3.若客人外出前交代，應詢問客人聯絡方式，以便訂位發生問題，可於第一時間通知客人，並作適當處理。

4.注意客人是否有特殊情形的需求。

5.先將機票上的資訊閱讀一遍。

6.打電話至航空公司訂位組，清楚而正確地告知機票上的資訊，最好相互覆誦，不可發生錯誤。

7.若是更改班機，將機票影印並傳真到核發的航空公司加以確認可否更改。轉機的部分，亦應一併更改以下轉乘的班機。

8.最重要的，訂位確認 OK 後，應向航空公司取得電腦訂位號碼，並立即將這個號碼抄下。這個號碼通常是數字與英文字母混合組成的。

9.訂位確認完成後，將以下資料記錄在「機票確認單」或留言單上，交給客人：

　(1)航班編碼。

　(2)起飛地、到達目的地。

　(3)起飛日期時間、到達日期時間。

　(4)電腦訂位號碼。

10. 最後提醒客人在飛機起飛時間前 2 個小時到達機場，以及從飯店至機場所需時間及交通狀況。

三、洗衣服務

中、小型旅館自己並不設置洗衣房（Laundry Department）。因此，洗客衣服務（Laundry Service）是外包給洗衣公司承攬的，在管理控制上，並不能十分即時地支援飯店整體服務機制，操作時應注意時效的問題。洗衣服務應為房務部門負責，部分的中、小型旅館未設房務部辦公室，因此洗衣服務之說明及協調等事項，則由櫃檯部門負責，僅將收送之工作交由房務人員執行。

印製洗衣袋（Laundry Bag）、洗衣單（Laundry List）（圖 5-1）置於客房內，住客在需要洗衣服務時，會填妥洗衣的種類及數量，隨同待洗衣物一併放入洗衣袋內，通知房務員來取，或是放置在客房內，俟房務員整理房間時收取。

一般有經驗的旅客都了解旅館洗衣服務的方式，會正確填寫洗衣單；但有些顧客並不熟悉這樣的作法，因此常會填錯內容或數量，造成洗滌的錯誤，甚至引起誤會，所以必須要特別留意。

洗衣服務的內容大致分三類：水洗（Laundry）、乾洗（Dry Cleaning）、燙衣（Pressing）。洗衣單亦為三張不同顏色的格式，以方便區別。

客人若自行填寫洗衣單，有時會填錯洗衣類別，將水洗填寫乾洗單，將燙衣填寫水洗單等；或是將衣物種類弄錯，將裙子填成洋裝，將西褲填成工作褲；或是將數量寫錯等。因此，房務員對於客衣送洗的確認動作，是十分重要的。收取前一定要清點核對種類數量都無誤後，才可送洗衣廠洗滌。若發現有誤之處，必須即時與顧客進行確認，另外，若待洗衣物原有破損或褪色染色等情形，應另

京都大飯店 KYOTO HOTEL

洗衣單 LAUNDRY BILL
000239

房間號碼 Room .... 姓名 Name ....
日期 Date .... 時間 Time .... 上午 A.M.: .... 下午 P.M.: ....

7:00 p.m. - 8:00 a.m. No Laundry Service

請 選 擇 Please Check		收　件 Accepted	交　件 Delivery	單　價 Price
☐	普　通 Regular	上午 十時前 Before 10:00 a.m.	當日下午八時前 Before 8:00 p.m.	照單列價格 As Listed
☐	特別快洗 4 Hours Service	上午 三時前 Before 3:00 a.m.	四 小 時 Within 4 hours	照單加50% add. 50%

項　目 Item 單　價 Price / 洗滌種類 Laundry Kinds	水 洗 Laundry	數量 Quty	乾 洗 Dry	數量 Quty	燙 Iron	數量 Quty	總數量 Total Qunity	總 金 額 Total Amount
男西裝(上下) Suit (2Pieces) スーツ			300		180			
外衣或夾克 Coat or Jacker コートジャケット	160		190		110			
長 西 褲 Trousers (Long) 長ズボン	130		160		90			
短 西 褲 Trousers (Short) 半ズボン	80		110		50			
襯 衫 Shirt ワイシャツ	80		100		50			
運 動 衫 Sport Shirt スポーツシャツ	80		100		50			
青年裝(上下) Safari サファリ	230		260		190			
背 心 Waist Coat チョッキ	80		100		50			
絲 襯 衫 Shirt (Silk) ワイシャツ(絹)	90		110		60			
領 帶 Necktie ネクタイ	60		80		35			
羊 毛 衫 Sweater (Wool) セーター	100		130		70			
晨 衣 Morning Gown モーニング ガウン	130		150		105			
大 衣 Over Coat オーバー コート	280		300		200			
風 衣 Spring Coat スプリング コート	230		260		160			
睡衣(上下) Pajamas パジャマ	110		130		90			
內 衫 Underwear 肌襦	30							
內 褲 drawers パンツ	30							
短 襪 Socks (靴下)ソックス	20							
手 帕 Handkerchief ハンカチ	20							
女洋裝(旗袍) Dress チャイナドレス	230		260		160			
女洋裝(上下) Ladys Suit(2 Pcs.) スーツ	210		240		160			
女 裙 Skirt スカート	110		140		90			
女 襯 衫 Shirt ブラウス	80		100		50			
女 禮 服 Formal Dress イブニング ドレス	300		320		220			
奶 罩 Brassiere ブラジャー	45		55					
牛仔衣褲 Jeans ジーンズ	110		130		70			
兒 童 Children コドモ服裝								
洋 裝 Dress ドレス (ワンピース)	110		130		70			
襯 衫 Shirt ワイシャツ	60		80		40			
褲 Trousers ズボン	60		80		40			
裙 Skirt スカート	60		80		40			
襪 子 Socks ソックス	20		20					
睡 衣 褲 Pajamas パジャマ	90		130		60			
內 褲 drawers パンツ	30		40					
汗 衫 Underwear 肌着	30		40					
短 褲 Trousers (Shorts) 半ズボン	50		60		40			

REMARKS	小 計 Sub Total	
	服 務 費 Service Charge 10%	
	快 洗 Express 50%	
	合 計 Total	

請注意事項:
一、衣服口袋內遺忘物品，本飯店不負任何責任。
二、旅客送洗衣物若有變型或損壞，本飯店照洗衣價格十倍賠償。
三、所有合成纖維衣物與絲織品同價。

PLEASE NOTE:
1. Please note that hotel cannot be responsible for anything left in the pockets.
2. Payment of claims for damage resulting from laundering will not exceed ten times

圖 5-1　洗衣單

資料來源：京都商務旅館。

填具「洗衣回簽單」，請客人簽認。

　　洗衣廠若發現有問題的衣物，亦會聯絡飯店與顧客確認，例如，房務員未發現並簽認過的破損、褪色染色、鈕釦脫落，或是質料不宜水洗需乾洗等情形，亦必須請客人回簽後，才可進行洗滌。

　　客衣送回客房，應核對洗衣單上的名稱與數量，將掛式的衣物懸掛於衣櫃內，折疊式的衣物放置於衣櫃內或床上（視飯店的情況規定）。

❖ 作業程序

1. 清楚了解收送客衣時間，例如：
   (1)上午 10:00 前送洗，下午 8:00 送回。
   (2)上午 10:00 以後送洗，隔日 10:00 送回。
   (3)星期日不收件。
2. 洗衣服務分三類：
   (1)水洗。
   (2)乾洗。
   (3)燙衣。
3. 洗衣單及洗衣袋置於客房，均有提供。
4. 必要時，可代客人填寫洗衣單，但填寫完畢後，應解釋給客人了解，並請客人親自簽認，服務人員切不可代客人簽名。
5. 客人送洗衣物，由房務員至客房取件；也有可能客人自行將衣物交至櫃檯。房務員應清點衣物之數量，確認客人所填之數量及洗衣類別是否正確，若衣物本身已有破損或褪色、染色等現象，應與客人確認，並記錄於洗衣單，請客人簽認。櫃檯人員若不允許在櫃檯內作清點動作，應呼叫房務員處理。

6.依程序交洗衣商清洗。

7.洗衣商若發現問題，需客人回簽，櫃檯員應判斷情況，給予配合；尤其是外包洗衣廠商，絕不可單獨接觸客人。

8.客衣送回，核對品名及數量，送入客房內時，須再次核對，避免發生送錯客房的情形。掛式的懸掛於衣櫃內，折疊式的放置於床上或衣櫃內適當的位置。

四、貴重物保管服務

現代旅館已漸漸將個人保險箱（Safety Box）列為客房內的準設備，因此許多旅館的客房內都已設置保險箱，供顧客存放貴重物品，這是很好的措施，對於顧客來說既安全又方便，的確是貼心的作法。

未全面在客房內設置保險箱的旅館，或是為滿足部分希望將貴重物寄放在櫃檯保險箱內的顧客，仍有許多旅館在櫃檯設有保險箱，供顧客寄存貴重物。保險箱設置的種類有兩種，在中、小型旅館都很常見。第一種是較制式的，在一面牆設有多格的保險箱，每個保險箱都有兩把鑰匙，一把交顧客收執，另一把由櫃檯保管，開啟時需同時使用兩把鑰匙，所以安全性很高，但需要占用較大的空間，150間客房以上的中型商務旅館，應採用這種方式較適當。

另一種方式，常被小型旅館採用，但作法上較不嚴謹，安全性較差些。因小型旅館的櫃檯空間並不大，要設置大型的保險箱較有困難，所以設置一只大型的保險箱，顧客寄存的物品均統一放置在其內，在寄存的手續上控制與確認安全性。作法為，將物品放入旅館印製的「貴重物品寄存袋」內，加以密封後，請顧客在密封的騎縫線上簽名，再以寬透明膠袋將騎縫線及簽名字樣一併黏貼，並將相同編號之收執聯交由顧客收執。取回時，顧客須出示收執聯，並

在取回簽名欄簽名，當然這兩個簽名式樣必須一致，櫃檯員核對簽名無誤後，即可歸還寄存物品。

保險櫃服務應謹慎妥善處理，不得大意。保險箱寄放之物品，多為價值性或重要性較高之物品，不容許絲毫問題發生。保險箱設置之位置及櫃檯作業位置，均應設置監控錄影，將實況記錄下來，以便有問題時之真象追查。

客人存放物品時，櫃檯員神色自若，不要緊盯著客人的物品打量。該由客人完成的動作，儘量讓客人自行處理，例如：將物品裝入置物紙袋的動作、簽名、甚至黏貼封口等，只要是客人想要自行處理的任何動作。如此才不致引起誤會。

❖ 作業程序

【客房內設保險箱】

1. 房務員前往客房內示範操作的方式。
2. 客人設置密碼時，服務人員應迴避；否則請客人於服務人員離開後重新設置。
3. 客人若忘記密碼，應報請主管處理。首先，應確認客人為住客本人，必要時可請客人出示證件核對，無誤後始可開啟。

【櫃檯保險箱，第一種方式】

1. 保險箱存放程序：
   (1)請顧客填寫「保險箱登記卡」（圖 5-2、圖 5-3），各欄應詳實填寫。
   (2)選擇空置且適當的保險箱號碼，開啟後將內箱取出交由顧客放置貴重物品，這個動作由顧客自行完成，不要作任何協助。

京都商務旅館
KYOTO HOTEL

DEPARTURE

SAFETY DEPOSIT BOX

Name: _____ Room No. _____

Remark: _____

規 定 事 項

本人同意下列規定事項
1. 使用人在表下方簽定，並提出保險箱鑰匙時，方得啟用保險箱。
2. 使用人遺失鑰匙或遷出本店時於卅天內未歸還鑰匙，本店得強力開啟保險箱，扣留或出售保險箱中之物品，以支付開啟保險箱更換鑰匙及其他應付的費用。
3. 本飯店對於共同使用同一保險箱人士的行為不負法律責任。任一共同使用人均可在本表上簽名，取用保險箱中的物品。
4. 本飯店對於其他人開啟本保險箱，因而造成的損失或損壞不負賠償責任。
5. 使用人遺失鑰匙段應立刻通知飯店贖換鑰匙。倘有遺失鑰匙後應立刻通知飯店

TERMS AND CONDITIONS

I hereby agree to the following terms and conditions:
1. Access to safety deposit box shall only be by the signature and presentation of key.
2. If the key is not returned when the guest checks out, the box may be forcibly opened after 30 days. Its contents will be retained or sold in order to pay for the cost of opening the box, replacing the key or any other charges that may result.
3. Custodian shall not be liable for acts of co-depositors and any one of them may sign Box Surrender and remove contents.
4. Custodian assumes no liability for any loss, damage or unauthorized entry into the said box.
5. Depositor agrees to immediately notify the loss of key to any vault clerk. In case of lost key, the safety deposit box will be opened by destroying the door at depositor's Expense. (NT$2000)

規 定 事 項

私は下記の規定事項に同意します。
1. 使用者は本書表の下方にサインをして、キーを提出した後、始めてセーフティ・ボックスを開ける事ができます。
2. 使用者がキーを遺失成いはチェック・アウトした後、30日過ぎてもキーを返還しなかった場合、本店はセーフティ・ボックスをこわして開けて、内の物品を留め渡いたり成いはその物品を売って、セーフティ・ボックスの錠・キーの交換及び修繕の賠償金とします。
3. 数人でひとつのセーフティ・ボックスを共同使用した場合、その中の一人がこの書表にサインをすれば物品を取り出す事ができる。その場合、本店は一切の法律責任は負いません。
4. 本店はボックス使用者の依頼書にもとづいて依頼人がボックを開けた場合に、受けた損失及び損害に対しては賠償の責任は負いません。
楽安全の為にやはり使用者本人が物品をお取りになってください。
5. キーを紛失した際はすぐ当店に通知して下さい、使用者本人が賠償金NT＄2,000元を支払い、又立合いの下でセーフティ・ボックスの錠を破壊して開けます。

Signature: _____

Issued Date: _____   _____

圖 5-2　保險箱登記卡　　　　　　　　　資料來源：京都商務旅館。

USE RECORD

Guest Signature	Date & Time	Employee

Release Date _____ Signature _____ by _____

圖 5-2　保險箱登記卡背面　　　　資料來源：京都商務旅館。

(3)完成後，將內箱置入保險箱中，並將兩道鎖均上鎖。

(4)取下兩把鑰匙，其中顧客的鑰匙交由顧客保管，櫃檯的鑰匙放置於規定的鑰匙箱內。

(5)將「保險箱借用卡」歸檔。

(6)所有的過程須在顧客面前完成。

2.客人取回保險箱物品程序：

(1)請顧客填寫「保險箱登記卡」，各欄應詳實填寫。

(2)顧客取物時，先請顧客在「保險箱借用卡」上簽名，並打印時間。

(3)以客人的鑰匙與櫃檯的鑰匙一併開啟保險箱，取出內箱交由顧客。

(4)完成後，依程序上鎖。

(5)客人若退用保險箱，則需在退用欄簽名，並繳回鑰匙。

【櫃檯保險箱，第二種方式】

1.保險箱存放程序：

(1)以下所有程序，均當著客人面前完成。

(2)將物品置入貴重物品專用紙袋內（這個動作可由客人自行裝入），貼好封口，請客人在封口騎縫線上簽名。

(3)再以透明膠帶將封口與簽名字樣一併覆蓋黏貼。

(4)櫃檯員將紙袋正面及收執聯填妥房號、客人姓名、存放時間等資料，將收執聯撕下交給客人。

(5)立即將物品存入保險櫃內。

2.客人取回保險箱物品程序：

(1)請客人在收執聯上簽名。

(2)若有疑問，可要求客人提出身分證明。

(3)以收執聯編號找到相同編號之存放物品，核對封口簽名字樣與收執聯字樣是否一致。無誤後始可交還物品。

(4)立即將收執聯銷毀作廢。

(5)若有客人遺失收執聯，應確認客人身分無誤後，請客人開立證明並附簽名字樣，方可領取存放物品。其證明應予保留，列入交接。

五、報紙服務

現代人大都有閱讀晨報的習慣，旅館的住客當然也不例外，在每天早晨為住客準備一份顧客習慣閱讀的晨報，提供最新的新聞，使顧客有一個充實、美好的一天的開始，是飯店基本服務之一。

有些旅館因為旅客特性、經營方向等因素的不同，提供報紙服務的方式也有所差異，像是經營休息業務的旅館，顧客更換的頻率高，無法每組顧客均送報紙，通常會在樓層走道的適當處，設置書報架，陳列各式報紙及雜誌，供顧客自行取閱；也有的旅館採更體貼的作法，在每間客房內均設置小型書報架，讓顧客使用上更方便，這樣的作法也很好。但是無論是哪種方式，應妥善管理維護，避免因疏失將髒污的報紙提供給下一組顧客使用，是對顧客不尊重的表現，也會使顧客對於旅館的服務水準產生負面的觀感。

在不影響服務水準的原則下，報紙可回收再利用，一方面成本節約，一方面符合環保概念。大清早退房（Early Check Out）的房號，櫃檯應將數量扣除，若已分配而尚未送出，應抽出另作利用。房務員自客房內收出之報紙，若未污染，應折疊整齊保管於服務檯內，供房客需要時可再利用。櫃檯人員或服務中心人員，欠缺報紙的種類或數量不足時，可先向房務部門或各樓層查詢。

飯店大廳、商務中心或餐廳等公共區域，亦須設置書報架陳列

報紙，供客人取閱，這些數量應考量在內。另外，服務中心（或櫃檯）應視情況，準備若干數量的報紙，以提供客人臨時或額外的需求。

　　報紙服務對於商務的顧客尤其重要。因為通常商務客人都有看早報的習慣。一般常見的標準作法是將早報送至客房。這項工作由服務中心負責，若房間數較多的旅館會由房務部負責分送的工作。小型旅館未設服務中心，則由櫃檯員負責作業，再由房務員送至客房。

　　報紙的種類很多，服務中心（或櫃檯）應準備各種類型的報紙，以滿足顧客不同的需求。通常，本國人送中文報，例如較普遍的《聯合報》、《中國時報》、《蘋果日報》、《民生報》、《自由時報》等；外國人送英文報，例如 *China Post*、*China Times*、*Taipei Times*，以及《聯合報》每週一出版的 *New York Times*；日籍客人較多的旅館應準備日文報，例如《日本經濟新聞》。

　　現代旅館重視隔音，故多加強施工品質，客房門下方的門縫留得很小，並且現在報紙的內容繁多，張數亦不斷增加，門縫的高度已無法容納報紙的厚度通過，便無法將報紙由門縫塞入客房。因此，大都的作法都是製作報紙套（袋），附有懸掛的功能，將報紙套入袋中懸掛於外門把上，由顧客自行取用。

　　團體客房是否送報，視旅館的政策而定。唯以現代的旅館服務水準，團體客房應給予同等的服務，報紙應同樣提供，是較適當的作法。

　　晚報的服務，視飯店的服務政策而定。若採每個客房都送，則與早報之處理方式相同；如若不採行每個客房都送的方式，則應於上述大廳、商務中心、餐廳等公共區域設置書報架，陳列若干種類及數量的早、晚報。部分飯店於各樓層走廊設置書報架，提供雜

誌、報紙之服務，以取代以上之作法。

❖ 作業程序

1. 大夜班櫃檯員依當日旅客名單（或報紙名單）統計需求量，已知即將早退房的客房數量應予扣除。總需求量應加上若干數量的備用數量。

2. 分配報紙種類的原則：

   (1) 顧客指定的報紙種類，儘量滿足客人的需求，除非真的有困難，應向客人說明，並建議相近屬性且可以準備的報紙。

   (2) 依顧客歷史檔案記錄的資料。

   (3) 未指定或無資料者，本國客人送中文報，歐美客人送英文報，日本客人送日文報。

   (4) 部分亞洲地區的客人習慣閱讀中文報，例如香港、新加坡等，可以在 Check In 時詢問，並記錄於顧客歷史檔案中。

   (5) 要求兩種以上的顧客儘量滿足。

   (6) 團體客人也要送報。

3. 中文報的種類較多，各種較常見的品牌都應有若干備用量。

4. 凌晨 1:30-2:00 以電話通知報商需求數量，約凌晨 5:00 會送抵旅館。櫃檯員應依照客房的需求將房號標註在報紙右上角，並依各樓層分別排放，置於適當的位置，由早班房務員發送至客房。這項工作由大夜班櫃檯員或是早班的服務中心人員擔任，並將整批報紙交由房務部門負責分類及發送。

5. 早班房務員上樓時，一併將報紙帶至樓層，套入報紙套，依各房號分送至客房，懸掛於門把上。

6. 已退房的客房毋須再送,掛 DND 的客房不影響送報工作。但是特別要注意,送報時絕不可按電鈴通知顧客,除非是客人通知送報紙,表示客人已起床並正在等待報紙,才可以按電鈴當面交給客人。

7. 房務員整理客房時,對於未使用的報紙不可丟棄,應予回收備用,若數量較多時,應送至服務中心或櫃檯利用。響應環保意識,對於已髒污的報紙,應另行做資源回收的方式回收。

8. 接獲客人要求報紙時,應先通知樓層房務員尋找所需的報紙,若樓層沒有,則至櫃檯索取。必須儘可能滿足顧客的需求,甚至特別購買一份,絕對不可任意答覆沒有。

六、參觀房間

顧客參觀房間(Showing Rooms)的工作,由大廳副理或其他主管來擔任是最適當的。所以,只要是主管有時間,應通知主管來接待,這樣櫃檯人員可以繼續本身的工作,且主管亦更能勝任這項工作。但是,如果主管沒有時間或不在,則櫃檯員來擔任亦無不可,故櫃檯員亦須完全熟悉 Show Rooms 的要領,發揮良好的功能。

準備好飯店的資料,包括簡介、活動折頁、房價表、紀念品等,以及自己的名片。先自我介紹,讓客人認識你的身分,態度親切而自然,永保微笑。

Show Rooms 時是行銷最佳的時機,這時顧客就在你面前,旅館的人員應利用這個機會,將最好的服務、最佳的設備和各種的理念,展現在顧客眼前,建立顧客的良好印象,積極爭取訂房。當然,在技巧上應加以拿捏,不可過之,以免造成顧客的壓力與反

感，那麼便產生反效果了。並且，不要批評同業，將本飯店的特色與優勢表達，適當地作出比較，這樣是可以的。但不要以激烈的言辭攻擊同業對手，這樣並不會得到顧客的認同，反而會失掉本飯店的格調。

如果顧客提出特別的需求，若是可以處理的，應加強這部分的說明，使顧客安心，並且增加信任感；若是當時無法肯定答覆的，則應禮貌地說明，這個問題需要呈報公司尋求解決辦法，並會儘快回覆，請求顧客諒解。無法立即作出承諾的問題，不可貿然允諾，否則日後無法做到，會使顧客更加不滿。

最好能取得顧客的名片或聯絡資料，以便日後追蹤。設有業務部的旅館，可將客戶資料轉至業務部處理。

❖ 作業程序

1. 關於接待客人參觀房間，櫃檯員要了解幾個重要的特性：
   (1) 這個客人是沒有住過本飯店的新顧客。
   (2) 這個客人很可能在這次參觀本飯店後，成為本飯店的重要客戶，或是永遠不再來了，這關係著我在接待過程中的表現、讓顧客的感覺如何。
   (3) 顧客可能有特殊的需求，是別的飯店所無法滿足他的，如果我們能滿足他，那他便會選擇我們，所以我要在這次接待中，了解顧客的需求是什麼。
   (4) 很可能我能從這次的接待中，學習到許多市場的資訊、顧客心態、接待及應對的技巧。
   (5) 甚至可能交到新的朋友。
2. 態度應積極而自然，不疾不徐，謙虛而有自信，熱情而有禮貌，展現專業的服務技巧。

3.贈送本飯店的紀念品、廣告彩頁、房價表、店卡等。

4.對於飯店的基本介紹，當然是必要的。例如：

(1)客房的種類。

(2)飯店整體的服務及客房設備。

(3)各種服務內容及時間。

(4)房價及優惠措施。

(5)本飯店的優勢及強調特別符合顧客需求的地方。

5.過程中，注意專業的禮節，進出電梯時要請顧客先行；不可以一直走在顧客的前面，在顧客側後方，與顧客保持半步的前後距離最為適當，可以隨時引導客人，當然有時候要指引顧客，則必須先走。

6.若顧客人數較多，要能很快地分辨哪一位是主要的承辦人，或是階層最高的，或是有權決定事情的。但是，要平均且周到地照顧到每一個顧客。

7.顧客可能是公司承辦人員為客戶訂房，或是自己需要住房，要能很快地了解，並針對他的需求，介紹本飯店的優勢。這兩種身分的顧客，對訂房的需求通常是不一樣的。要能掌握訂房者的心態與需求，才能掌握住這個顧客。

8.對於顧客提出特殊的需求，可能超出你的權限範圍，千萬不要一口回絕，這樣會讓顧客留下不好的印象。即使是可能性極低的要求，也要暫時先以適當話術緩頰，再行報告主管研究其可行性。有些問題，顧客其實並不堅持，只是試探性的要求，並且看看接待人員的反應是否令他滿意，所以，不必急著立刻回絕客人，否則客人會覺得面子受損而不悅。

9.相反的，有把握的才能當面允諾。已承諾顧客的事情，要全力做到。事後沒做到，比當時沒承諾還糟。

10.最好能當時即簽訂合約，或辦理訂房。

11.送顧客至飯店門口，俟顧客離去才離開。

七、晨間喚醒服務

喚醒服務（Wake-up Call Service）是旅館諸多服務項目內，被顧客使用很高的一種服務，是飯店裡極重要、也是極普遍的服務項目。並且。旅館人員可以透過這項服務，掌握房客的安全狀況，若未接聽喚醒的電話，那麼可能有什麼意外發生，須查明原因。所以，它是一項服務，也是一項工具，可以掌握客人的動態，尤其是在安全方面的功能。

喚醒服務包含早晨的晨間喚醒（Morning Call），以及日間任何時候的喚醒及提醒（Wake-up Call），都必須極為謹慎處理，不得出任何差錯。因為顧客之所以需要喚醒與提醒的原因，往往是因為顧客在這個時間，要赴重要的約會或有重要事務需要處理。

因為顧客信任飯店的服務、信任總機或櫃檯人員的專業，所以才將這麼重要的提醒交給飯店的服務人員，當顧客將這個喚醒任務交給飯店時，等於同時將鉅額的生意或是重要的工作的成敗因素也交給了飯店，如果你沒有完成，那麼顧客鉅額的生意或極重要的事務便會失敗，損失至鉅，這個責任是不是很大呢？櫃檯員是不是應該妥慎處理，認真執行呢？客人在一天開始的第一刻裡，聽見總機或櫃檯小姐的甜美嗓音與親切的問候，是一件多麼美好的事，並且，有些精緻的旅館更增加了一些貼心的服務，例如，告知客人外面的天候及氣溫，以及詢問要呈上何種飲料，送至房間。例如，早晨 6:30，客人接到電話：

「早安，陳先生，現在已經 6:30 了，請您該起床了，現在外面天氣陰天，有點涼，氣溫 16-19 度，記得外出多加件外套。早晨您

用咖啡還是茶呢？我們一會兒給您送到房間……」這是多麼溫暖貼心的服務啊！

喚醒服務的方式有兩種，一是自動喚醒系統（Automatic Wake-up System），由系統自動發出電話鈴聲訊號，顧客會聽到已設定好的錄音內容；另一種是人工喚醒，由總機話務人員或櫃檯人員在時間到時，打電話至客房，與顧客對話，提醒客人該起床了。前者方便精準，在接到要求的同時，設定總機喚醒時間功能，則自動化的系統是不會出錯的，但在感受上是有些冷漠，缺乏旅館應有的溫馨與關懷。後者較人性化，可表現旅館對顧客的貼心與關懷，但是由於是人工操作，出錯的機率較高。這兩種方式各有優缺點，但是，規模稍大的旅館是無法採行人工的方式，否則太耗費人力資源，並且出錯率會高。小型旅館，視自身特性，選擇較適當的方式。

有休息的旅館，可以透過自動語音的喚醒功能，提醒客人退房時間到了，在塞房時，也有一定的催房效果。這個部分，應視各飯店的營業政策決定是否採行。

❖ 作業程序

1.接獲顧客的喚醒服務要求時，必須覆誦顧客的房號及喚醒時間，與客人再次確認，也能幫助避免錯誤發生，在第一時間將房號及時間記錄於固定表格內，並且同時設定電腦。

2.大夜班櫃檯員，於凌晨 02:00-03:00 時應核對當日早晨的Morning Call 資訊與電腦設定是否無誤，這個工作一定要做確實，可以彌補日間櫃檯員的遺漏。

3.遇 Wake-up Call 無人應答之反饋訊號時，必須立即處理。步驟如下：

(1)第一時間以電話撥入該房號客房，確認是否有顧客應

答。若能確認顧客已起床，則無問題，可結束處理程序。

(2)若未獲回應，則立即通知值勤之房務員前往查看。房務員須依程序進入該客房查看。

(3)客人若仍睡眠未醒，則須將客人喚醒。

(4)若有特殊狀況即報請主管處理。

八、旅遊行程及接送機服務

代訂旅遊（Tour Service）、接送機（Transport Service）及租車（Car Rent）等事項，應本著服務精神為最大前提，為顧客選擇最有利的方案。這項工作亦是櫃檯職責內之工作，是飯店服務的一環。設有「旅遊中心」（Tour Center）的旅館，由旅遊中心負責承辦。

飯店會與旅行社業者合作，在飯店推廣旅遊行程，大部分是國內景點的旅遊，並且是當地的城市旅遊（City Tour）。因行程少，價格合理，機動性強，以一天或半天為原則，每天都出團，很受到外國旅客的歡迎。

目前國內在飯店市場承作旅遊業務的旅行社，大約兩、三家較知名的，具有相當的經驗。在行程安排上頗令消費者滿意，並且與各飯店建立相當良好的關係，在利益上亦與飯店分享。站在飯店的立場，可以不需任何建置成本，即可提供此一必要的服務，使住客獲得良好的旅遊品質，所以都抱持歡迎的態度。

旅行社會印製行程的簡介說明彩頁，以專用壓克力架展示，美觀醒目，可放置於大廳櫃檯或是旅遊中心櫃檯。透過服務人員的介紹及推廣，旅客的接受度頗高。代訂的作業亦十分簡單，只需前一日以電話聯絡，將旅客參加的行程團、人數、姓名、國籍、證照號碼等資料告知，並約定上車時間，費用由櫃檯人員代收。當日旅行

社便有專車至飯店迎接旅客，並與櫃檯結算費用。行程完畢後再將客人送回飯店，十分方便。

租車及接送機服務，以飯店自有的車輛，提供機場往返接駁服務的巴士（Shuttle Bus）或豪華驕車（Limousin）租用服務，是最佳的方案。但是通常限於規模及成本控制的考量，無法配置自有車輛，則必須尋求與租車公司合作。

此項服務大部分的需求是接機與送機，另外也有客人需要租用車輛代步，可以連帶司機或不連帶司機。在費用上視是否連帶司機，以及行程遠近而定。由於市場上租車公司數量極多，品質良莠不齊，在選擇上應特別注意，審查其公司歷史、規模、採用車型、價格、市場口碑等，都不可以輕忽。飯店主管亦不可放任櫃檯人員任意採用未經報備的租車公司，否則在品質與安全的顧慮上，將難以掌握。

租車的安排於前一日先行聯絡，約定用車時間及前往地點等細節，當日司機依約定時間到達飯店接客人，並與櫃檯員結算費用。

✣ 作業程序

1.櫃檯員接受顧客的要求，代為安排旅遊及租車、接送機事項，須詳細了解方案的全部內容，為顧客解釋。遇有不確定的部分，應立即洽詢旅行社或租車公司，以求明瞭，不可任加臆測，以免誤導顧客。

2.確認的行程應列入交接，註明：
   (1)房號。
   (2)旅客姓名。
   (3)旅遊或租車、接送機之內容。
   (4)付款情形。

(5)接送時間。

(6)Morning Call 時間。

3.可製作小型 Memo 註記相關要點，浮貼於櫃檯內部的 Key Box 或房況顯示器的房號上，以利提醒。

4.前一日應再向顧客及旅行社作好確認。

5.依公司規定收費及作帳。

∴Tips

小型旅館與旅行社或租車公司的配合，雙方通常並無具體合作契約書，大都以約定俗成的慣例方式進行合作。當然，若能簽訂書面合作契約書，更能保障雙方的權益與服務品質。

通常這類的服務，配合的旅行社或租車公司將會有一定金額的佣金回饋，可增加櫃檯部門的營收或小費收入。管理階層對於這部分的收入，應訂定辦法加以管理。

第 5 節　交接班

旅館工作是 24 小時、365 天的持續工作，不曾間斷。旅館業的從業人員也是 24 小時不斷有上班、下班的情形，上班人員必須接續下班人員未完成的工作，周而復始，永續不斷。是故，交接班的動作，是非常重要的！

旅館服務工作是否能發揮至完美的境界，顧客的需求及權益是否能繼續保持不失誤，都要仰賴交接班是否落實、交接事項是否完整與詳實。所以，不論各部門，交接班都是極重要的工作，尤以櫃檯的交接班更是重要，並且內容複雜度及關聯性都是最高的。

櫃檯員之敬業度及操作技術，都會在交接班的情形中表現出來。主管應經常查閱交接簿，可以考核櫃檯作業的動態情形。根據管理經驗，交接確實的員工其責任心較強，工作較落實；反之，則表現得較不在乎，工作績效較差。

❖ 作業程序

1.櫃檯必備交接簿（Log Book），用以記錄交接事項。

2.櫃檯員當班時要養成習慣，將所發生的事情以及需要交代的事項，在處理的當時就要記錄下來，不要等到快下班時再回憶需要交接的事項，這樣一定容易發生遺漏。

3.交接班的內容包含三大類，都必須交接：

　(1)清點所保管物品的數量。

　(2)未完成的事項，需要繼續完成。

　(3)已完成的事項，必須讓所有櫃檯人員了解其內容。

4.交接具體內容包羅萬象，通常可歸納為：

　(1)房間狀況與電腦是否相符。

　(2)客房鑰匙狀況及清點。

　(3)保險箱寄存物清點。

　(4)帳務清點，現金及簽單清點。

　(5)住休報表。

　(6)旅客特殊習性。

　(7)值班內所發生之特殊情況。

　(8)Morning Call 報表。

　(9)旅遊及接送機資訊。

　(10)客人留言及交代事項。

　(11)顧客抱怨。

(12)換房情形。

(13)催帳及收款事宜。

(14)主管交代事項及規定。

(15)其他需要交代事項。

5.接班櫃檯員於交接班後，若發現有交代內容不清楚、或與事實不符等情況，應立即查明原因，最直接的作法是以電話詢問下班人員確實的情況，以釐清事情的真象，作最適當的處理。千萬不可抱持鄉愿或因循敷衍、得過且過的心態，一班交接一班，等事態擴大爆發，也錯失查明真象的時機，這樣便是非常失職，不可原諒的情形。

6.同樣的，已下班人員，若有交代遺漏之處，亦應立即主動以電話聯絡補充說明，以免錯過時機，造成工作失誤。

第 6 節　帳務稽核

　　管理人員對於帳務稽核（Audit）負有責任，稽核的目的在於防杜弊端，並且可檢視管理工作的成效。管理好的旅館，發生帳務上的弊端必然機率較小。因為，管理不僅是一般事務性工作的約束與規範，更是精神力的整合與激發。實施帳務稽核，可延續管理的精神，使從業人員警惕而不懈怠，降低弊端並且提升工作效率。

　　當然，管理人員應透過正面與制度性的方式進行稽核作業，站在客觀公正的立場，不應有所偏頗、不公，或執行過當，否則引發的負面效應，將造成員工怨懟，更影響員工的工作情緒與效率。

　　建置電腦自動控制系統管理的旅館，在這部分的管控會較嚴密，因為必須透過電腦作「遷入」的動作，則客房才開始送電及開

通電話，只要系統健全，較不易發生「偷賣房間」的情事。但一般未使用電腦管理的旅館，必須透過管理者的管理作為，加以防杜並發現弊端，予以改善。

一、房租

以樓層客房整理報表，與櫃檯的營業報表比對，可查明組數是否正確，以及其時間點是否契合。尤其是休息，每組僅二個小時左右的時間週期，較易發生弊端，則必須特別注意。在平時或是有疑問時，應調閱錄影記錄查看當時的實際狀況，可釐清許多事情，並且極為明確無爭議。

如何防制房務人員與櫃檯人員相互串通呢？其實平日的管理工作亦相當重要，對於不尋常的現象，應特別留意追蹤察訪；而在報表上，許多情況仍有跡可循，除非是非常刻意計畫，否則報表上多少能看出些端倪，例如，報表的塗改、房務員的報表與櫃檯的報表雖然時間點相符，但順序不同……只要細心觀察，都不難發現問題之所在。另外，夜間住宿的「超賣」，也較可能發生弊端，除了檢視錄影帶以外，可在第二日退房時間與房務整理報表上看出異常。當然，在管理上，設計超賣獎金，鼓勵員工的正面積極榮譽，亦是十分可取的方式。

至於房租折扣與報表額是否相符的問題，遇有較特殊的情況，利用錄影記錄查證，並且核對信用卡簽單。商務客人大都使用信用卡付帳；Walk In 的客人，其折扣大都不高。若是簽約公司的折扣，Walk In 且支付現金，並且若以錄影記錄仍無法確認，可視情況許可，適當地與簽約公司承辦人側面查訪，亦可達到查證的效果。

經常實施稽核工作的旅館，員工的警惕心較高，亦能感受到主

管的監督，除了工作上較謹慎外，一般來說，較不容易發生弊端。

二、電話費

旅館客房使用電話，通常依若干比例計算作為計算電話費的方式，因此，以旅館電話費收入金額，可以計算出客用電話費應支出的金額，那麼電話費其他的部分，則是屬於行政使用的金額。計算方式：

客用電話費支出成本＝月電話收入÷（100％＋加收百分比）
行政用電話費＝月電話費支出－客用電話費支出成本

以上行政用電話費金額若是異常，則有可能是員工私用比例過高，有必要追查並防制。過分浪費公司的資源，是不被允許的。若總機設備具有可分別列印各分機電話帳單及明細的功能，那麼對於電話費的控管，將有很大助益。

三、小費及佣金

櫃檯的小費大都採入帳方式，則需加以稽核。

稽核小費的方式，可核對報表，將可能發生小費或佣金的部分，或是小費金額較為可疑的部分，依據其 Check In 或發生的時間段，查閱錄影帶，核對實況。

房務篇

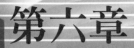

第六章

房務管理【一】

一流的旅館，要有一流的房務品質。房務部門一直是旅館成功的幕後功臣，房務部的從業人員也都是飯店的無名英雄，由於房務人員默默的辛勤付出，才能呈現最整齊清潔且功能完善的客房環境，使顧客倍感溫馨舒適。

良好的品質與效率是房務工作的基本原則，也是房務管理長久以來所追求的目標。我們都知道，房務管理是專業的工作，注重每個細節與一定的程序，並且在速度與效率上，要能達到專業的水準。也就是說，必須以最快的速度，在最短的時間內，將清潔品質達到最佳的狀態，這樣才能符合飯店清潔的要求。

客房內的設備項目很多，每一樣設備都是飯店的資產，也是顧客在飯店必要使用的設施，必須確實清潔與保養。因為，做好清潔維護的工作，不但能使顧客滿意，並且隨時保持設備在最佳狀態，延長使用壽命，減少故障率，以降低經營的成本，這點是相當重要的。

因此，房務管理人員須不斷改良清潔保養的技術與設備，研發出最好的流程與方法，以增進從業人員的專業技術，加強房務清潔的品質和效率，進而提升顧客滿意度，減少抱怨。並且在教育訓練上，也一貫延續這樣的精神，期望所有房務人員，都能發揮最佳的清潔專業技能，呈現最優良的房務品質。

第 1 節　客房整理

一、進入客房的程序

旅館的客房，是顧客隱私的空間，不可以任意打擾。管理上，

必須在服務與客人隱私間取得一個平衡，所以服務人員欲進入客房內做服務的工作時，進入客房的程序，是標準化並且十分制式，必須被遵守的。

不論客房是何種狀態，包括續住、空房或已退房，在進入之前，必須先查看房門上是否懸掛「請勿打擾」牌、燈號，或反鎖。

在進入房間之前，先按門鈴，並同時以適當的音量通報：「Housekeeping，房務員！」心裡默數 3-5 秒，若未回應，則作第二次通報，必須作三次通報。若仍未回應，則以鑰匙將門打開，並再次通報：「Housekeeping，房務員！」然後進入客房。

房務員必須遵守通報後的等待回應時間，不可過於心急，按完門鈴並通報後，未加等待即開門進入，如此客人在房內若是衣衫不整，豈不極為失禮，顯示飯店的從業人員毫無專業度可言。另外，即使是空房狀態，亦必須依標準程序按鈴通報，不得逕自開門。通報的動作，是進入客房前必須做的標準動作，必須是從業人員的基本習慣，任何時間、任何狀況均不變。若是已確定客人在房內，則等待時間應拉長，不得貿然以鑰匙開門。

進入客房後，動作放輕，輕聲交談，有時候會沒預料到客人仍在房內，或是在整理房間的過程中，客人返回，若看到服務人員在客房內誇張地談笑或舉止放肆，心中會作何感想？

❖ 作業程序

1.以中指第二關節彎曲叩門，切不可以鑰匙或拳頭敲門、踢門或撞門，這樣會損壞房門，並且對房客也是一種不尊重的行為。

2.若是估計房客在房內，則等待時間應增加。例如是續住的客房，或是房客剛才打電話通知需要服務，或是看見房客已返

回等，都應該等待較長的時間，才以鑰匙開門進入。

3. 進入客房後，若發現客人還在睡覺，或在浴室內，則應安靜地立即離開，並將門輕聲關上。若客人剛起床，或正在穿衣服，或剛沐浴出來，則應說：「Good morning, sir. I am sorry, I am just taking a room check.」（早安，對不起，我正在做房間的例行檢查。）然後退出房間，將房門帶上。

4. 若客人已起床，衣著整齊。則說：「Good morning, sir. I am your room attendant, may I clean your room, or I will do it later?」（早安，我是房務員，請問可以整理您的房間嗎？或是我待會兒再過來？）視客人是否同意打掃房間。

5. 若客人在房內應門，並來開門，則說：「Good morning, sir. May I make up your room?」或是「Good morning, sir. I am just taking a room check.」或是說明其他的來意。

6. 若是房門懸掛「請勿打擾」牌或反鎖，則不可按門鈴或敲門。注意，如果房間整天都掛請勿打擾牌或反鎖，房務員不可整理客房，並應在下午 2:00 前通報領班處理。

7. 領班應通報房務部辦公室，以電話確認，若房內客人不在，則可進行房務整理的工作。

8. 問候語視當時情況而定，早、午、晚安；對客人的稱呼亦同。若你能記得客人的姓，當然直呼某先生、某小姐，這樣是最好不過了。

二、客房清潔

早期傳統的房務整理工作，以二人一組，分別負責整理臥室及浴室。但現代的旅館管理，已形成一位房務員整理整間客房的方式。事實上，這樣的方式在商務型態的旅館，可以得到較佳的效

率，以及明確的責任區分，有助於管理工作的落實。目前仍有部分旅館採行多人一組整理房務的作法，原因大都是為爭取時效，縮短房務整理的時間，以應付高運轉率的休息需求量。

不論在人力上採行何種方式作業，基本的清潔技術及技巧都必須確實掌握，落實各項必要的標準作業。並且，房務人員及房務主管，除了清潔及檢查客房外，對於基本與顧客的應對，也要確實做到，在整理或檢查客房的過程中，可能發生的其他服務事項，應同時處理妥善，這也是整理服務工作中十分重要的一環。

整理客房工作前，先檢查工作車（籃）（**圖 6-1**）的備品及工具是否齊全？正常情況是前一日下班前均已補齊。若發現有短缺，則加以補足後再開始工作。

圖 6-1　工作車　　　　　　　　資料來源：富園國際商務飯店。

應了解所負責區段內所有客房之客人資料，並且詢問領班是否有特別需要留意之處，加以註記。

整理客房的順序，依照下列的原則。優先打掃的房間是：

1.退房待打掃（已結帳，並將行李帶走）。
2.VIP 貴賓。
3.續住外出。

另外，客人掛「請整理房間」牌，或是電話、口頭要求整理房間，則應優先整理，最好立即前往整理。

客人要求整理房間，不論是不是自己負責的區段，都應答應，記下房號，立即通知所負責之房務員或報告領班安排。

整理每一間客房的工作，都應確實在報表上記錄進入時間和離開時間，這樣在問題發生時，容易查證，釐清真象。

中、小型旅館中，不乏一些投下重資、規劃豪華且富麗堂皇的個案，其客房之豪華程度，往往令人咋舌。例如新興的汽車旅館，除了設備豪華豐富外，面積亦大得令人咋舌，從 25 坪至 100 坪的規劃都有，這類的豪華客房，在整理時必須投入更多的人力及時間。但往往這些旅館皆重休息業務，在客房使用的輪轉率上，十分高且快速。通常這種型態的旅館可將休息的客房使用輪轉率達到 1-4 輪，亦有部分超過 4 輪的。

房務的整理亦採 2-3 人一組分工合作，共同整理一間客房，目的是為了縮短整理清潔的時間，以應付如此高的客房輪轉率，爭取更高的業績。因此，「速度」將是這類型旅館十分重視的要求，當然，在快速之外，「品質」不可以打折扣，否則即使再快，差勁的房務品質，是不能得到顧客認同的。

❖ 作業程序

1. 在報表上記錄進入的時間。進入房間，打開電源總開關。打開窗簾、窗戶通風。電視、音響若開啓，則將其關掉。

2. 檢查迷你吧和布巾及家具設備。若是剛退房的房間，使用過迷你吧飲料或食品，則應先開單入帳。

3. 移走客房餐的餐具、用具。

4. 檢查是否有客人遺留物，若發現遺留物，應先報告房務部辦公室，以便客人以電話查詢時，可以查得到。

5. 續住或已退房的房間，原則上先整理睡房，再整理浴室。

6. 將煙灰缸的垃圾倒入垃圾袋，不可倒入馬桶。使用沾有清潔劑的抹布擦拭，並用乾布擦乾。當煙灰缸沾有大量尼古丁或污垢，則將其置於浴室內，先行浸泡，稍後與其他物品一起清洗。

7. 清理垃圾，將垃圾全部蒐集在垃圾袋內，將垃圾袋先置於角落，最後再帶出。

8. 依鋪床程序，拉下髒的床單、被單、枕套，並集中放置在一側的地毯上。換上乾淨的床單、被單、枕套，鋪好床蓋上床罩，放置裝飾枕。乾淨的布巾自工作車上取來時，切不可放置在地上，應放置在沙發或櫃子上。若發現布巾有髒污、破損時，則不得使用，應挑出交房務部處理（鋪床作業，另闢章節說明）。

9. 拉髒床單時，應注意是否有客人之內衣、睡衣或其他物品夾雜其中。經常發生客人的衣物，遭房務員夾雜於布巾中送洗的情事。

10. 取乾淨的布巾時，可順便將部分髒布巾帶出。

11. 擦塵自入門處,順時針或反時針順序,依序左自右(右自左)上至下,尤其是角落,更不可忽略。自大門、踢腳板、行李架、化妝檯、電視及電視櫃、書桌、茶几、椅背、椅腳、其他家具、畫框、檯燈、衣櫃、迷你吧、花瓶、水杯、咖啡杯等,記住所使用過的或短缺的物品,以便一次取來補齊。擦塵不要來回胡亂擦拭,引起灰塵飛揚後又落下,反而效果會受到影響,同方向擦拭過乾淨即可。

12. 清潔鏡子、鏡框及玻璃部分。

13. 擦拭化妝檯或書桌等有抽屜的家具時,應順便打開抽屜擦拭,並檢查是否有客人遺留物,若為續住客人,則擦拭抽屜時,不可移動客人的物品。

14. 清潔電視注意背面的清潔,並順便開啟電源,檢查電視功能,時間不得超過 20 秒。

15. 清潔電話應注意話筒的清潔,以清潔劑擦拭話筒。捲線及按鍵死角多,應注意是否藏有污垢。順便檢查電話功能,試聽是否有訊號音。若電話故障或有損壞,則應更換。

16. 清潔冰箱要注意冰箱門的橡膠吸墊,較易藏有污垢,應以清潔劑清理。將溫度調整至「適冷」。

17. 清潔衣櫃應注意鞋拔、衣架的清潔及擺放,以及檢查保險箱是否有客人遺留物,經常有客人將重要物品留置於保險箱內。若保險箱為上鎖狀態,應報告房務部辦公室

18. 檢查所有燈具是否正常。燈泡燈管的瓦數是否符合規定,若有損壞或規格不符合的情況,應即更換。

19. 補充備品,並順便將剩下的髒布巾及垃圾帶出。

20. 續住的客人,不可遺忘要補充文具夾所使用過的文具用

品，但不要隨意移動客人的物品、資料，也不可隨意丟棄使用過的便條紙、信紙或其他紙頭等，因為很可能上面記載了客人重要的資料。另外，客人的書本若是打開的，保持原狀，不要將它闔上；珠寶手飾，更要小心處理，擦拭桌面時若有移動，也要恢復原狀。私人的睡衣，可掛入衣櫃中，若衣櫃已無空間，可折好置於床上。

21. 客房內的飯店文宣品、雜誌、問候卡等，若有過期、破損、折角、彎曲、浸泡痕跡、污染等，都必須更換，不得馬虎。

22. 定期更換鮮花，不論是空房或續住的房間，都必須定時更換。

23. 若為連通房，要檢查連通門，確認是上鎖的。

24. 依標準程序，進入浴室清潔浴室（浴室清潔作業，另闢章節說明）。

25. 每日地毯吸塵，不論是空房或續住。吸塵時注意從內而外，床底、窗簾底下、床頭櫃和床之間的間隔，以及可挪開的家具底下，都是重點，這些地方特別容易隱藏厚的灰塵、垃圾和客人掉落的物品。

26. 將紗簾全拉上，遮光簾拉至定位。

27. 離開前再全面檢視一遍是否有不妥的地方，則立即再加強；若無，便完成了所有程序，在報表上填記完成時間。若有應報修或報告的問題，則聯絡房務部門或櫃檯。

✣ Tips

房務員打掃客房時，應打開房門，或是關閉房門呢？這個問題在稍大型的商務型態旅館，客房數較多，且續住的客人比例較高，

則較有影響性。

　　許多房務部門的人員會說，當然打開房門，否則怎麼知道房務員在房間內做什麼？這種說法其實並不完全正確。打開房門的目的，若是只為了「知道房務員在裡面做什麼」的話，那麼在管理上是有問題的。主管人員亦不可能時時抽查房務員在做什麼，大部分的時間要如何知道房務員在做什麼呢？

　　事實上，開門打掃的方式，在安全上易出問題，房務員工作時無法時時注意客房內的動態，遇到有心人順手牽羊，則難以防止，並且，若是歹徒假扮客人回到房間，房務員很難辨識客人的身分，尤其是外國人更讓房務員不易溝通與辨別。要求房務員必須落實辨認客人房卡或鑰匙的規定，在實務上並不容易做好。然而，若打掃時關上客房門，當客人返回以鑰匙開門進入，很容易驚嚇到客人本身和房務員，給客人印象十分不好。但是安全性沒有問題，不會讓歹徒闖入。

　　比較好的方式，是打掃時關門並且在房門外部把手上掛上「客房正在整理中」的掛牌，通知正好返回的顧客，避免顧客進入客房後，產生不良的印象。

三、鋪床

　　鋪床的方式有幾種，應視旅館的特性、採用的寢具種類等因素決定，並且在細節上，各家旅館之作法均有部分差異性。不論採行何種方式，鋪床的技術與品質亦是相當重要，將影響客人睡眠的舒適度。

　　寢具選型上，直接影響鋪床的流程，大多數的旅館已淘汰毛毯，改採用羽毛被。鋪設方式，也由被套取代被單（床單）。商務飯店通常會鋪設床罩，休息運轉量高的旅館，白天休息的運轉中，

對於床罩的需求性較低，一般來說並不鋪設床罩，夜間則視情況規定是否需要鋪設。不過近年來床尾巾的作法，已越來越多的國內外旅館採行，亦不失為一個不錯的作法。操作簡單，成本低，又可增添質感，不論是商務或休息型態的旅館，若不採用床罩，則可以考慮採行此一作法。

鋪床的原則與要求

1. 鋪床時不需拉床。現今的床具品質越來越好，重量亦越來越重，在作法上已不適合傳統拉床的方式，不拉床一樣可以將床鋪好。

2. 一個人鋪一張床時間約 3 分鐘。早期傳統亦有兩個人一起鋪一張床，但兩人一組的作法，已不符合現今旅館管理的作法。不過，許多休息量高的旅館，為爭取時間，通常在人力安排上是 2-3 人一組，同時整理一間客房，那麼鋪床作業可由兩人一起做。

3. 鋪床的要求：
   (1) 床單必須平整，四邊的距離要平均，四角要整齊。
   (2) 床罩、床裙必須挺直、平整。
   (3) 裝飾枕及睡枕必須平均飽滿。

4. 床上如有客人私人睡衣，將其掛入衣櫃中。

❖ 作業程序

【作法一】

寢具組成：三條床單及一條毛毯、兩個枕頭、枕套，另有床罩（或床尾巾）、裝飾枕。

1. 拉床單：

(1)除了續住客人擺放環保卡，可免換，其餘的情況都必須每日更換床單。

(2)拉開第一層床單、毛毯及第二層床單，稍抖動，以確定沒有客人的物品，並檢查毛毯是否有污損須更換。

(3)拉開第三層床單並稍抖動，確定沒有客人的物品。

(4)拉開枕套，稍抖動，確認沒有客人的物品。

(5)將髒的布巾捲成一團，放置在一旁的地毯上。

2.把床墊、床裙拉至正確的位置。床墊若有污損則須更換。

3.開始鋪床的程序，從床頭几的一側開始做起。站在床側的一邊，將床單拋開，平均平鋪在床中央。

4.先將自己站的同一邊的床頭，水平側床單邊緣，折入彈簧墊內，再折垂直側；同樣的方式，將床的四個角的床單均折好，回到原來的位置。

5.拋第二條床單至床中央鋪平，床單兩側垂下寬度平均，床單頂端垂下約 20 公分。

6.拋毛毯至床中央鋪平，兩側垂下寬度平均，頂端離床頭板約 20 公分。

7.拋第三條床單，方式相同，頂端與床頭板切齊。將 20 公分折入毛毯下方。

8.將第二條床單反折 20 公分，再反折 20 公分，平鋪覆蓋在毛毯上方。

9.將四角的床單及毛毯塞入彈簧墊下方，角與角之間的部分，不要刻意塞入，自然垂下即可，這樣客人拉開毛毯入睡時，不至於太緊而感到不舒適。

10.拉稱、拉平床單及四角，力求美觀。

11.套上枕套，將枕心對折成長條狀，塞入枕套中，並將上端

兩個角塞入枕套口內折的部分。

12.將枕頭拉稱、壓平放置於床頭。

13.蓋上床罩（或床尾巾），拉稱、拉平。放好裝飾枕。

14.檢視所有的部分是否有缺失，並加強或改善。

【作法二】

　　寢具組成：一條床單及一條被套、羽絨被、兩個枕頭、枕套，另有床罩（或床尾巾）、裝飾枕。

1.拉床單：

　(1)除了續住客人擺放環保卡，可免換，其餘的情況都必須每日更換床單。

　(2)拉開羽絨被，稍抖動，以確定沒有客人的物品；將被套拉下，並檢查毛毯是否有污損須更換。

　(3)拉開床單並稍抖動，確定沒有客人的物品。

　(4)拉開枕套，稍抖動，確認沒有客人的物品。

　(5)將髒的布巾捲成一團，放置在一旁的地毯上。

2.把床墊、床裙拉至正確的位置。床墊若有污損則須更換。

3.開始鋪床的程序，從床頭几的一側開始做起。站在床的一邊，將床單拋開，平均平鋪在床中央。

4.先將自己站的這一邊的床頭，水平側床單邊緣折入彈簧墊內，再折垂直側；同樣的方式，將床的四個角的床單均折好，回到原來的位置。

5.走到床尾。將被套反面拋開，平鋪在床上，再將羽絨被心平鋪在被套上。

6.先做右上角，將左手伸進被套內的右上角，右手輔助，將右上角的被心以左手拉住，反穿拉出被套口，置於右下方；同

樣的方法，以右手伸進被套左上角，左手輔助，將左上角的
被心，以右手反穿拉至左下方。

7.雙手將兩個角拉起，舉至頭部的高度，讓反穿的被套自然垂
下，注意不要劇烈抖動被套，這樣會引起灰塵飛揚。再將套
好的羽絨被平鋪在床上。

8.下方兩個角塞入被套口內折的部分，加以固定，拉稱、拉
平。

9.套上枕套，將枕心對折成長條狀，塞入枕套中，並將上端兩
個角塞入枕套口內折的部分，加以固定。

10.將枕頭拉稱、壓平放置於床頭。

11.蓋上床罩（或床尾巾），拉稱、拉平。放好裝飾枕。

12.檢視所有的部分是否有缺失，並加強或改善。

❖ Tips

為講求質感，作床的方式到底該採用床罩還是床尾巾？

現代一流的旅館，亦逐漸趨向採行床尾巾，探討其原因，應不
外乎下列幾項：

1.床罩幾乎流行數十年，床尾巾較有新意。

2.現代旅館多採用羽毛被，搭配床尾巾及裝飾枕、抱枕，不失
質感，並不遜於床罩的效果。但是，床尾巾必須搭配較高質
感的被單。

3.床尾巾的成本較低，洗滌成本亦較低。

4.床罩難免被客人當作棉被使用，清潔度較差，床尾巾則較不
會發生類似狀況。

現代旅館的客人及經營者，已普遍可以接受白色的布巾融入客

房的設計氣氛中，並不認為會破壞客房的高雅氣氛。因此，多樣的裝飾枕及抱枕，採用亮麗的色彩，與床尾巾呼應，創造新的效果。床罩是否會式微，甚至退出旅館用品的市場，值得觀察。

四、浴室清潔

　　浴室是很私人化的設備，也是大多顧客非常重視的部分。隨著時代的演進，現代旅館對於浴室的要求普遍越來越高，在各種設備與建材方面，都有很大的進步。顯示顧客對浴室的重要程度已大大提升，並且不亞於臥室的重要性，顧客的期望不僅是乾淨整潔且是非常衛生的。根據凱悅酒店 1988 年的一項調查報告顯示，投宿旅館的顧客有 25 %的時間，是在浴室中度過。由此可知，浴室對於旅客的重要性。對於多數中、小型旅館而言，除商務功能外，並十分強調休閒的功能，那麼顧客使用浴室的時間，應該更超過這個比例。

　　所以，當我們了解這點後，在清潔浴室時，便應更加用心，更加注重清潔與衛生的品質，以提升客房整體的舒適與滿意度。

　　許多小型的汽車旅館或城市旅館，休息的客房使用率很高。同一間客房在一天當中，將重複整理多次。並且，這類型的旅館大都十分注重浴室的設備，甚至有將浴室面積規劃到超過 10 坪以上，其整理與保養所需投入的人力及困難度，是可想而知的。

　　這些旅館的浴室，通常有一個很大的按摩浴缸，並配置淋浴間（Shower Room）、三溫暖烤箱（Sauna Room）、蒸汽室（Steam Room）、泡泡床（Bubble Bed）等，設備多而面積大，清潔這類型的浴室，與一般標準的浴室略有不同，通常為爭取時效，以 2-3 人一組，整理同一間客房及浴室，分工合作的方式完成。

❖ 作業程序

1. 依經驗，進入浴室前，可先從工作車上取一條大毛巾、一條小毛巾、一條足布、垃圾袋等必用的備品。以及準備好清潔用品及工具，如清潔劑、抹布、菜瓜布、馬桶刷等。

2. 若浴缸內尚留有沐浴後之污水，先將水塞拔起，將水放盡。有些大型浴缸完全放盡一滿缸的水，需時 5 分鐘以上。

3. 首先，將包括在客房裡和浴室裡的所有髒布巾收集在一起，並適當捲在一堆，以便拿取搬運。先將這些髒布巾放在一旁的地上，稍後補備品時帶出客房。注意要將浴袍和其他布巾分開來，因為這兩種物品是要分開處理的。髒的浴巾和床單等，絕對禁止用來做清潔浴室的抹布之用，因為這是違反作業紀律和衛生要求的，如果顧客看見你這麼做了，會有什麼觀感？以後會再光顧我們的飯店嗎？

4. 將浴室內散落在各處的垃圾加以收集，丟進垃圾桶，並將垃圾桶內的垃圾袋取出，置於一旁，稍後一併帶出客房倒掉。將垃圾桶順手擦拭清潔乾淨，更換垃圾袋。

5. 清潔煙灰缸，須以軟質的海棉或抹布，並須先以稀釋清潔劑加以浸泡。在洗臉盆內注入適量足以覆蓋煙灰缸的熱水，並加入適量的清潔劑混合稀釋。將煙灰缸和水杯置入浸泡，這樣有助於將煙灰缸的尼古丁及水杯的污漬清除。

6. 以軟質的海棉或抹布沾清潔劑擦拭浴缸，包括肥皂碟、水塞、浴缸水龍頭、分水閥等。通常浴缸壁較會沾有污垢，要注意清理。清潔浴缸不要用菜瓜布，因為菜瓜布纖維較粗，很容易刮傷浴缸壁，產生刮痕。以同樣的方式清潔泡泡床。

7. 以菜瓜布（或馬桶刷）加清潔劑刷洗馬桶，特別要注意內側

和外側及角落都要刷洗，不可積有污垢，否則馬桶很容易產生異味。馬桶邊緣的出水處和沖入口，必須以手持菜瓜布刷洗，才能將轉彎的死角清洗乾淨。接著清洗馬桶座墊及馬桶蓋，要注意馬桶座墊的兩個固定螺絲邊緣很容易積污垢，要留意清潔。檢查沖水按鍵的功能是否正常，若有故障，依程序報修。

8. 回收使用過的備品空罐，將備品空罐集中在一旁，稍後帶出客房；接著將稍早浸泡的煙灰缸及水杯刷洗清潔。以杯刷加清潔劑刷洗水杯，以海棉或抹布沾清潔劑清潔煙灰缸，再以清水沖洗乾淨，以乾布擦乾。

9. 以軟質的海棉沾清潔劑清洗淋浴間，包含肥皂盤、蓮蓬頭和分水開關。擦乾玻璃門，並檢查水龍頭是否正常，若有故障或漏水的情形須立刻報修。以同樣的方式，清潔蒸汽室。

10. 以濕布擦拭三溫暖烤箱內外，門的玻璃部分則以乾布及玻璃清潔劑擦拭。作業時小心加熱器可能仍有餘溫，應注意防止燙傷。將加熱器開關及調溫鈕調整至規定的位置。

11. 以柔軟的海棉或抹布沾清潔劑擦拭洗臉盆及洗臉檯，包括備品架、電話、吹風機等。以及以海棉和玻璃清潔劑清潔鏡子。

12. 清理天花板特別是空調出風口、清潔燈罩及燈泡，若有故障須即更換或依程序報修。

13. 清潔牆壁磁磚上的水痕和肥皂垢。

14. 拉出曬衣繩檢查其是否正常，若有故障立即報修，並將固定座打亮。

15. 清潔和打亮毛巾架，並清除肥皂垢和水痕。

16. 用抹布擦拭門後反鎖扣鉸鏈等部分。檢查門是否正常、是

否有異聲，若發現任何故障即報修。

17. 清潔電燈開關、音響控制鈕、掛鉤和壁畫。

18. 清潔和打亮面紙盒、毛巾架、衛生紙架。

19. 以抹布沾清潔劑刷洗地面。

20. 以乾抹布擦拭所有濕的部分，包括浴缸、馬桶（含馬桶座墊、馬桶蓋）、淋浴間、洗臉檯（含洗臉盆）、牆面、地面、玻璃、燈具、開關、門（含門框）、毛巾架、掛鉤等。都必須乾燥，不可留有水痕。

21. 在清潔過程中所產生的污垢碎屑、毛髮等，應取出丟棄在垃圾袋內，絕不可任意沖入排水口及丟入馬桶沖掉，這樣很容易阻塞排水口及馬桶。

22. 將髒布巾、垃圾、回收的備品空罐等帶出客房置於工作車，再將需補充的備品一次帶入浴室補齊。備品的放置應依規定標準，不可歪斜。雖未使用但包裝已浸濕或變型的備品，亦須更換。

23. 地面吸塵，這樣可以去除細微的毛髮、砂粒、灰塵等。

五、夜床服務

夜床服務有兩個主要的義意，其一是開床服務（Turn Down Service），另外則是將白天客人使用過的房間再恢復至清潔整齊的狀態，使客人在夜晚能享受更舒適的環境。

❖ 作業程序

1. 將垃圾收出倒掉，煙灰缸清洗乾淨。

2. 使用過的水杯、咖啡杯清洗乾淨。餐具收出。

3. 茶几、書桌等重要部分擦拭。

4.浴室若使用過則擦乾，包括淋浴間、浴缸、洗臉檯、馬桶、
　地面等。並將毛巾全部更換。

5.拉上遮光厚窗簾。

6.將床罩或床尾巾取下，折疊好，放置於衣櫃內或床頭櫃下方
　（規定的地方）。

7.開床。將羽毛被上端的一角拉出，向中心折成三角開口，以
　方便客人掀開羽毛被。若雙人房且住兩位客人，則應開兩張
　床；若為雙人床，住兩位客人，則應在床的兩側均開床。

8.在枕頭上放上晚安卡及小點心（**圖 6-2**）。

⁓Tips

　夜床服務時，對於已使用過的毛巾，是否都應全部更換？這個

圖 6-2　客房點心　　　　　　　　　　　資料來源：皇都飯店。

問題在許多的旅館作法上，並不相同。有些旅館在夜床服務時並不更換毛巾，而將使用過的毛巾折好並掛在毛巾架上，用意是請客人繼續使用。亦有製作環保卡，供客人示意不需更換毛巾，依客人是否放置環保卡決定是否更換毛巾。

事實上，即使每天更換一次乾淨的毛巾，在服務品質上並不會造成過多的影響。部分客人一日沐浴兩次，重複使用毛巾，一般來說並不會產生太大的不便，況且以現今世界大力倡導環保觀念，減少洗衣廢水的考慮，重複使用毛巾，已漸為大多數客人所接受。因此，若考慮作業程序、經營成本、環保等因素，夜床不更換毛巾的作法，是可以被接受的。

但是，若客人特別要求更換，或是客人特殊習性，則當然應加以更換，絕對不可以因此政策而拒絕客人提出的要求。

第 2 節　清潔與保養

一、電話清潔保養

電話的保養著重於細節及死角的清潔與消毒，例如話筒內部的積垢、捲線內側的灰塵及積垢、機座揚聲器發聲孔之積灰、底部等，都是清潔保養的重點，這些部分由於平日的擦拭無法仔細且深入死角作清潔，所以在保養時須加以清潔消毒，以保持電話機之清潔與衛生。

公共區域的電話清潔保養方式亦同，唯應視使用頻率訂定保養週期，通常較客房週期短。

所需材料如下：(1)萬能清潔劑；(2)酒精；(3)乾抹布；(4)濕抹

布；(5)棉花棒。

❖ 作業程序

1. 至少每星期作一次電話保養。具體保養週期應視客房使用率加以制定。公共區域的電話，更需經常保養。
2. 將萬能清潔劑噴在濕抹布上，擦拭清潔話筒以及捲線。捲線部分需將捲線拉直擦拭。抹布不可太濕，以免擦拭時水分太多。
3. 擦拭主機部分，包括面板和周邊。使用棉花棒沾清潔劑清潔鍵盤和按鈕。
4. 測試電話的功能是否正常，可打內線房務部測試。
5. 再以另一條乾抹布沾酒精消毒話筒，酒精的量不可太少，否則達不到殺菌的效果。
6. 將電話放回正確的位置，整理捲線的擺放方式。

二、地毯清潔保養

一般來說，中、小型旅館的地毯均定期委由清潔公司實施清洗，大都不由房務部門負責。即使如此，對於公共區域的地毯、局部污染的地毯、較小面積的活動地毯等，無法請清潔公司來館服務，況且面積較小之清洗，委外的作法亦不符合經濟效益及成本原則，房務員仍必須懂得清潔保養之要領。

清潔公司大面積的清洗，所使用的方式大都為：

1. **濕式洗法**：以馬達帶動圓形旋轉的刷子的機器，設有盛裝地毯水的容器，以手控制注入刷子中央部分，藉由旋轉的刷子將地毯刷洗乾淨。洗地毯機有兩種形式，一為漩渦式，水平

旋轉：另一為滾筒式，垂直旋轉。

2.**乾式洗法**：以粉末摻雜細玉米粉平均撒在地毯表面，以機器刷子刷洗，再以吸塵器將粉末吸淨。

另一種方式，為人工刷洗法，對於小面積或空間狹窄，不適合機器施作的部分，必須以人工刷洗法完成。房務人員使用這個方式清潔局部污染的地毯。

❖ 作業程序

1.將地毯水稀釋後，以噴霧瓶盛裝，噴灑於污染的部分。
2.以刷子刷洗，刷淨污染部分之污垢。
3.以乾布將刷洗的部分擦乾。
4.若面積較大，則將空調開大，待地毯乾燥後，才算完成。

三、沙發清潔保養

沙發之清潔保養，對於中小型旅館的作業程序，亦為委外的部分。但同樣的，對於較小的污點，必須立即清除。但不同的是，沙發之材質種類較多，除了布質以外，亦有皮質、人造皮與木質，清潔之方式並不相同，部分特殊材質的清潔保養，需要特殊的器材或技術，這些並不在房務員維護的範圍之內。

對於材質特殊、污染程度過大、或經清洗後仍無法去除之污垢，則應委請清潔公司處理。

❖ 作業程序

1.先確定沙發布是否會褪色、縮水，若會褪色、縮水的布質不宜以一般的方式清洗，必須委由清潔公司處理。

2.以地毯水稀釋作為清洗沙發之清潔劑。

3.搖晃噴霧瓶，使清潔劑起泡，將清潔劑噴灑於污點處。

4.因清潔劑為起泡狀態，不至於滲入沙發內部太深，噴灑時亦
　注意適量。

5.以刷子刷之，刷淨污染部分。

6.若刷洗後，刷洗的部分與周圍的部分有明顯的差異，顯示周
　圍的部分已太髒，則應整面刷洗，以免局部的差異更影響美
　觀。

7.刷淨後以乾布擦拭，儘量將積水吸出。

8.放置於陰涼處風乾，不可曝曬。

9.對於不易清潔或不確定之材質，應報告主管協助，必要時委
　請清潔公司處理。

四、嘔吐物處理

　　旅館難免遇身體不適或酒醉的顧客。因身體不適引起，或因喝
酒過量酒性發作，易嘔吐。遇此狀況，除須適當照料顧客之外，應
作及時的處置，清除嘔吐物，並將嘔吐物的部位徹底清潔。

❖ 作業程序

1.先將窗戶適當打開，使污濁的空氣散去。

2.將嘔吐物以硬紙板刮除，置入畚箕內，倒入馬桶沖掉。

3.將嘔吐物污染的床單、被套、枕套等卸下，捲裹成一包，以
　塑膠袋裝妥，另行送洗，不可與其他布巾混雜。將袋口綁
　好，以免臭味四溢。

4.若嘔吐物污染到地毯，則以清水刷洗，再以乾毛巾擦拭，如
　此反覆幾次，可去除污染及異味。注意不可用過多的清水，

只需在污染的局部作刷洗及擦拭，最後將地毯擦乾。

5. 適當噴灑除臭劑或空氣清香劑，以掩蓋異味。

6. 對於床墊、沙發等清潔方法相同。

7. 視情況（空房，或是客人允許）將該客房之窗戶保持打開一段時間，增加空氣對流。

五、客房異味處理

旅館為世界各地人種齊聚的場所，飲食、生活習性不同，難免由於生理特性的關係，產生特殊的體味或其他異味，尤其是客房內為密閉空間，因體味或特殊食物引起的異味，即使旅客已遷離，仍不免殘留在客房內，久久不散，因此必須透過有效的處理，使氣味消除。

另外，客房剛裝修完成時，空氣中亦瀰漫著接著劑、松香水等氣味，辛辣刺鼻。若不作處理，這種氣味將延續很長一段時間，無法散去，這一點千萬不要疏忽。

❖ 作業程序

1. 整理房間前，可噴灑酒精、除臭劑，多噴一些，並將冷氣暫時關閉；約 20 分鐘後，再噴灑一次。

2. 將窗戶打開至最大，使空氣流通，並開始整理房間。

3. 徹底擦拭及吸塵。

4. 整理完畢後，將空調開啟，調整至最大的風量。

5. 以碗盛醋或鳳梨皮放置於房間的數個角落，約數小時至一日異味便可除去。

6. 若是剛裝修好的客房，尚未營業，則拉長開窗通風的時間；之後再以步驟 4、5 處理。

✥ Tips

鳳梨皮可以吸收味道，除臭的效果亦佳。但是鳳梨皮亦易腐壞，並且易招蚊蟲，使用時需注意放置時間不可過長。白醋較無上述問題。

六、垃圾處理

房務部門每日由客房內收拾出大量之垃圾，須集中處理。並且依照垃圾分類的標準，將一般垃圾及可回收資源加以分類，不但使垃圾減量，並可使資源循環利用，爲環保工作盡一份心力。中、小型旅館一般的作法是將垃圾處理的部分，委外交由清潔公司執行，雙方屬契約關係。

旅館應設垃圾集中區，並由委託之清潔公司於集中區清運垃圾。清潔公司收取垃圾的時間，視旅館作業量，每日一次或兩次。最好的時間，是可配合清潔工作時段並且顧客較少的時段，大約在下午 15:30-17:00 ，或是 21:00-23:00 ，或是深夜 01:00-05:00 。由於中、小型旅館的規模較小，因此垃圾收集這類的工作，多少會影響顧客動線及觀瞻，故規劃上應儘量避免。

✥ 作業程序

1. 續住的房間，唯有丟入垃圾桶內的物品才算是垃圾。凡未丟入垃圾桶內之紙條、包裝盒等，都不能隨意視爲垃圾丟棄。
2. 已退房的房間，所留下之物品，房務員應有專業的觀念，辨別屬於垃圾或是客人遺留物。若可能爲遺留物，則應以遺留物處理程序處理。
3. 收集垃圾時，應先將紙類、保特瓶類等可回收資料分出，將一般垃圾以垃圾袋收納。

4. 每個房間收出的垃圾先集中在工作車的大垃圾袋內。未使用工作車者，則集中在服務檯的大垃圾袋內。

5. 將垃圾適當壓實，減少垃圾的體積。

6. 於規定時間將垃圾運至垃圾集中區，並將回收資源依類別置於資源回收區。

❖ Tips

自 94 年 4 月起，政府對於未按規定實施垃圾分類的民眾開始處罰，旅館業者亦應有所因應，作好垃圾分類。這個部分應與委託的清潔公司作好協調，制定適當的作業規範。

七、翻床

旅館的床的使用率極高，為使彈簧床墊的壓力平均，以增加床的使用年限，因此在房務管理上，會定期翻轉床面。現代的彈簧床墊製造技術優良，品質較以往進步許多，甚至有廠商提供 10 年的保證。因此，翻床的作法，以現代的高品質彈簧床墊來看，並非有絕對的必要性。但是，對於選用一般品質的床，翻床則仍具有一定的必要性。另外，翻床時可以發現床墊下是否有不明的物品，或未打掃妥當的雜物等，加以改善。

一年分為四等分，以每三個月翻轉一次床面為宜。

❖ 作業程序

1. 將床墊的上下正反四個邊，標註 1 、 4 、 7 、 10 編號，代表 1 月、 4 月、 7 月、 10 月的翻床時間。

2. 每逢翻床月份的月初固定日期，則實施翻床，將月份號碼的一邊，翻至床頭位置，號碼的面朝上。

3.翻床時，若有發現破損、凹陷，或有異常現象，應立即報告
  主管處置。

4.雙人房配置兩張床，若有顧客習慣使用某張床的現象時，可
  每年或每半年，相互更換位置。

❖Tips

彈簧床的品質的確不斷進步中，不論耐用度與舒適度均不斷提
升。市場上有些業者已提出 10 年、甚至 20 年的品質保證，自然的
損壞可無條件換新。換句話，若真是如此，業者敢作如此承諾，其
床墊 10 年內的品質，都不會發生問題，那麼，旅館房務管理中，
仍有需要作翻床的作業嗎？這個問題見仁見智，但實務上，翻床作
業在房務工作中的重要性，已較為降低。

第 3 節　公共區域

一、公共洗手間清潔

公共使用的洗手間，是公共區域清潔工作中的重點，與旅館的
形象與觀瞻有極直接的關聯，並且足以代表整個飯店的管理品質，
所以是非常重要的一個清潔項目，不論是清潔員或主管，都須特別
重視。顧客使用洗手間的經驗，亦會直接影響顧客日後的消費意
願。

由於公共洗手間的使用頻率高，故在清潔維護須更加用心，經
常巡視、清潔、消毒，有缺失應立即改善，定期實施維護保養，常
保公共洗手間整齊、清潔、明亮、乾燥、氣味清新。

使用腐蝕性的藥水，應注意勿與皮膚接觸，操作時須戴手套。金屬部分須以保養劑打亮，不得產生氧化現象而失去光澤。

所需工具如下：(1)掃把；(2)水桶及擠水器；(3)馬桶刷；(4)畚箕；(5)拖把；(6)海棉；(7)抹布及玻璃抹布；(8)菜瓜布；(9)舊牙刷；(10)金屬保養劑；(11)浴廁清潔劑；(12)殺菌藥水；(13)打蠟機；(14)樓梯；(15)玻璃水刮；(16)洗手間備品，如肥皂、洗手液、擦手巾、衛生紙、擦手紙等；(17)「打掃中」立牌。

❖ 作業程序

1. 每 20-30 分鐘巡一次清潔情形。

2. 視無客人使用時，為適當之清潔時機。放置「打掃中」立牌於洗手間門口，以通知顧客正打掃中。先檢查洗手間，並記下缺點。

3. 測試電燈開關、烘手機，注意手濕不可觸摸電源開關！

4. 清理地上、煙灰筒及垃圾桶內的垃圾，用沾有清潔劑的抹布擦拭垃圾桶及煙灰筒。

5. 清潔天花板，較高的區域應使用樓梯（切不可攀上洗手檯）。使用掃把清掃蜘蛛網，用清潔劑清潔通風口及天花板。

6. 使用濕抹布擦拭壁畫、畫框、踢腳板等，如牆壁上有污點，應同時處理。

7. 使用殺菌藥水擦拭牆壁磁磚、門把等。

8. 噴灑浴廁清潔劑於馬桶內，並浸泡 5 分鐘。

9. 使用殺菌藥水和海棉清潔洗手檯內外，包括洗手盆、排水孔、水塞、溢水孔等部分。利用舊牙刷清潔死角，及刷亮金屬部分。同時清潔洗手檯下水管部分，此部分最易堆積污

垢。使用玻璃清潔劑清潔及乾抹布擦拭鏡子。

10.以金屬保養劑清潔及打亮金屬部分（每日一次）。

11.戴上手套以馬桶刷及殺菌藥水刷洗每間的馬桶，並且用手持菜瓜布刷洗馬桶出水處及沖水口等死角部分，這些地方最易累積污垢，會產生異味。再以清潔劑及海棉擦拭水箱、座墊、馬桶蓋等，並測試功能是否正常，若有故障，應第一時間報修，並應追蹤維修進度。洗手間之故障維修切不可拖延，須立即修繕妥當，以正常使用。若因特殊原因無法立即修復，則應上鎖並掛上故障告示牌。

12.以拖把及清潔劑清潔地面，拖把應扭乾，不可太潮濕，以免地面潮濕影響顧客安全。地面保持乾燥是很重要的。

13.補充備品。

14.如有需要，可使用空氣清新劑。

15.吸塵。

16.收拾工具及用品，待地面、牆壁、洗手檯面全部乾燥後才可離去。

二、電梯清潔

電梯每天不斷使用，進出顧客無數，並且顧客搭乘電梯是靜止不動的狀態，最容易吸引顧客的目光，因此電梯的清潔至為重要。現今電梯內裝潢的形式很多，有的以木質為主，有的另加入布品，甚至皮質的素材，其清潔保養的方式，必須依材質之不同，另以合適的方式處理特殊的部分。

一般來說，木質及金屬是最常見的材質。

所需工具如下：(1)抹布及玻璃抹布；(2)家具保養劑；(3)金屬保養劑；(4)擦鏡水；(5)萬能清潔劑；(6)吸塵器；(7)打蠟機；(8)小

刷子；(9)樓梯。

作業程序

1.將電梯控制在最高樓層，門開啓，電源關閉。

2.以濕布將電梯內的木質及金屬部分，由高而低擦拭一遍，將灰塵擦拭清潔。

3.電梯門的內外亦擦拭乾淨。尤其注意手印的部分，應徹底擦拭。

4.以擦鏡水及乾抹布擦拭玻璃及鏡面的部分，同樣的應注意手印的擦拭。

5.以金屬清潔劑及乾抹布擦拭金屬部分，並打亮。手印及污垢須徹底去除。

6.布質的部分，以吸塵器更換吸塵頭吸塵，較髒的部分，以稀釋的清潔劑及抹布擦拭。

7.皮質的部分，以皮革保養劑清潔保養。

8.大理石地面，以吸塵器吸塵，若有較髒的部分，以抹布及稀釋的清潔劑擦拭。若為地毯，則吸塵，污染的部分以地毯水刷淨，再以乾抹布擦乾。

9.電梯溝槽的部分，以小刷子清掃乾淨。

10.較高的部分，以樓梯輔助清潔。

三、大廳清潔

大廳之清潔，首先要注意不可以打擾客人。

大廳是飯店的門面，要常保清潔、亮麗，有任何的髒污，第一時間立即清潔處理。若是嚴重髒污，無法在短時間內清潔完成，則應以屏風或其他標示牌加以阻隔顧客靠近，再作清潔的動作。

所需器材如下：(1)樓梯；(2)水桶、掃把及擠水器；(3)畚箕；(4)清潔劑；(5)玻璃清潔劑；(6)抹布及玻璃抹布；(7)吸塵器；(8)「小心地滑」警告標示牌；(9)木器品保養油；(10)金屬保養油；(11)玻璃水刮；(12)小刷子。

❖ 作業程序

1. 用沾有清潔劑的抹布擦拭垃圾桶及煙灰缸。
2. 定時（依既定的日程安排，在客人活動量較低的時段）清理天花板及較高處之區域。以掃把清潔蜘蛛網，用抹布沾清潔劑清潔通風口及燈具，注意必須使用樓梯。
3. 用濕抹布擦拭牆壁及牆上的飾物、畫框等，若牆上有污漬，應一併去除。
4. 清除盆景、花盤內之煙頭、雜物等。
5. 用濕抹布擦拭窗檯、踢腳板等木質部分，若有污漬應一併去除。
6. 用玻璃清潔劑清潔玻璃門、窗，使用水刮將污水刮除。
7. 用沾有清潔劑的抹布擦拭家具、桌面、桌腳、椅背、椅腳等。
8. 擦拭桌燈之燈罩，並擦拭燈座、燈泡。
9. 依程序清潔電話。
10. 用吸塵器清理布類家具，應注意縫隙的塵埃及污垢。
11. 以保養油保養家具木質部分。
12. 使用金屬保養油保養金屬之銅扣、手把、邊框、樓梯防滑條等。
13. 清潔客用電梯內外。按鍵及金屬標示牌等，應使用保養油擦拭；清理門軌之堆積污垢，電梯室地毯吸塵（若為星期

地毯，應更換爲當日之星期）。

14. 大廳地板吸塵，可移動之家具或設備，應移動將其下方之地毯清理乾淨。清理大廳地板或地毯前，先以掃把清理垃圾。在夜間或客人出入較少的適當時機，以拖把及清潔劑清潔地面，拖把應扭乾，不可太潮濕，以免地面潮濕影響顧客安全。地面保持乾燥是很重要的。並且在清潔的區域應事先放置「小心地滑」警告標示牌。

15. 發現損壞或特殊狀況，應立即向主管報告。

四、辦公室清潔

辦公室雖非營業區域，但亦是支援前檯營業人員的幕後功臣，並且辦公室可能也是廠商洽公的場所，所以必要的整潔是不可忽視的。尤其是業主若設辦公室在旅館內，更是馬虎不得。清潔舒適的辦公環境，有助於效率的提升。

所需工具如下：(1)掃把；(2)畚箕；(3)拖把；(4)抹布及玻璃抹布；(5)家具保養劑；(6)金屬保養劑；(7)萬能清潔劑；(8)吸塵器；(9)打蠟機；(10)樓梯；(11)玻璃水刮；(12)「打掃中」立牌。

❖ 作業程序

1. 清理地上、煙灰筒及垃圾桶內的垃圾，用沾有清潔劑的抹布擦拭垃圾桶及煙灰筒。

2. 清潔天花板，較高的區域應使用樓梯。使用掃把清掃蜘蛛網，用清潔劑清潔通風口及天花板。

3. 使用濕抹布擦拭牆壁、壁畫、畫框等，如牆壁上有污點，應同時處理。

4. 使用濕抹布擦拭玻璃窗檯及窗框。

5. 使用玻璃清潔劑清潔及水刮清潔玻璃窗戶。

6. 窗簾吸塵及擦拭百葉窗。

7. 擦拭家具及門。

8. 使用清潔劑及抹布擦拭辦公桌椅。移開桌面的物品，將各類文件放置整齊，擦拭完畢後，再將物品、文件放回原處。辦公椅之背面及椅腳亦不得遺漏。清掃時嚴禁翻閱、帶走文件。

9. 使用清潔劑擦拭電話、電話線，並以柔軟的抹布擦乾。

10. 以金屬保養劑清潔及打亮金屬部分。

11. 以拖把及清潔劑清潔大理石部分地面，定期打蠟。

12. 地毯吸塵，定期清洗地毯。

13. 辦公室若有異味，可噴空氣清新劑加以除臭。

14. 發現任何損壞，即依程序報修。

五、清潔盆景

　　盆景的目的便是將大自然的綠意帶入室內，使旅館內增添生氣。因此，盆景應加以悉心照料，使其生意盎然，帶給人們好的心情。

　　旅館內的空調系統保持一定的溫度，但水分容易蒸發，只要定期加水，保持正常的濕度，是可以提供盆景良好的生長環境，不至於短時間內便枯萎。但儘量避免將盆景置於鹵素燈近距離照射的位置，盆景受鹵素燈近距離照射較易枯萎，影響壽命。由於盆景的葉子容易積灰，不但影響美觀，同時亦妨礙植物的生長，必須經常將灰塵擦拭掉；並且，定期將室內的盆景移至室外一陣子，使植物進行光合作用，有益盆景的健康。

❖ 作業程序

1. 以左手托住葉子，右手以抹布擦拭灰塵。動作要輕，以免損傷盆景。
2. 可以噴些水分在葉子上。
3. 將花盆內之枯枝、垃圾、煙蒂等清理乾淨。
4. 澆水時不可過多，以免根部腐壞，並且多餘的水流出在底盤內，易生蚊蟲。
5. 若有枯黃的枝葉，以剪刀剪除。

六、清潔煙灰缸及煙灰筒

大廳沙發區、電梯口、電話檯旁，均設有煙灰缸或煙灰筒，供顧客彈煙灰及熄滅煙蒂之用。煙灰缸放置於檯面，煙灰筒則立於地面。通常清潔的煙灰缸內為空的，而煙灰筒則放置細砂，並且下方為垃圾筒。

❖ 作業程序

1. 將煙灰缸內的煙灰倒入垃圾袋內，並以抹布擦拭煙灰缸的內外。若內部有積垢，則應以清潔劑擦拭，或取至服務檯以水沖刷。
2. 將清潔好的煙灰缸，以乾抹布擦淨放回原處。
3. 煙灰筒的清潔方式為，將上端的煙灰盤端起，將砂倒在報紙上；將煙灰盤以抹布擦拭乾淨，若有積垢則以清潔劑擦拭或以清水沖刷。
4. 細砂以濾網將煙頭、煙灰及雜物篩出。
5. 將篩過的細砂倒回盤內，並將煙灰盤裝置妥當。細砂在盤內的分量應適當，約七分滿，並以工具鋪平或壓上印記。

第七章

房務管理【二】

第 1 節　遺留物處理

　　任何的遺失物和待領的物品都由房務部管理。所以，在館內任何地點拾獲顧客的遺失物，均應登記後，交由房務部辦公室統一保管。

　　房務員在客房拾獲客人遺留物時，除明顯沒有價值可視爲垃圾丟棄外，其餘應予保留，交由房務部辦公室列爲失物招領，不得自行判斷其爲客人棄置不要的物品，而任意占有或丟棄。

　　其他部門的從業人員拾獲顧客的遺留物，應繳交櫃檯，轉由房務部統一管理，其處理流程相同，唯應特別註明拾獲地點，如餐廳、大廳等。

　　客房內是遺留物常發生的地方，清潔時應特別注意檢查：

1. 衣櫃內：客人的掛衣或抽屜內的物品。
2. 保險箱：手錶、手飾、護照、機票、旅行支票等。
3. 床鋪：床單被套夾帶著內衣、襯衫、睡衣、Ｔ恤等。
4. 床下：客人遺落之物品而未發覺，如筆、小孩玩具等。
5. 床頭櫃：遺忘手錶、筆、太陽眼鏡等。
6. 浴室檯面：客人的保養品、盥洗用品、電鬍刀、耳環、戒指等，或是在角落之內衣褲、襪子。
7. 其他置物櫃的抽屜：客人的置物遺忘收取。
8. 其他的角落、家具後方、下方、夾層、夾縫之任何遺留物。

　　服務人員對於客人遺留物之處理態度必須謹慎，不可馬虎。未按規定繳至房務部門，可視爲品格上的瑕疵，管理階層應列入人事

考核的資料。最糟的情況是，客人返回查詢時，資料並未記錄，而追查之下，為服務人員未依規定繳交。不但造成客人不便，對於旅館之形象，亦有重大之傷害。

✣ 作業程序

1. 貴重之物品，在拾獲後先以電話通知房務部辦公室核備。待工作告一段落後再行繳交至辦公室，並完成登錄手續，以免客人在這段時間內來電查詢，而房務部人員無資料可查。
2. 如未能即時送交房務部辦公室，則交由主管轉交。
3. 拾獲者應填寫「遺失物登記卡」。
4. 房務部須造冊建檔管理，載明物品名稱、特徵（顏色、形狀、廠牌、型號等）、拾獲時間、地點、客人姓名（在客房內拾獲）、拾獲者等資料。
5. 若有客人電腦歷史檔案，則應鍵入，以便下次入住時可交還。
6. 若有顧客詢問遺失物，應為顧客聯絡主管或房務部查詢，不可直接將顧客帶往房務部辦公室。
7. 除貴重物品或易腐壞的物品外，其餘均保存 6 個月；若無人認領，則發回原拾獲者。貴重物品之保留期限，由主管視情況延長保管時間。
8. 離職或遭解職之員工，則喪失拾獲遺失物發回的權利。
9. 客人前來領取遺失物時，應確認其身分，請求出示身分證或護照等身分證明，並請客人在登記簿之領回欄簽名。
10. 若非客人本人前來領取，受託人應持有委託書，交付旅館存查，並出示身分證明及簽名；若領取之物品價值貴重，則應視情況與遺失物主人再作確認。

第 **2** 節　客房鑰匙的管理

以現代旅館客房的鑰匙型態，普遍被運用的有傳統的機械式鑰匙、卡片式（又分為電子磁卡及打洞卡片）、磁條鑰匙等。也有機械式與電子式結合的產品。

現代許多旅館已改採電子式的鑰匙，由電腦系統控制客房門的密碼及磁卡鑰匙的密碼，對於卡片遺失的處理上，較為簡單，只需將原卡的密碼更改，則原卡的功能即作廢，不需要更換房門鎖也不會影響安全性。

傳統的方式大都是機械式的，那麼在鑰匙的管理上更需嚴謹，並且對於各層級的總鑰匙（Master Key）更需要嚴格的管制，若有遺失，須更換大量的房門鎖，將造成旅館極大的損失及作業不便。

房務部門（未設房務部門之旅館由櫃檯負責）應設置鑰匙櫃放置鑰匙，並建立領取／繳回簽名簿。房務員每日上班打卡後，向房務部辦公室（或櫃檯）領取鑰匙並簽名，下班後交回並簽名。當班之房務部主管（或櫃檯人員）每日須清點並檢查鑰匙之數量是否正確，並簽名。遇有尚未繳回或其他問題，須立即追查清楚，絕對輕忽不得。

不論是機械式或是電子式的鑰匙，均可分為以下的層級：

1. **客房個別鑰匙**（Room Individual Key）：供顧客使用，只能開啟該房號的門鎖。
2. **樓層總鑰匙**（Floor Master）：供樓層房務員使用，可開啟該樓層每一間客房的門鎖。

3.**全樓層總鑰匙**（Grand Master）：供房務主管使用，可開啓全館每個樓層的每一間客房的門鎖。

4.**最高總鑰匙**（Genaral Master）：又稱緊急鑰匙，供旅館最高級主管使用，或值班主管使用，可打開全館任何的門鎖，包含辦公室、倉庫、餐廳等。並且可以打開反鎖的房門鎖。

　　中、小型旅館由於客房數不多，所使用的鑰匙通常沒有區分那麼多的層級，視需要區分二至三級，合於旅館本身的特性使用即可。

❖ 作業程序

1.值班的房務部職員或領班或櫃檯員，負責鑰匙的分發及收回，並負責清點。

2.房務員每日領取／繳回，並確實簽名，以明責任。

3.非鑰匙使用者不得領取鑰匙，任何理由不得借用，若有必要，派員為其開門。

4.鑰匙應以金屬鏈繫妥，固定於使用者身上，並且不可以離身。

5.值班主管每日檢查鑰匙領取及繳回情況，遇有數量不符或其他問題，應立即查明。

6.若有遺失而無法尋回，則應立即報告主管，並應將相關之房門鎖更換。

❖ Tips

　　中、小型旅館之客用鑰匙若真的遺失，則整付鑰匙須更換，那麼損失豈不很大嗎？真的需要將門銷全部更換嗎？

　　事實上，更換門鎖無疑是必須的。但是實務上的方式，並非另

購新鎖心，並將換下的鎖心丟棄不用。而是以相互調換的方式，將遺失的房號鎖心更換至另一相隔極遠的房號，即使有心人利用撿來的鑰匙，想要開啓原房號，也無法得逞。但是，中、小型旅館的客房數並不多，總有一間的客房門是遺失的鑰匙可以開啓的，仍有安全上的風險，不是嗎？

但是，如果旅館的安全管理和從業人員的警覺性，差得讓人可以一間一間去試，找出能開啓的房門，那麼真是不多見的情形。因此，上述情形的機率是十分小的，但是理論上並不排除。在此提供一個簡單的作法，可以消弭上述的疑慮及風險。

多準備幾付鎖心備用，將遺失鑰匙的鎖心先換下不用，更換新的鎖心。換下來的鎖心依順序更換編排，每次都以最早換下的鎖心更換至所遺失鑰匙的客房。例如，備用鎖心有 5 付，則於遺失第五支鑰匙後，才會輪到第一次換下的鎖心，這個週期相信是極為久遠的且不易產生可乘之機，畢竟遺失鑰匙的機率並不高。如果備用 3 至 5 付鎖心都嫌不足的話，那麼，這個旅館的問題可能已不只在於鎖心的成本及更換鎖心的方式了。

第 3 節　布巾與洗衣管理

一、布巾管理

（一）布巾之送洗及費用

中、小型旅館，因經濟規模不大，通常不設洗衣部（Laundry Department），都是委外清洗布巾類用品。

與洗衣廠商的委託清洗布巾方式，大致分為兩種：一種方式是飯店自有的布巾，由洗衣廠承攬洗滌業務；另一種方式，是由洗衣廠提供飯店所需的布巾，並承攬洗滌的業務。

　　這兩種方式有什麼不同呢？

　　前者是飯店自行採購所需的布巾種類及數量。布巾屬飯店的財產，由洗衣廠承攬洗滌的部分。這種方式之洗滌數量計算方式，以「種類」和「件數」為計價單位，當然每種布巾的洗滌價格是不同的。例如，床單○元／件，枕套○元／件，浴巾○元／件，毛巾○元／件……，再清點出各種類布巾的數量去相乘，並加總，便可得到當日的洗滌費用。

　　後者的方式為洗衣廠提供布巾，並承攬洗滌的業務。一般稱之為「租洗」，也就是說，向洗衣廠租用所需的布巾，飯店不必自行採購，所使用的布巾也不屬於飯店的財產，洗衣廠有義務提供所指定的布巾品質，以及足夠的種類和數量。這種方式的計算是以飯店每日住宿及休息數量，作為計算洗滌費用的標準，也就是住宿的間數加休息的間數，一般稱為「組數」。當日業績組數乘每組的洗滌單價，即可得到當日的洗滌費用。例如：住宿 100 組，休息 200 組，則共 300 組布巾，乘以每組的洗滌單價，就是當日的洗滌費用。

　　這個方式可以不必去計算送洗及送回的數量，所有的耗損由洗衣廠吸收。在管理上，飯店只需要求洗衣廠的洗滌品質及提供足夠的數量。

（二）布巾的選型

　　談完布巾清洗的方式再談選型，這樣比較容易了解。

　　若採用第一種由旅館業主自行採購布巾的方式，那選用的布巾

質料和等級，當然由旅館決定，洗滌費爲純粹洗滌布巾的費用；第二種租洗方式，布巾的選型與洗滌價格會有關聯，也就是質料佳的布巾，所需付出的租用費用會較高，也就反映在洗滌費上了。

　　一般來說，床單枕套必須要求爲純棉質的，角落印製飯店名及Logo，尺寸必須符合床的尺寸，若有數種尺寸的床，也必須要區分數種尺寸的床單。

　　枕套亦爲純棉材質，若區分內外枕套不同材質，則亦應加以區分。

　　浴巾、洗臉毛巾、擦手小方巾有不同重量的材質，宜選用較厚較重者質感爲佳，顧客使用上亦較舒適。表面緹花Logo，不要採繡花方式，質感不如緹花美觀。以下的規格可作爲參考：

品名	尺寸	重量
大毛（浴巾）	135 × 70cm	600g
中毛（洗面巾）	76 × 40cm	180g
小毛（擦手巾、小方巾）	33 × 33cm	50g
足布	53 × 76cm	540g

（三）布巾的運轉量

　　飯店採購布巾的量，至少要有五套。所謂一套，是指以客房數量計算出的最高需求量。

　　舉例來說，某商務飯店客房數100間，每間單人客房基本配置

的布巾種類及數量如下：

品名	數量
床單	1
枕套	4
被套	1
大毛巾	2
中毛巾	2
小方巾	2
足布	1

那麼一套的量，便是每項種類的量乘以 100 ，總需求五套，再
乘以 5 。計算出的數量是：

品名	數量
床單	500
枕套	2000
被套	500
大毛巾	1000
中毛巾	1000
小方巾	1000
足布	500

若另一家汽車旅館，同樣 100 間客房，每天休息約 2 輪，那麼計算時須將休息的使用量一併加入，也就是說，100 間客房的最大用量是住宿 100 間，休息 200 組，其五套的量是：

品名	數量
床單	1500
枕套	6000（4000）
被套	1500
大毛巾	3000
中毛巾	3000
小方巾	3000
足布	1500

註：實務經驗上，休息僅提供使用 2 件枕套，可酌減為 4000 件。

為什麼要用五套呢？

第一套，鋪設在客房內。

第二套，換下送洗之髒布巾（在飯店之髒布巾收集區）。

第三套，在洗衣廠洗滌之布巾。

第四套，在各樓層服務檯備用。

第五套，新品，在庫房的存量。

這樣的計算方式較為安全。在實際操作上，若洗衣廠運作正常，則一般說來都不會有問題，但若休息量極高，為避免意外狀況發生，可視情形增加一套安全量。

租洗的方式，由洗衣廠控制總量，飯店應特別注意供給量之運轉情形，若有接近不足或有發生短缺之虞時，先以庫房的數量釋

出，並必須協調洗衣廠，將清洗過的布巾立即送回，供應現場使用，事後應檢討運轉總數量是否須增加。

另外，布巾的使用運轉，應規律循環使用，所有布巾的使用率要平均，使用間隔的時間也要平均。對布巾壽命有重要關聯的因素是「疲勞使用」，也就是當天洗滌，當天使用，每天如此使用下去，會加速布巾的壽命減短。布巾送回時應隔天使用，將原有的布巾先行使用，這樣布巾才能得到休息，使用壽命才會增加。

(四) 布巾的壽命

布巾是有壽命限制的。布巾的壽命視其洗滌次數決定，依據標準洗滌方式，各類布巾的壽命如下：

1. 床單類（全棉）：180 次。混紡材質（Polyestor65 ％，Cotten35 ％或 Polyestor50 ％，Cotten50 ％）的材質約 220 次。

2. 毛巾類（白色全棉）：150 次。有色全棉材質壽命稍長些，唯視編織的紗數、尺寸、厚度、結構、密度之不同，所能承受的洗滌次數亦有不同。

3. 口布、檯布類（白色全棉）：150 次。有色全棉材質壽命稍長些，約 180-200 次；混紡材質（Polyestor65 ％，Cotten35 ％或 Polyestor50 ％，Cotten50 ％）的材質約 220 次。

飯店自有的布巾，使用週期內（視清洗次數，通常為兩年左右）正常範圍的耗損（約 1-3 ％，視與洗衣廠約定情形），由飯店承擔，例如破損、遺失等。在管理上，對於布巾使用的數量，必須嚴格掌握，每日送洗多少數量、送回多少數量，一定要清楚，每月須定時盤點，以控制布巾運轉數量及損耗數量。遇有不正常的損耗情

況，必須與洗衣廠協調，查明原因，若為洗衣廠的責任，必須責其賠償，將數量補足，以維正常使用運轉。

（五）布巾之報廢

飯店自有的布巾，經一定的使用期限，呈現老化、破損、染色、變色等情況，應加以報廢，並補充新品。

房務員在平日使用布巾上，應留意絕對禁止將有破損、染色等不合格之布巾提供顧客使用，否則會嚴重損害飯店的形象及水準。主管查房時，亦必須特別留意這個部分。

房務員應將故障的布巾集中起來，有一定的數量後，再統一呈報主管，經主管審查核准後報廢。

布巾損壞情形若過高，可能是洗衣廠的機械或作業方式出了問題，在洗滌的過程中會傷害布巾，應與洗衣廠協調，找出原因，並且將受到損失的部分，責其賠償。

布巾報廢後，應在財產明細中扣除數量。報廢之布巾，可用作擦拭之抹布，但不可直接作為抹布使用，以避免與正常之布巾混淆，以及在顧客的觀瞻上，可能產生誤解之不良印象。應協調洗衣廠作裁切、車邊及染色處理，將這些布巾製作成一定規格之抹布，方便使用及識別，才不致產生問題。

✛ Tips

租洗的布巾，我們怎麼能知道洗衣廠商提供的布巾，使用壽命已經到達，如何要求品質呢？

其實是可以掌握的。第一，管理人員必定了解業績量，由業績量換算。當然要將洗衣廠商提供布巾總共多少套，納入計算。

另外，必須要求房務員將所發現的破損布巾直接淘汰，不再回洗，否則又會回到使用的機制中。那麼至少可以保證，不良品質的

布巾不會循環被使用，而降低旅館的服務品質。

二、制服管理

中、小型旅館的員工數約在 20-100 人左右，人數並不算龐大，因此對於制服的管理，要求並不是太嚴格，通常未設「管衣室」或「制服間」，也不設專責的領班人員管理，並沒有統一具體的作法。由主管統籌負責監督管制。

員工制服的換洗，一般會與布巾收送的洗衣廠一併收送。

常見的作法是，規定一個適當的地點，用以收集換下送洗的制服。員工自行填妥洗衣單連同換洗制服置於洗衣袋內，洗衣廠會隨收送布巾的時段定時收取。收取換洗的髒制服時，亦同時將乾淨的制服一併送回。

由櫃檯人員或房務人員清點確認送回及送洗數量，再將送回之乾淨制服放置於固定的地點，由員工自行取回。

以上的作法屬於較寬鬆的管理方式，必須視員工的規模數而論，若員工數量較少，則可採行。若員工數量較多，便容易發生制服遺失的情事，必須以較嚴謹的方式管理。例如，區分部門，將不同部門的制服，分別規劃在不同的地點放置，減少數量混淆，各部門當值人員必須清點簽收，避免責任不清，發生問題追查時可有依據。

至於是否設制服專責部門及管理人員管理，在人事成本上將會增加，則必須考慮是否符合效益比例原則。

制服是員工的門面，更代表飯店的門面，輕忽不得。

新制服的製作，應採量身訂作方式，部分制服廠商以套量方式，並不理想，經常發生不合身的情形。制服要做得挺，員工穿起來美觀有精神，也會產生榮譽感，對工作的熱情也會相對增加，尤

其是旅館業，更必須注意。

對於洗滌品質應經常注意，有問題應要求回洗，不可馬虎。收送制服的時段及週期，亦應考慮全體員工均能方便為原則，須協調洗衣廠商配合。

主管應經常檢查員工的制服使用情形，發現有特別髒或破損的情形，以鼓勵與榮譽的口吻，要求該員工愛惜自己穿的制服。若有惡意破壞或遺失，應視狀況責其賠償。這部分的規定，可以列入員工守則或員工手冊等相關條文規定，共同遵守。

制服使用週期原則上是兩年加以更換，由於人員的流動率，全面週期更換的意義並不大，但應建檔記錄每位員工之領用日期及數量，逾使用期限時，由員工個別提出申請更換，經審查後准其重新製作。

每月洗衣廠會將洗衣報表彙整送至飯店，主管或會計人員應審核其是否異常。

三、送洗客衣作業

客人洗衣服務是糾紛與抱怨發生比例較高的事務，處理上必須特別留意。由於中、小型旅館大都未設洗衣房，客衣亦委外承攬，在洗滌的品質及技術之掌控較為困難。旅館服務人員，在收送客衣時，應特別留意檢查衣物的狀況，若有瑕疵或可能造成爭議的部分，例如：褪色、染色、鈕釦脫落、脫線、破損等，應事先加以處理確認，並註明事實情況，將糾紛發生的可能性消弭。洗衣商若要求客衣回簽時，亦應配合協助與顧客說明。

另外，洗衣服務是外包給洗衣公司承攬的工作，故在管理控制上，並不能十分即時地支援飯店整體服務機制，接受客衣送洗時應注意時效的問題，將送回時間與顧客作確認。

❖ 作業程序

1. 清楚了解收送客衣時間（以下舉例，依實際情況制定）：
   (1)上午 10:00 前送洗，下午 8:00 送回。
   (2)上午 10:00 以後送洗，隔日 10:00 送回。
   (3)星期日不收件。
2. 洗衣服務分三類：
   (1)水洗（Laundry）。
   (2)乾洗（Dry Cleaning）。
   (3)燙衣（Pressing）。
3. 客人送洗衣物，由房務員至客房取件；也有可能客人自行將衣物交至櫃檯。房務員應清點衣物之數量，確認客人所填之數量及洗衣類別是否正確，若衣物本身已有破損或褪色等現象，應與客人確認，並記錄於洗衣單，請客人簽認。櫃檯人員當時狀況若不允許在櫃檯內作清點動作，應呼叫房務員處理。
4. 依程序交洗衣商清洗。
5. 洗衣商若發現問題，需客人回簽，房務員應判斷情況，給予配合。
6. 客衣送回時，掛式的衣物掛入衣櫃之吊桿，折疊式的則依規定置於床上或適當的位置。
7. 遇 DND 的客房，應以卡片塞入門縫內，說明因 DND 無法將客衣送回，並請顧客於解除 DND 後，通知櫃檯（或房務部）立即將客衣送回客房。

第 4 節　房務資源管理

一、出借物品之處理

　　飯店爲提升服務的水準，平日會準備許多未列入客房備品或標準設備的物品，或是所提供的標準數量以外，在客人有需要時會向飯店借用，例如：(1)轉換插座；(2)變壓器；(3)各式充電器；(4)延長線；(5)熨斗、燙衣板；(6)檯燈或其他燈具；(7)花瓶；(8)較多數量的衣架；(9)較多數量的毛毯、羽毛被；(10)餐飲用品；(11)電腦周邊設備（網路設備、儲存設備、印表機等）；(12)其他。

　　這些設備或物品，通常視顧客的需求和飯店服務的政策而定。當然，顧客有需要的，尤其是需求頻率較高的物品、設備，飯店都應準備。這些物品及設備除餐飲用品外，大都由房務部門保管及管理，若未設房務部門的飯店，則由櫃檯部門負責管理，但不論由何部門保管，其處理流程應爲一致。

❖ 作業程序

1. 當客人需要借用時，應由該樓層房務員至保管單位領取，保管單位應作登記。
2. 房務員將物品送至客房，並請房客在借用單上簽名。
3. 將借用單保存於樓層服務檯。
4. 客人 Check Out 時通常會將借用的物品留於客房中，房務員應自動將物品歸還保管單位並銷帳。

✛Tips

出借物的處理流程，在現代旅館作業中，其重要性已降低。

一般性的布巾、餐具等之借用，毋須填寫借用單。至於熨斗、電熱水瓶這類的電器，早期有些旅館因考慮用電安全的問題，並未準備這些物品出借給住客。但以現今的飯店服務方式，作法觀念上均已不反對住客使用這類電器用品，並且有些飯店已將熨斗列為客房標準設備，常態性配置於客房內。

另外，現代旅館講求精緻的服務，尊重顧客為優先。一般物品的借用，是否仍延用傳統必須請顧客「簽認」的作法，已漸漸為重視服務的旅館管理者所捨棄，僅以內部記錄交接即可，並不要求顧客簽名，以示對顧客的尊重。目前仍有部分以團客為主的旅館仍採行傳統程序作業，以便管理。因此，須視旅館的特性，制定合於旅館自身經營特性的制度。

二、倉庫管理

倉庫的管理，若僅涉及客房部分，事實上並不複雜，若另設有稍具規模的餐廳的，則會較為繁複些。

中、小型旅館，倉庫可由會計人員兼任，甚至主管兼任的情形也常見。因此，若情況許可，在規劃倉庫位置時，應考慮與辦公室相鄰，會使倉庫管理與進發貨程序更順暢些。

規模較小的飯店則可能只有一個倉庫，亦可依照貨品類別區分若干貨區或是貨架，加以分門別類，各貨區及貨架應標示貨號、品名等資訊。規模稍大的飯店，其備品及用品較多，倉庫依照貨品性質，區分為若干倉庫，例如：器皿倉、五金電器、客房備品及清潔用品等。

進貨及出貨應採「先進先出」法，即使規模不大，貨品不多，

毋須區分批號，但仍須注意有效期限，先進的貨品先使用，不可混淆造成貨品過期。

各類貨品應建立安全庫存量，凡低於安全量的品項應及時叫貨補充，以免影響現場營運。安全庫存的制定，應考慮貨品的消耗率及在途週期。也就是說，消耗量越大或在途期越長的貨品，其安全庫存量應越大。

通常倉庫管理人亦兼任採購叫貨的工作，根據飯店營業的情況，在安全量無虞的情況下，以少量多次的方式進貨，一方面不必占據太多的倉庫空間，一方面也不必積壓過多的貨品成本。

第 5 節　維修與報修

一、中、小型旅館的維修體系

大多的中、小型旅館未設具規模的工程部門。其維修之機制為，由水電工並配合設備供應商或特約保養維護廠商實施維修。

水電工有兼任與專任兩種，視旅館規模而定。兼任的水電工，費用較低，可要求定時來飯店巡查及維修。也有些連鎖飯店，兩、三家合用一位水電工。專任水電工則在值班時間內均可實施維修工作。不論何種方式，水電工均應在緊急狀況發生時，可及時趕至現場，排除故障。

另外，小型旅館之主管人員，對於基礎的工程，應有一定的認識與維護技術。通常小的故障，在水電工值班以外時間，主管人員應有能力排除，或暫時設法使之正常運作。常見的狀況，例如馬桶故障的處理、水塞故障的處理、電視故障的處理、按摩浴缸或三溫

暖烤箱跳電的處置、弱電自動控制器故障的處理、空調系統的開啟與冷暖氣的切換等，均非專業技術才能處理的狀況。只要平日多加留意，都可以處理得很好，並且可解決當時的燃眉之急。主管對於飯店各項設備之熟悉程度越高，解決問題的能力越高，將越受到員工的尊敬。

報修單之處理

　　為維護飯店每一項設備、機具、用具維持最佳功能狀態，發現任何之故障或損壞應在第一時間報修，不可拖延報修時機。

　　樓層房務員、公共區域清潔員、櫃檯員等，依所負責之區域範圍，遇有故障、損壞之設備或機具、用具等，應填具報修單，一聯送櫃檯，一聯存檔。

　　水電工每日應定時至櫃檯查看報修單情形，並立即維修，將維修妥善的項目註記 OK，並由櫃檯存檔備查，若一時無法立即修復或待料，亦應註明原因及處理日期，並繼續追蹤本項待修事項。

　　遇有設備與廠商訂有保養維護合約，或部分較專業之維修、水電工所無法勝任的項目，則聯繫供應廠商派員前來維修。廠商之維修情形亦須作成記錄。

　　有些飯店維修項目較少，以維修本作記錄。各部門以電話通報櫃檯統一記錄於維修本，並負責叫修之協調與管理，屬較簡易的作業流程，也很常見，適用於規模小的飯店。

　　維修單之存檔，應定期加以統計分析，遇有經常維修之項目，須檢討原因，並尋求有效之改善方式。

二、定期維修保養

　　旅館管理之定期維修保養項目繁多，且週期不一，管理階層應

確實管制維保實施之情況，清潔類的屬房務部門負責，機電類的屬工程部門負責，有委外亦有自行辦理，視旅館之維保政策及能力而定。

主管人員應製作「維保行事曆」計畫。以月為單位，將年度之定期維修保養事項，編入行事曆計畫中，每月依行事曆計畫所排定之項目逐項實施，則不易發生疏漏。

自行辦理之項目，由主管人員督導房務員或水電工實施，完成後作成記錄備查；委外部分，則由維修廠商實施完畢後，由主管人員驗收，並請維修人員在記錄表上簽名，以利管制追蹤（**表 7-1**）。

表 7-1　定期維修保養項目及週期表

項次	項目內容	類別	週期	委外或自行辦理
1	消防系統委託代檢	消防	每月檢查，每半年申報管區	委外
2	環境消毒	清潔	每月	委外
3	地毯清洗	清潔	公共區域每月，客房 2-3 個月	委外
4	發電機系統	機電	每月	委外及自主
5	鍋爐	機電	每半年-1 年	委外
6	空調送風機	機電	每年	委外
7	空調冷卻水塔	機電	每月	委外
8	空調主機	機電	每 3 個月	委外
9	水電系統	機電	每月	委外或自行
10	電腦系統及房控	電腦	每月	委外
11	客房家具布面清洗	清潔	每 3 個月-半年	委外
12	公共區域家具布面清洗	清潔	每半年	委外
13	招牌	機電	發生故障	委外
14	大理石拋光	清潔	每 3 個月-半年	委外
15	水塔、蓄水池清洗	清潔	每半年-1 年	委外
16	化糞池抽水肥	清潔	每年	委外
17	昇降機保養	機電	每月	委外
18	外牆清洗	清潔	每年	委外
19	庭園景觀	園藝	每月	自行或委外

服務與安全篇

第八章

服務管理

第 1 節　基層從業人員的職能觀念與態度

一、認識旅館工作的意義

　　真誠而熱情的態度，是顧客所感受得到的，且通常會因此而受到感動。如何表達你的真誠呢？真誠，是一種態度，是一種信仰，是你內心的思想！你想的是什麼，就會流露出什麼樣的訊息。它會從你的眼神、態度、語氣、措辭、肢體語言（手勢動作）中自然顯露，而散發出來。不需要刻意表現，也不能隱瞞。你是真誠的，就是真誠的；你不是真誠的，就不是真誠的。你自己了解，顧客同樣也能了解。所以，真誠是最重要的。

　　真誠的服務，是對工作的認同，對自己的尊重。你選擇這份工作，要能了解這份工作的意義。

　　旅館的領域是極為專業且高尚的，目前全世界有數以千萬人從事這個行業，更有無數的學術機構、著名大學、高階從業人員、研究團隊等，戮力研究改善流程和技術的知識，不斷地研發改良，實驗及印證，未曾間斷。所以，旅館的服務技術與觀念，因此而不斷進步，旅館事業的發展亦不斷向前超越。

　　今天你選擇了旅館的工作，你願意在這個行業中貢獻你自己。然而，你是不是認同這個行業，是不是尊重這份工作，你自己最清楚。但是，從你的工作態度和表現中，你的顧客、你的主管和老闆，其實也都會清楚！

　　前面提到，有無數的專業人員，為了旅館的進步，不斷研發改革，才致使旅館業的向前推進，這群人是極度認同旅館這個領域

的。所以願意花大量的時間不斷去研究，追求更先進的技術和觀念，就因為有這些先驅，才能創造出今天優良的旅館環境和操作技術！

旅館是一個社會，一所學校，一個家庭。如果我們真正決定踏入這個領域，就應義無反顧地去認真工作、認真學習，並且將旅館當成一個大家庭，自己是這個家庭成員的一份子。

你希望你自己能在旅館這個領域中，扮演什麼角色呢？一個過客？甚至一個痛苦的過客？或是努力且快樂追求理想的旅館領域的開拓者？全憑你自己的觀念和認知了。這是所有的旅館從業人員在踏進旅館這個領域前，都該思考的問題！

你思考過了嗎？如果你已真正認同這份工作，決心投入這個領域當中，充分發揮你的才能和熱情，那麼，我們正張開雙手，歡迎你投入這個行業！

二、認識產品的特色

旅館的工作和產品，有幾個特色，這些特色是從業人員必須把必握的。

第一個特色，旅館的工作是連續不間斷的，一天 24 小時都在進行，不曾間斷。所以，服務的工作必須持續，而服務人員會以接力的方式，持續提供不間斷的服務工作，所以「交接」對旅館的工作而言是極為重要的，每一班的人員，要將重要的、或正在發生的工作、或預計要發生的工作，交代給下一班人員，繼續來完成，周而復始，不斷重複「交」和「接」的動作，這就是旅館工作！

第二個特色，旅館賣的是客房、餐飲，還有服務！

第三個特色，商品的數量是有限的，而且是每天固定的。今天賣不完的，不能留到明天賣，當天賣不掉的商品，就成為無法彌補

的損失。例如，某飯店有 100 間的客房，若留下 10 間沒賣掉，到了第二天，你的房間數量並不會變成 110 間。你能賣的，也就是 100 間。而不能累積到 110 間，若隔天都賣完，便可以補回前一天的損失，這種概念在飯店是不存在的。 100 間房間，每天最多也就是這 100 間可以賣（暫不談極少的超賣情況）。空房並不能累積，即使 100 間賣完了，想再努力多賣點，也沒有機會。所以每天的 100 間，都是最重要的，不能懈怠，不能有「今天少做一點，明天努力多做一點補回來」的觀念，充分把握每一天的工作，才是創造優良業績的不二法門！

三、樂在工作

快樂地工作，快樂地學習。

從事旅館工作的價值，是單就薪水或利益的角度來衡量，或是在於工作中的使命感和成就感，便是要靠從業人員本身的觀念和理想性加以判斷。若以前者的心態，想要做到「快樂地工作，快樂地學習」這個目標，恐怕有些困難，唯有「成就感」才能使我們快樂。

從旅館的工作中獲得成就感，不外乎「心態」而已。具體地說，必須具備以下的觀念，缺一不可：

1.旅館業是專業的工作。
2.全心投入工作。
3.具榮譽感與上進心。
4.我喜愛旅館的工作。

中、小型旅館的工作中，大部分都是前場的服務性工作。這些服務都是極為專業的，無論服務的作業流程、紀律、技巧、語言、

姿勢、態度、服裝、儀容……都極為講究，並且有一定的標準。通常這些「專業組合」所呈現出的服務，大都能贏得顧客的肯定。但也常因為某些因素，使我們遭受責難，影響我們的心情。問題是，從業人員應如何看待這些責難與不順利的情況呢？客人的抱怨必有其原因，是我們錯了，則立即改之；若是客人誤會了我們，也必須坦然以對，以更開闊的胸襟面對加以釋懷，並不會因為這些責難而減低我們對旅館工作的熱情。

就像是有些顧客被從業人員定義為「澳客」或「難搞的客人」，服務人員看見他們，都敬而遠之，甚至暗地咒罵他們。他們習慣性地嫌東嫌西，抱怨這抱怨那，但是他們仍舊經常光顧我們的飯店。事實上，這說明什麼？這意味著我們的服務終究比別人好，別家飯店「搞不定」的客人，我們搞得定。因此他便捨棄別家飯店而選擇我們的飯店，這是一種肯定，是一種讚許──對於我們專業的肯定，對於我們服務的讚許。否則我們可能早就失去這位客人，根本沒有機會聽到他的抱怨與責備。因此，不要將服務這些難搞的客人視為畏途，要更積極地表現我們的熱情，拉近和他的距離，以真誠化解他的成見與不滿。

專業的服務工作是持續不間斷的，即使服務人員有下班時間，但是服務是沒有下班時間的。因此，旅館從業人員對於顧客的服務，肩負著使命，必須力求達成，難免會耽誤下班或休息時間，但是若從業人員內心已產生使命感，那麼又怎麼會在乎那一點點的時間？會因為顧客耽誤你一點時間而產生不悅，對於工作抱怨不已嗎？當這些使你不愉快的因子全部消失後，你又怎會不快樂呢？

呼應亞都飯店總裁嚴長壽先生說過的話：「我們是紳士淑女服務紳士淑女。」這句話說得很好。的確，旅館從業人員都應該將這句話作為工作時的心情寫照。我們喜愛每一位來到飯店裡的顧客，

他（她）們就像是紳士與淑女一般，令人欣賞愛慕。我們盡主人之誼，提供最好的食物、設備與服務給我們的紳士淑女客人，客人的滿意，便是我們做主人的最大喜悅，哪怕是一個愉快的微笑、一句由衷的「謝謝」，就是對我們最大的的肯定與鼓舞。

今天我們很開心，因為我們服務了許多的紳士與淑女，令他（她）們帶著滿意離去，也讓我們在這個過程中學習進步。我們的專業因此而更加增長，這是多麼令人興奮與喜悅的事情！

四、做一個快樂的服務人員

前場的服務人員工作是活潑而多變的，櫃檯人員需要有高昂的士氣和鬥志來迎接各種狀況。所謂「顧客來自熱情的員工」，事實上，任何的廣告與促銷，其效果都不及員工熱情親切的表現。顧客直接感受到真誠的關懷，那便已不是廣告辭令、不是包裝技巧、不是促銷花招……，那是一種真實的情感訊息的傳遞，當人直接感受這樣的情感存在你我之間。顧客產生溫暖窩心之餘，也會將這種感覺投射在服務人員的身上，相互間的互動變得微妙而豐富。也因為相互投射良善的因子，環境的氛圍產生祥和而愉悅，工作不覺得辛苦，反而是十分快樂的事情。

前場服務人員的工作情緒必須高昂、快樂，樂在工作，從工作中得到樂趣，這樣才能把工作做好，才能讓顧客感受到喜悅、誠懇的態度。要保持愉快的心情，必須要努力的工作，一個好的服務人員，努力工作是基本的，努力工作會得到你的主管的欣賞和重視，會增加你的成就感。但這還不夠，只有主管的欣賞，而得不到同事的認同，你仍然不能真正快樂地工作。讓「同事喜歡你」和讓「主管喜歡你」同等重要！

如何得到同事的認同歡迎呢？很簡單，要學會照顧他人，不論

你擔任何種職務，不論你是年輕或年長者，唯有懂得照顧他人的人，才會真心地照顧客人。在工作上，行有餘力時要儘量幫助其他同事，工作時順手的動作，可主動補強同事的不足或失誤，這樣做會得到同事的歡迎。當然，相互幫忙是限於正常的狀況下，並不是完全沒有原則的，對於弊端是不能姑息或隱匿不報，鄉愿反而會危害整個團體，這點是必須注意的。

你在團體中成為受歡迎的人物，那麼你自然會心情愉快，神清氣爽，工作更加得心應手，你就越發喜愛你的工作。而工作表現也就越來越好，態度越來越積極。那麼，下次加薪升遷的人選，就非你莫屬了。這就是為什麼工作的情緒，會影響你導向良性循環。反之，則惡性循環，那麼其結果絕對是反向的。其實，現在說的這些並不是僅適用旅館工作，是任何職場都適用的法則，你若能真心體會，必能受益。

五、服務的心態

服務的動機，是一種心態的表現。

執行服務工作時的動機，其實是由多種心態與想法組合產生的。可以將這些心態分類來看，有部分的從業人員，應該是這麼想的：

1.這是我的職責，所以我必須去做。

2.我儘量去做，希望客人別要求太過分。

3.規定怎麼做，我就怎麼做。

4.做--天和尚，撞一天鐘，什麼工作不都是一樣。

5.工作嘛，幹嘛想這麼多啊，最重要的別出錯就好。

6.小心點，我需要這份工作，如果工作沒了，要再找一份工作

不是那麼容易。

7. 被客人抱怨，是一件很倒楣的事，最好別發生在我身上。所以，要小心一點。

8. 八小時一過，今天又賺到了。

9. 眞倒楣，遇到這種客人，下次看到他先閃遠一點！

10. 爲了爭取小費，討好一下客人吧！

也有些從業人員是這麼想的：

1. 多做一點，可以取悅客人，讓客人高興些。

2. 客人對於我的服務，好像還蠻滿意的，這個工作挺有意思。

3. 客人花錢消費，本來就應該得到這些服務，我提供這些服務是理所當然。

4. 我喜歡別人稱讚我，所以我得賣力點。

5. 如果我做得好，會使老闆賞識我。

6. 這種服務是專業的表現，不用心還做不好呢。

7. 我們的服務是最棒的，別家根本比不上，我感到很有榮譽感。

8. 如果被客人抱怨，眞沒面子，表示我的專業度和責任心有問題。

9. 客人開心，我就開心。

10. 客人給我小費，一定是他對我的服務感到滿意，眞開心！

無可諱言，市場上這兩種心態的從業人員都存在，並且前者類型的比例還不算少。

服務業最重要的資產便是「人」，而從業人員的心態，直接影響服務的品質。因此，服務業的發展仍有努力的空間。不論對於業

主、主管人員或基層人員，都是一門極為重要的課題。

我們既然選擇了服務業，就應下定決心做好這個事業，如果還在徬徨而舉棋不定，只會阻礙你的成長。只要有心，在工作心態與工作技術上，便能有所調適與進步。如果心態與技術都沒有問題，那麼在業界成為一名佼佼者，又有何難？不論任何職務，用心投入，必定會有相對的回饋。

從業人員的服務心態，將直接影響服務的水準與品質。好的服務在於真誠和主動。在顧客還沒有提出要求之前，主動提供所需要的服務，這種服務是最好的服務；等顧客提出要求後，盡力滿足顧客的需求，這只能算是次好的服務。若是連顧客具體提出要求後，仍不能提供滿意的服務，那便是差勁的服務！

主動又貼心的服務是很重要的，這些服務可能是很簡單的動作，但是其產生的攻心效果，更甚於旅館所提供的標準服務內容中的任何一項。當你看見顧客匆匆忙忙地走出飯店門口，才發覺外面正下著雨，又折返回來，這時他需要的是什麼？雨傘！那麼若是你已追上去，將雨傘遞給客人，這種感覺會非常窩心，你會換來顧客真誠的謝意；顧客正在聽電話，突然似有所需要，要記錄什麼事情，這時他需要什麼？筆和便條紙！若你及時遞上筆和紙，客人必定感受貼心的服務，從顧客投射的眼光中，你將充分感受到顧客的謝意和讚賞；在允許吸煙的區域，顧客剛拿出煙，這時他需要什麼？打火機！若立即將火打著在他的面前，是不是有禮又貼心呢？顧客必定回報以微笑和謝意。

通常顧客不會告訴你他們的需要，所以，前場的從業人員應具備敏銳的觀察力，「在瞬間看穿顧客的內心渴望」，「設想在顧客的前面」，發揮高度的「讀心術」，那麼必能攻略顧客的心，自然能擄獲顧客的心。

六、愛惜自己的羽毛，提高自我要求的標準

謹慎行事，剛正不阿，不僅品德操守絕不能有任何瑕疵，工作技術的精準度亦必須掌握。保持高水準的工作品質，凡事不能只做一半或交差了事，一定要全力以赴，達到完美的境界。建立主管及同仁的信任感與良好評價，提高自己的做事標準，儘量做到滴水不漏。不容許發生一次的失誤，而將長久累積的信譽大打折扣。如此嚴格律己，將使自己的形象提升，實力大增。或許部分從業人員認為難以達成上述的結果，其實事在人為，在乎有心而已。只要有心，任何人都可以達成目標，過去是如此，現在亦是如此。

七、最麻煩的事，攬在自己的身上

工作中，難免發生麻煩或棘手的事情。這些事情大家都不願去做，這時若是能挺身而出，將這個工作接下來，並且付出耐心與智慧，圓滿解決這個難題，必然得到掌聲。這樣做有助於使你得到同仁的愛戴與友誼，並且能展現你的能力，得到主管的賞識。另外一方面，你又因此累積了寶貴的經驗，增加了處理事情的能力。如此一舉數得的事情，只有聰明的人才懂得去把握。也唯有這樣的人格，才具備擔當重任的特質。

八、時時要作好擔任主管的準備

主管的言行是下屬模仿與學習的目標。多觀察主管的處事技巧與觀念，將有助於自己專業程度的提升。主管的工作與基層人員不同，對於事情的看法與著眼點亦不同，通常主管也都是從基層晉升，都能了解部屬的工作內容與心態。由於主管處理事情的角度是站在整體的利益考量，並就長遠的影響亦必須詳加評估，不能忽

略。因此其視野格局較爲宏觀，所做的結論會更周延而穩重。這是基層人員大都未具備的特質。一位優秀的從業人員，應多觀察主管處理事務的技巧與模式。反覆思索揣摩，對於自己的進步，是相當有幫助的。

世代交替，人人都有晉升主管的機會。但是，問題是你準備好了沒有？你作好擔任一個主管的準備了沒有呢？機會永遠留給準備好的人。

你的老闆和主管，也都能看得出你是否已經準備好了，是否足以擔負主管的責任。因此，平日多加學習，充實自己，累積擔任更高職務的能力，並且發揮在團隊中積極正面的影響力，在工作及品德上，都足以成爲表率楷模。那麼，自然能脫穎而出，成爲第一人選。

第 2 節　管理階層人員的職能觀念與態度

一、實力決定地位

要成爲一個有實力的領導者，應包含的因素有：

1. 專業。
2. 態度。
3. 領導風格。
4. 敬業精神。

身爲管理人員，對於工作中所作的決策或建議，是否能得到老闆的全力支持，成爲日後推動這項政策的後盾。答案若是否定的，

那麼先別急著否定你的老闆，試著檢討一下自己平日的工作是不是出現了什麼問題，專業度、敬業度是不是有所不足，做事的態度是不是有什麼問題？

又或是當主管推動某項政策時，是否能得到部屬的支持，並且心悅誠服地接受主管的領導。答案若是否定的，那麼，作為一個主管，是否應檢討自己的領導風格是不是有什麼問題？

唯有不斷充實自己，使自己不斷進步，才能提升專業程度；並且全心全意地投入在工作中，以包容寬大的心對待部屬，才能贏得上司、下屬的信任與尊敬。

客觀的說，身為旅館的管理階層，為旅館貢獻度有多少、員工對你的需求有多少，這些基本的概念會反映在工作之中的互動之中。這是一個主管平日工作的績效，日積月累而來的，並非一蹴可幾，也是真實反映主管地位的一面鏡子。是否能贏得老闆的信任與部屬的愛戴、是否充分被肯定──你的地位，決定在你有多少實力。

二、把自己當成一位挑剔的顧客

顧客的基本五種感官需求：

視覺（Sight）：讓眼睛（Eyes）看到清潔整齊的環境。

聽覺（Hearing）：讓耳朵（Ears）聽到美妙的音樂。

嗅覺（Smell）：讓鼻子（Nose）呼吸到清新的空氣。

觸覺（Touch）：讓四肢（All Fours）接觸到舒適的設備。

味覺（Taste）：讓舌頭（Tongue）嚐到美味的食物。

可引申為飯店從業人員的基本感官訓練：

視覺（Sight）：不要讓眼睛（Eyes）習慣骯髒的環境。

聽覺（Hearing）：不要讓耳朵（Ears）習慣異常或嘈雜的聲音。

嗅覺（Smell）：不要讓鼻子（Nose）習慣不良的氣味。

觸覺（Touch）：不要讓四肢（All Fours）習慣不舒服的設備。

味覺（Taste）：不要讓舌頭（Tongue）習慣味道不佳的食物。

以上的標準，放諸四海皆準，任何人皆然。當你付出相當的金錢代價所換得的享受，是否值得？你所看到的、聽到的、聞到的、觸摸到的、嚐到的……，都是你滿意的期待值嗎？有沒有任何的不滿意，甚至厭惡呢？如果有，那麼主管便仍有努力的空間。

現場主管人員必須具備對生活高度的敏感度，因為現場主管負有照顧全館客人的責任。因此，必須比一般人更懂得生活細節，具備更高的敏感度。客人尚未提出的需求，要先一步提供，令客人感受貼心；客人尚未感受到的問題，要先一步發掘，進而解決。

旅館內哪裡髒了，需要清潔保養；哪裡故障，需要維修；哪裡有異聲，要找出原因；哪裡有異味，要想辦法消除；物品位置歪斜，順手扶正；天熱，要開冷氣；天冷，要開暖氣；節日到了，要表現節日氣氛；雨天，要準備雨傘、傘套；天晴後，要記得收回；促銷活動，要精心佈置，活動完畢要回復原狀……零零總總，都是細節，都必須靠敏感度感受，並作妥善處理。使旅館處在完全正常的狀態，顧客身心保持舒適愉快。

就以空調這件事來說，常見到旅館的主管人員敏感度不足，不是將冷氣開得太強，就是開得太弱；室外氣溫並不高，而館內的冷氣卻開得很強，把許多客人冷得不舒服，既耗費資源，又惹來罵聲；另外，也有氣溫很高，冷氣卻不足，讓客人個個揮汗如雨，火氣直冒。這種管理基本上是失敗的，即使有再好的硬體設備，也扳

不回顧客的惡劣印象。

冬季寒流來時，開暖氣，使館內溫度提升，目的是增加客人的舒適。但是，暖氣開放時，則全館均為暖氣，較容易造成悶熱的現象，甚至令人有窒息感。大多數的中、小型旅館的空調系統管路，都是單管處理，所以冷、暖氣不能同時存在，必須切換主機的「冰水／熱水閥」，以改變開啓冷氣或暖氣。開啓暖氣時，若是不隨時加以注意，調整適量的強弱，較容易造成顧客不舒適的感覺，這些都是現場主管應特別注意的部分。

三、讓顧客感到「賓至如歸」？

有許多人常說，旅館要讓顧客感到「賓至如歸」。並且，許多旅館業的從業人員，也都以此作為努力的目標。但部分的管理，這個目標並不適用。怎麼說呢？

服務，可分為「軟體」的服務和「硬體」的服務；也可以說是「人」的服務和「物」的服務。二者的目的都是服務，但表現的方式卻並不相同。

人的服務，涉及到從業人員的專業技術、敬業態度和公司文化等因素，一個專業的服務人員，提供周到、親切的服務，與顧客產生良好的互動，甚至與顧客話家常，抒解思鄉之情與工作的壓力，會令顧客感到愉悅、滿意，甚至感動。尤其以一個身處他鄉異國的旅行者，受到如此親切的招呼與熱情款待，必定感受深刻。也就是說，服務人員的親切與熱情，就像家人一般。來到如此的飯店，像是回到自己的家裡，受到家人的體貼與關懷，很自然產生所謂的「賓至如歸」之感。旅館做到如此水準的軟體服務，是人員服務的最高境界。

另外一方面，是硬體的服務、物的服務。指飯店的裝潢、設

備、設施、用品等，是否能讓顧客滿意，產生舒適與滿足感。這部分的服務，千萬「不要」讓顧客有賓至如歸之感！旅館的設備無論品質、設計風格及清潔度等，均為「專業」水準。既為專業，則與一般家庭有所不同。說得更明白些，當然必須比一般住家更講究、更豪華、更具質感。如此，顧客消費才覺得有價值，甚至產生「物超所值」之感。倘若旅館之設備與設計，甚至清潔水準都與家庭居家生活類似，沒有任何特別與驚喜。那麼顧客何來享受之感，又何需來旅館消費？少數的旅館在家具、衛浴設備、裝潢格調或是用品等方面，表現得過於家庭化，這樣的旅館必然稱不上高級專業品味，可謂極失敗。因此，經營旅館在硬體設施的品質與設計風格上，一定要呈現專業、特色，提供顧客一個不一樣的住房感受，絕對不可以像「家」一樣，賓至如歸。

四、最基本的管理標準和堅持

以目前社會的變遷和價值觀的改變，人力市場產生很大的變化。員工的管理之複雜度與技術均大大地提升，許多企業面臨人才不足的窘境。「人不好請」，已成為許多主管的夢魘。因此，在管理上需要付出更多的關懷，與員工的互動需要更加良善，是極為重要的。

在任務工作繁重的情況下，主管在要求的標準上，多少可能作某種程度上的安協。但是可曾想過，什麼事情可以安協，什麼事情永遠不能安協？這個意思是指，如果主管失去了某些原則，不能堅持最基本的標準，那麼可能所有其他曾做過的管理，都已沒有意義了！

你能保證你的員工不會將乾淨的布巾直接放置於地上，甚至是浴室的地板上？不會用髒抹布擦拭杯子？不會用髒足布擦拭洗臉

檯？不會用馬桶刷刷洗杯子及煙灰缸？

像這些情形，若是被客人目睹，那麼誰還敢來你的飯店？反問你自己吧，你敢住這樣的飯店嗎？敢用這樣的毛巾、這樣的杯子嗎？飯店的房務管理，若是到了這種地步，可說是徹底的失敗！

因此，管理工作與操作程序，必須理論和實作並重。除了考慮作業的標準規範之外，流程的合理性和可操作性也是重點！尤其是與顧客相關之規定、作法與政策等，更必須小心制定、謹慎執行與確實檢驗。依據流程指導所敘述的步驟和標準進行操作，主管也依此流程標準檢驗和要求，必定是好的管理！

五、走動式管理是最有效的管理

中、小型旅館由於主管幹部人數較為精簡，主管人員管理的涵蓋面極廣，從客務、房務、工程、安全、人事、財務等，都必須納入主管管理範圍。因此，必須主動出擊，發掘問題並消弭問題。力行走動式管理，是最有效的管理模式。唯有不斷地關心每一個細節，才能真正發掘問題的所在。

一日當中的工作時間內，應劃分 60 ％以上的時間，在於走動管理上。

值班期間，必須不斷地巡查，掌握全館的狀況，發掘潛在的問題，並加以防制與解決。快速的反應，作適切的處置，是主管人員應具備的職能，在走動巡查的過程中，可以了解員工的勤惰、顧客的動態、業績的變化、設備的異常、安全的維護等資訊，隨時可將不良的因子改善或去除，保持旅館的最佳狀態。

員工的工作士氣，直接影響對顧客的服務品質。情緒的問題，若是未適時疏導，而不當發洩在工作中，對於旅館的經營將有極大的負面效果。因此，主管人員對於員工工作士氣的掌握，必須極為

留意，經常與員工接觸，在工作的空檔，與其話家常，了解員工是否有影響工作的情緒存在。適當加以安撫與疏導，必要時給予協助，解決其困難，使員工安心於工作。對於士氣的提振，將產生莫大的助益。

房務的檢查，除缺失的指正與改善外，亦負有了解工作中所產生的技術或流程問題的意義，以作為改良精進作法的重要依據，獲致更佳的工作效率。

安排適當的時段，在大廳待命，觀察顧客動態，與顧客親切招呼，並且迎接新的旅客到來。認識客人，也是主管人員重要的課題，從走動管理中，亦能收此效果。

停車場的運作是否正常、是否符合作業紀律、有沒有安全的問題、泊車人員的精神和禮節是否標準，必須經常性地觀察與了解。改善不良的流程與缺失，防杜可能發生的問題。並且，從顧客的座車中，亦可幫助了解顧客的屬性分析。

從走動巡查中，安全維護方面相對得到了更高的保障。主管人員的安全敏感度，應是全館從業人員中最敏銳的，任何有可能影響安全的因素，看在主管的眼中，都是一項必須被注意、被排除的事件。因此，注意旅館中的每一個角落，隨時發現任何異常：異常的聲音、異常的氣味、異常的現象等，舉凡針孔攝影機、危險爆裂物、易燃物、異常的飲料包裝、燃燒的氣味、異常的人員進出或其他非法物品之藏匿，應加以主動發現，並作適當處置，以免造成更重大的災害。

六、不要害怕作決定

做一個有擔當的主管是不可以害怕做決定的。

做了決定必須負責，不論成敗對錯，要由做決定的人承擔負

責，這個人就是主管。在適當的時機做適當的決定，應是主管的基本素養。害怕做決定的主管，一定不是一個好的主管。

做任何決定前應深思熟慮，一旦做出決定，則應義無反顧，積極執行與要求。沒有一件事件是完美無缺點的，只要是對的事情，即使遇到阻礙或抗拒，應堅持信念，不輕言放棄，才是一個主管的風範與擔當。當然，即使有經驗的主管，都有可能做出錯誤的決斷。當你認真並且客觀評估，確實是錯誤的決策時，那麼更應勇敢地做出「更正」的決定，因此所產生的善後問題，不應推諉責任，要勇於承擔，才是有擔當、負責任的態度。如此，更能贏得部屬的尊敬與愛戴。

越怕作決定的人，越容易做錯決定。唯唯諾諾與軟弱，逃避責任，任由部屬無所依循，只有陷部屬於不義，終將鑄成大錯，這樣的主管是極不負責任的。事實上，不論部屬的任何錯誤，就是主管的責任。所以，根本是逃避不了的。

要能在最短的時間內做出正確的決定，的確不是很容易。透過經常的學習，分享他人的經驗，並在錯誤中吸取教訓，則能增加自己的智慧，在需要做決定時，便能發揮最佳的決斷力，做出最適切的決策。

七、永遠不要在員工面前抱怨

在部屬面前抱怨，是最要不得的。只會暴露主管的弱點而已，顯示主管的無能，並且會因此產生其他的負面問題。任何的不滿，不論來自顧客或老闆，抱怨非但解決不了問題，反而影響部屬的工作士氣，或將部屬的怨氣合理化。於是，部屬得到主管的「一個鼻孔出氣」的支持，會有好的態度去面對顧客嗎？或能對公司產生更好的向心力嗎？那麼，主管是在解決問題，或是製造問題呢？長久

下來，部屬的工作士氣將大受影響，經營管理上必定受到負面影響。

所謂主管，便是具有人氣度、大格局的人，要能分辨事情的輕重。什麼事情可以適當動怒，什麼事情應該忍耐。在對的場合做對的事情，這才是成熟理性的主管應有的氣度與風範。

不僅不能在部屬面前抱怨，更要化解與解決部屬心中的抱怨。同樣遭受一件不合理的對待，部屬表現得慷慨激昂，情緒受到影響。這時主管要做的事情是，控制自己的情緒，並且極力安撫部屬的情緒，鼓勵部屬，或接手部屬的工作，讓他暫時離停開冷靜一下。並且積極尋求圓滿處理的方式，將問題解決，事後再給予部屬安慰與鼓勵，化解其不良情緒。即使主管內心的不滿情緒與部屬是一致的，也必須這麼做。為什麼呢？因為你是主管，必須能控制自己，你的行為所影響的層面極大，不能有絲毫的懈怠。主管的工作是解決問題，而非製造問題。

八、志氣不可消沈

由於旅館的工作中，例行的工作居多，周而復始的循環運作，且環境較為封閉。日子久了，難免產生枯燥乏味之感。原本對於自身的期許，漸漸越來越薄弱，越來越放鬆自己。如果是一個較無主見、容易隨波逐流之人，那麼，在中、小型旅館的主管這個位置，的確是一個「消磨志氣的好地方」。

尤其是多數的主管班表大多以 24 小時為一班，工作時間較長，體力與精神之消耗頗大。因此，許多任職於中、小型旅館的主管，經過一段時間後，變得已無抱負與理想，失去積極的志向。日復一日，每天做著相同的工作，安逸平淡的日子扼殺了他原本的創意與積極，取而代之的是機械化的工作流程與得過且過的心態。原

本的理想與抱負，早已換成「盡自己的本分，做好分內的事就好了」的消極觀念。不再有新的點子、新的方法、新的政策。一味墨守成規，保持現狀，甚至鄉愿而苟且，以致企業無法再進步。

這是許多人容易重蹈的覆轍，從事主管工作之人不可不慎的事情。有鑑於此，主管人員應具備自我調適的技巧，不使自己的腦袋生鏽。從心態與價值觀開始，每天都要以最佳的狀態進入工作狀況。經常思考、吸收新知、注意市場變化、腦力激盪、創新作法與改善流程。如此，不但使工作充滿挑戰，富有變化，並且能在工作中尋求成就感與自我實現。那麼，在精神與意志上，必是充滿積極活力，不會因為一成不變而將志氣消磨殆盡。

九、留意市場變化，調整經營策略

一個成功的主管，不僅要在管理方面表現傑出，將內部運作管理得井然有序，另外一方面，還必須具備正確的經營策略與市場的敏感度，以因應多變且競爭激烈的市場環境。

中、小型旅館的主管，千萬不要將自己關在象牙塔裡，自認過著安逸的日子，而忽略了外界的競爭。如此，是一件非常危險的事。一味地守成與自滿，不關心市場的競爭與改變，忽略消費者主流的意識，以致不了解顧客真正的需求，終將難逃被市場淘汰的命運。

因此，主管人員應擴大自己的視野，自我提升對市場的敏感度，透過不斷學習，增進自己對市場觀察的敏銳度，隨時調整適當的經營策略，帶領旅館經營走向永續不墜。

十、在傳統與創新之間取得平衡點

一味的守成，堅持傳統理論，無疑是有礙進步的；然而，只追

求創新，而忽略基本的價值，事實上也是本末倒置的行為。

　　旅館管理的領域中，有些東西是旅館事業的基礎核心價值，例如「落實房務工作與前檯運作，以提供顧客清潔整齊且親切熱情的住房環境」這件事情，是任何型態旅館的基本管理理念，也是顧客的基本需求。若這些部分，在管理上沒有下功夫，達到一定水準，以符合顧客的期待。僅一味追求經營手法的創新，則是捨本逐末，絕非長久之計，對於旅館經營並沒有實質助益。即使造成市場上短暫的嘩然，亦不長久，絕對無法取代市場上傳統且質優的旅館地位。顧客因為新奇而產生一時的流動，但始終仍會回到他認為真正有利的位置。前兩節所提到的，如果在你的旅館中，顧客發現桌面上的積灰、垃圾桶有未清倒乾淨的垃圾、沙發的縫隙夾著污垢、浴缸出水口堆積毛髮，或是目睹了你的房務員以擦拭桌面的抹布擦拭杯子、以馬桶刷刷洗杯子和煙灰缸的話，那麼，你再談任何的創新，又有何意義了呢？

　　過分強調創新，而忽略基本的堅持，並不能贏得持續的掌聲。現在的傳統就是過去的創新；而現在的創新，可能不久的未來，便成為傳統。唯有創新與傳統兼顧，並取得一個最佳的平衡點，才是睿智的作法。因此，創新應建立在基本核心價值之基礎上。對於旅館業而言，這些基本的核心價值是關懷、體貼、整潔、有禮和謙虛。如何在傳統與創新之間，取得最佳的平衡點，正也考驗主管的智慧。

十一、公關不可忽略

　　旅館業也是開門作生意，當然不能忽略「人和」的重要性。尤其是與營業和日常運作相關的單位和個人，更需要維繫良好的情感與互動，即使未直接對營運有所助益，但至少可以確定的是，不會

因為這些單位或個人的因素，引發對旅館有負面的影響。如此，即達到公關的效果與目的。

中、小型旅館大都未編制專責的公關部門，公關業務的推行，都落在業主或主管的身上。公共關係，需要平日一點一滴的建立，累積成深厚的情感資源，以維繫有效而長久的良好互動關係。例如，利用節慶親自拜訪、致贈禮品或致電致函問候，表示敬意，並藉此機會聯絡情感，都是不錯的作法。

對於相關的主管單位，有效的公關作為，可以使主管單位了解旅館的作法健全，全力配合政府政策並遵守法律，各項措施均合於法令規定。

對於地方人士、鄰里長、周遭鄰居等，公關作為可以拉近彼此距離，化解不必要的誤會，並且得到地方的認同，可以避免許許多多不必要的困擾，這些部分尤其重要。旅館屬營業場所，平日難免因營業行為與周邊鄰居相互影響，例如停車問題、機具噪音問題、排水排氣問題、市招光害問題等，若以有效的公關作為加以化解，彼此體諒，則可相安無事。曾經發生旅館因忽略公關，而導致與地方交惡，最後造成地方聚眾抗議，致使旅館形象掃地、商譽盡失，並且引起主管機關的查察，損失慘重。

媒體對於旅館來說是宣傳的利器，亦擔任反宣傳的角色。運用得當，可以增加旅館的正面形象，收廣告的效果。反之，若處理不當，則使旅館成為負面新聞的主角，並遭誇大渲染，引發輿論攻擊，那麼所遭受之損失是難以估計的。因此，平日與媒體間應維繫良好互動。有特別活動及新聞，事先通知並安排採訪，善加禮遇採訪之記者朋友。說明活動主題及內容，良性溝通，以爭取媒體之認同，那麼，事後的效果將可符合期待。

另外，醫院亦需要建立良好的互動關係，除平日員工、顧客的

健康照護外，若遇有重大意外事故，醫院亦可積極協助，使事件之處理更為迅速有效率，如此對於旅館則相當有利。當然，廣義來說，公關的對象亦包含顧客及員工。這個部分，在其他章節的闡述，均已涵蓋，在此不再贅言。

十二、具備審美的能力

美，是一種競爭力，當競爭力迸發時，反映在企業面，是驚人的產值與財富；反映在旅館的領域，是顧客與旅館之間關係的推手，是業主獲利的基石。

一位成功的中、小型旅館的主管人員，有一項能力必須具備，那便是審美。

每個人對美的概念或許不同，並且對美術的天賦也不相同，但基本的美學的應用，是可以經由學習獲得的，也是旅館管理人員應具備的能力。對於色彩敏感度，對美的設計、美的素材、美的線條、美的搭配，都可以經由多聽、多看、多閱讀加以訓練，成為一位具有「基本美學的人」。

為什麼要懂得「美」？

因為旅館就是美，是許多美的結合。什麼顏色的壁紙搭配什麼地毯、什麼色系的布品搭配什麼風格的家具……，這些審美的工作，正是賦予旅館靈魂的主要過程。一家旅館是不是有生命力，美學是其中極重要的元素。

平日的管理工作中，如何增加一個適當的裝飾品，襯托咖啡廳典雅的氣氛；如何將相搭配的壁紙與地毯正確選擇，使客房變得豪華優雅；如何選用一只盆景，將大廳點綴得美侖美奐；在在都考驗著主管人員的美學概念。做好這些工作，不僅需要一個有能力的主管，更要一個具備審美能力的主管。

十三、靜下來寫一些有用的資料

　　一般中、小型旅館的從業人員，多半講求實務，較不喜歡談理論，也不習慣建立較多的資料。由於管理的飯店規模不大，所以在實務上，依循慣例、經驗值來處理大部分的事情，不需要資料的輔助，或只建立一些最基礎的書面資料。這是目前中、小型旅館管理的普遍現象。但是正因為如此，使得管理工作便特別依賴主管或資深的員工，形成「人」的導向因素，而非制度或正確的知識。因此，一旦主管或人員離職更換，作法上便會有較大的改變。事實上，這並不是最好的方式。

　　建立明確的工作規章與管理制度是十分重要的工作。並且，要將這些規章制度以書面化呈現出來，落實這些制度與規章，並且加以延續執行，不會因為從業人員的更迭而流失，也不會因為後人不了解制度而破壞制度，甚至發展出另外一套沒有經過認可的制度。

　　這些制度規章，也包括一些技術性操作層面的事務。

　　缺乏書面化的、明確的典章制度與作業程序，不但不利於基層人員的工作，也直接影響經營者的經營績效。常看到的例子便是，某飯店主管離職後，原有的事情便無人處理，也不知道要問何人，令老闆十分頭疼。為了避免這樣的情況發生，最好的方法便是建立完善的作業制度與資料檔案，將管理明確化，並且將發生過的軌跡都記錄下來。如此，不僅可以避免遺忘，落實管理工作，更可以將累積下來的資料與數據加以整合與分析，得出更多的統計性數據，作為日後政策制定的參酌依據。缺乏這樣的作法，會使公司缺乏文化及精神，員工無法在自己的工作領域中學習成長及研發創新，極易產生倦勤，以致人才流失，作業技術無法精進改良，管理工作終將失敗。

然而，許多主管習慣以口頭來指導員工，原因是：

1.怕麻煩。
2.沒有能力。
3.不用負責任，因為沒有證據。
4.留一手，不想教。

飯店的工作鉅細靡遺，都是細節，若都用口頭來傳承，那麼換人了，傳承也就中斷了，或打了折扣。一代一代傳下去，真正的精神又能保留多少呢？所以，很多基層人員在許多工作上，並不了解真的用意為何，只知道照著做。這樣能將事情做得多好？恐怕是有限。

新進員工還搞不清楚旅館工作是「什麼碗糕」時，主管就以很零碎、片斷的方式口頭「說教」。遇到細節的地方，又含含糊糊，心想反正跟著做就會了……，這樣怎麼能訓練出一個好的員工？這個員工又怎麼學到完整的服務理念和技術來對待客人？那麼飯店又怎麼能有好的營收？不賺錢的旅館又怎麼能提升員工的福利待遇？沒有好的待遇又怎麼能要求員工做得更好？如此反覆循環，不得善終。原因出在哪裡？就是主管沒有盡自己的責任，做好該做的事。

好的主管是能發揮影響力，影響你的部屬和你做得一樣好。

身為主管，規定的事項自己能做到嗎？

當然，如果連主管自己都做不好，那麼一切管理都將淪為空談。所以，管理的工作，首先要以身教為典範，並且以明確的書面規章資料來輔助，才是正確而有效的。以書面資料輔助，會有什麼好處？

1.清楚明確：要求在哪裡，標準在哪裡，怎麼做，什麼不可以

做，清清楚楚，不拖泥帶水。

2. **可以永續傳承**：當人員變動時，也能將每一個觀念、每項技術、每項要求，忠實傳承下去。

3. **幫助記憶**：東西多了，日子久了，難免遺忘一些事情，若有資料，可以不斷重複檢視，幫助記憶，不易遺漏。

4. **展現專業**：用嘴巴講，可以是很專業，如果你能講得很好。但是你的專業是只停留在當時，過了就會漸漸逝去。但是如果是資料化的呈現，不但清楚精準，更能保留你的專業。況且，一個飯店若是沒有自己的作業流程資料，如何依據，如何規範？豈不等於沒有標準。

　　有些旅館從業人員認爲旅館的管理沒什麼學問！尤其是小型旅館，更是認爲沒有特別技術。但是事實上，作爲一個主管人員，是不是能讓外界，甚至是老闆與基層員工，了解什麼是管理的技術？那麼除了要有好的管理能力、方法和實務經驗以外，拿出點具體的東西，更具說服力，例如，明確的資料。當然，有些人口才好，所以認爲口頭交代，一樣清楚，何必這麼麻煩？用這些時間多做點實務的事情，更實際些！或許也有部分的道理，但是問題在於，其他的人口才也一樣好嗎？可以表達得一樣出色嗎？可以一字不差地傳遞下去嗎？答案若是否定的，那麼就必須靜下心來思考，如何規劃工作流程與規章制度的撰寫工作吧！

十四、管理上使用旅館術語

　　中、小型旅館的從業人員，使用飯店術語的情況較不普遍，尤其是英文的術語。這與他們所受到的養成教育有關，在這種較封閉的環境裡，長久以來所接觸到的同仁、所受到的訓練，都不太習慣

使用飯店的專用術語，因此，在中、小型旅館的環境中，術語的通行與使用程度上較不普遍。

　　各行各業都有其專業，大都也有行內的術語。術語所代表的意義是，以最簡潔的字句，完整而清楚地表達某件特定的專業事務。因此，術語在工作中是有必要的。尤其是飯店的領域中，有一定的理論與技術，大多的術語是相同的。也就是說，無論你在任何地區、任何飯店，絕大多數的術語是一致的，從業人員以術語溝通，不論他的母語是否相同，在就飯店專業領域部分，是沒有問題的。這幾乎是全世界的標準化，那麼我們台灣的中、小型旅館這個領域中，為什麼要摒棄這一塊實用又重要的專業部分呢？

　　使用術語最大的用意是在相互溝通時，沒有認知上的差異。工作中，從業人員相互的溝通，若不使用術語，而以一般口語來敘述，則必定經常有溝通上的障礙。例如，OK Room 指的是，已經打掃清潔，並且經過主管檢查過，可以賣的房間。若以一般口語的溝通，通常只會表達到「打掃好的房間」。這個房間若是必須 Set Up 其他的設備，其實並不是 OK Room。

　　我們常聽到主管問櫃檯員：「今天住幾間？」這句話問的到底是「Stay Over」（續住）的間數，還是「Stay Over + Arrival」（續住＋今日預定抵達）的間數，又或是「Stay Over + Arrival − Departure」（續住＋今日預定抵達－今日預定遷出）的間數？正確的「住房率，Occupancy」指的是「Stay Over + Arrival − Departure」的房間數除以總客房數，得出的百分比。所以，上面的例子若改成：「今天的住房率是多少？」或是「今天的 Occupancy？」櫃檯員則應回答：「85％，102 間。」這樣就十分清楚明確，不會弄錯或產生誤會了。諸如此類的例子，不勝枚舉。

　　使用術語非關英文程度，即使英文程度不太好的人員，一樣可

以將術語用得很好，因爲這些常用的術語都是非常簡單的單字或片語，不會因爲英文能力的問題造成影響，最大的因素是習慣問題，只要習慣了，自然會成爲工作的一部分，經常伴隨你工作。

再者，中、小型飯店的從業人員，對於自己所從事的行業，是否認同、是否認爲是專業的行業？使用術語與否，也具相當的影響性，一個常使用術語的工作環境，你能說它不是個專業的領域嗎？並且，同業之中必定會有交流，若是某從業人員到了其他的飯店，對於一些基本的專業術語都不了解，那麼這位從業人員，會認爲自己工作的飯店的作業，是專業的嗎？他在這家飯店能學到好的東西嗎？他對自己服務的飯店，是不是會改變想法呢？

常常聽見有些年輕的從業人員，在工作了一、兩年之後認爲，旅館這一行，沒有什麼專業，學不到什麼東西。其實，不是旅館這個領域不專業，而是他自己不專業；不是學不到東西，而是他自己沒學到東西。

「今天的住很好」和「今天的住房率很高」，哪一句話才是專業人員應該用的呢？這些術語的背後，隱藏著多少專業與專注的表現，是否值得主管人員三思呢？

第 3 節　顧客抱怨處理

處理顧客抱怨是一門極重要的技術與學問。顧客抱怨事件若能處理得宜，可能原本的失誤所造成的負面影響，將被處理過程的優良表現所取代。使顧客留下了良好的印象，對飯店反而是正面的、是具加分效果的。反之，若是處理不當，則更加深顧客的不滿，產生加倍的負面效果。

一、重視顧客的抱怨

　　顧客的抱怨，不會是沒有原因的，通常是服務人員或是設備出了問題，造成顧客的不便，以致引發情緒上的不滿。

　　所謂顧客，便是具有消費者身分，發生消費行為，其所付出的金錢，便是從業人員薪水來源的一部分，也就像是發薪水給從業人員的人。所以，有人說：「顧客才是真正的老闆。」這句話是極有道理的。

　　在公司裡，老闆若有抱怨，相信員工之中沒有人會不在意的吧！

　　那麼，旅館業的從業人員對待顧客，就必須像對待自己的老闆一般，應給予尊重、關懷、熱情與禮貌，不應該讓任何的不愉快事件發生在顧客身上。但是若不幸因一時的過失，造成顧客的不便或不悅，那麼，事後彌補過失的作法，是不是更應該注意，儘量做到周全，並且盡全力彌補自己的過失，以平息顧客的不滿情緒，這才是飯店從業人員應有的觀念。

　　從另外一個角度來說，任何的服務業從業人員，相信都經常扮演顧客的角色，也可能成為抱怨他人服務不周到的立場。對方是否重視你的抱怨或建議，會不會影響你對這家餐廳或旅館的觀感？你希望你遇到的是重視你的抱怨並盡力彌補的服務人員，抑或是敷衍、推諉、應付了事的服務人員呢？如果你心中已有答案，那麼就應該清楚顧客抱怨時，所抱持的心態與期待是如何了；同時也該將心比心地為顧客著想，解決顧客的問題，並設法補償顧客，使顧客的不便與不悅降至最低。

二、將顧客的抱怨視為禮物

旅館的從業人員，要視顧客的抱怨為一種禮物，是顧客送給我們禮物。這個禮物是要我們改正缺失，表現得更專業、更完美！如此想來，你還會對處理顧客抱怨感到不舒服，想要逃避嗎？

再者，顧客對我們抱怨，是因為顧客在意我們的表現，也在意我們的飯店，並且說明顧客仍有意願光臨我們的飯店。反之，如果顧客根本不在乎我們，下次也一定不會再來了。那麼即使發現我們犯了錯，顧客並不一定需要告訴我們，反正好壞不干他的事，幹嘛這麼「雞婆」？所以，會抱怨的顧客，是好的顧客。顧客抱怨的出發點，是善意的，是一種激勵、一種鞭策。

旅館管理的實務上，經常遇到「愛抱怨卻忠誠度極高」的顧客。為什麼經常抱怨，卻又經常光顧我們旅館呢？看起來似乎矛盾，其實不然。這類的顧客心態是很容易理解的，基本上他們是認同我們的。而他們的抱怨，是因為我們做得不夠好，達不到他們的期待。因此他們常藉著抱怨來鞭策我們改善缺失，督促我們將事情做得更盡善盡美。許多顧客在我們犯了錯之後，根本沒有抱怨的訊息傳遞給我們，卻再也不會光臨我們的旅館，不再給我們任何機會。

二者比較起來，會抱怨的顧客是不是可愛許多？這樣的顧客，其實是在幫忙我們。否則，我們怎麼能不斷進步，不斷改善缺失，以至於提升旅館整體的競爭性。我們是不是應該感謝他們呢？事實顯示，旅館業許多的進步與改良是經由顧客的抱怨得來。如此看來，我們對於抱怨，是不是該抱持著健康、正面的態度，並且虛心檢討，將問題解決，那麼比問題隱藏不發，更積極、更有建設性。

三、抱怨發生原因

　　歸納中、小型旅館事業的經營管理中，常見的抱怨發生原因有：

1. 客房清潔出問題。
2. 客房設備故障。
3. 服務人員態度不佳。
4. 服務速度太慢。
5. Morning Call 失誤。
6. 服務人員拒絕額外的服務。
7. 電話轉接錯誤。
8. 訊息轉達失誤。
9. 承諾的事項未辦妥。
10. 洗衣品質出問題。
11. 計費方式不合理。
12. 訂房處理失誤。
13. 安排的房型令顧客不滿意。
14. 客房或隔壁客房噪音干擾顧客安寧。
15. 客房有異聲。
16. 房務員誤將客人的東西丟棄。
17. 餐飲品質不佳。
18. 餐具不潔。
19. 其他。

四、處理顧客抱怨的原則

遇到顧客抱怨的問題不盡心處理，便等於是放棄顧客，然而更重要的是，你放棄顧客一次，顧客將永遠放棄你。也就是說，你的顧客再也不會回頭光臨你的旅館。試問，你有多少顧客可以讓你不斷放棄？每天的住房率，是靠什麼來支撐？

處理抱怨事件，應具備冷靜的態度、同理心和技巧性。實務上來說，處理顧客抱怨的同時，旅館正面臨了「為旅館的服務加分」或是「永遠失去這位顧客」的抉擇。抱怨事件處理得好，可以為旅館的服務加分；處理失當，則可能永遠失去這位客人。

顧客情緒激動高昂之時，從業人員更應態度冷靜謹慎，避免受到影響而導致不客觀及情緒化的表現。這樣不但不利事件的處理，反而容易將事情越發複雜化，處理的難度更加升高。所以，處理顧客抱怨事件，自身的情緒管理亦是相當重要的。以下的幾項原則，在處理抱怨事件時，是必須注意的：

（一）絕不可輕忽抱怨事件的嚴重性

輕視抱怨的重要性，是犯了處理顧客抱怨事件的大忌！

接受到抱怨的訊息時，必須先研判情況，作為處理的依據，但是千萬不可以輕忽抱怨事件的嚴重性及影響性，必須以萬分謹慎的態度加以面對，注意每一個細節的處置，務求完美沒有瑕疵。

（二）抓住第一時間處理抱怨

處理抱怨事件不可以拖延，否則延誤了處理時機，將更難以處理。

發生顧客抱怨事件時，顧客當時必定情緒不佳，若能適時加以處理，平息顧客的怨氣，則事態將不至於擴大。反之，若延誤了處

理的第一時間，使顧客認為旅館不重視顧客的抱怨，致使顧客的情緒更加不滿，或許原本較小的事件將演變成更不易處理的局面。

（三）以最適當的人選出面處理

　　處理抱怨事件當然需要高度的技巧，人選亦是關鍵之一。選對人處理，將十分有助於事件的處理。通常，只要是第一線服務人員無法處理圓滿的抱怨事件，必須由主管出面處理，高層主管不可迴避顧客抱怨事件的處理，顧客見到高層主管出面致歉，一般來說都會降低不滿情緒。

（四）坦承錯誤，誠懇地道歉

　　當顧客抱怨事件發生時，一定是旅館發生了問題，並且這種錯誤已影響顧客的便利與舒適，甚至造成顧客的損失。所以，顧客才會提出抱怨，顧客的抱怨，不會沒有原因的。

　　誠懇的態度是很重要的。錯了便是錯了，事情不會因為你不承認錯誤，而使對方相信你是對的。只有可能更加激怒顧客。所以，誠實的面對，才是最好的政策。

　　當抱怨發生時，記住幾個重要觀念：

　　「顧客永遠是對的。」

　　「不是顧客找你麻煩，而是你們做錯事了。」

　　「不是顧客對不起你，而是你們對不起顧客。」

　　若能建立如此的正確觀念，那麼，不必刻意表現，你的道歉態度及補償措施，必定充滿誠摯，顧客必定能有所領會。

（五）讓顧客感到有面子

　　大多數的顧客抱怨，是要爭個「面子」。因此，處理抱怨事件，一定要注意話術技巧及過程，要讓顧客感到「有面子」，其實

這就是尊重顧客的感受，認同顧客的見解。做到這一點，通常事情會變得很好處理。

（六）給予實質的補償性回饋

除了當面致歉，處理抱怨事件的主管人員，最好常備有一些實質的補償方案，這便是所謂的「服務補償」。在旅館的錯誤造成顧客的不便及損失，或是無法達到顧客的需求時，理應提出某種程度上的「補償」，例如：折扣優惠、餐飲住宿券、紀念禮物等。不要吝於對顧客作出補償措施，否則便很可能永遠失去這位顧客，甚至可能將事端擴大。許多主管人員害怕作出對顧客補償的決定，原因是若此例一開，則以後所有的顧客要比照辦理。其實，這是管理的問題，如果不是我們犯了錯誤，又何須補償顧客呢？不要將「倒因為果」的邏輯加入處理顧客抱怨的思考中。

（七）不要辯解理由

顧客在氣頭上，不要辯解理由，這樣會造成顧客的反感，反而不利事情的處理，當然更不可以指責顧客的不是。若有涉及其他部門的問題或過失，也必須承擔，不要向顧客解釋這些職務關係。

若顧客情緒平息後，可以適當地解釋飯店的立場，但需注意技巧，不能讓顧客感覺在推卸責任。

（八）避免事件擴大

絕對要避免曝光成為媒體注意的事件，這樣對飯店的形象，將產生很大的負面影響。

（九）有必要時，持續追蹤

有些事件無法立即獲得顧客諒解，或是需要後續處理才能得到結論。那麼應繼續追蹤，持續關注，才能將事件圓滿解決。

第 **4** 節　小費管理

一、認識小費

（一）小費的起源

　　小費的起源，據傳是在十八世紀歐洲，當時有些酒店的餐桌上
擺放寫有「保證服務迅速」的碗，當顧客將零錢投入後，必會受到
服務員迅速而周到的服務，久而久之，各餐廳、酒店、旅館等紛紛
效法，逐形成小費之風，一直沿襲至今。

　　飯店的服務員，經常會接受客人給的小費，這是屬於正常現
象，歐美國家更視小費為禮節的一環。所以，在正常的情況下，服
務人員接受顧客的小費，是沒有問題的，並不會有任何不妥。況
且，本質上來說，顧客願意支付額外的金錢給服務人員作為小費，
是鼓勵的意思，表示顧客對於服務人員所提供的服務，尚感到滿
意。否則，應該沒有一位顧客在不滿意或是產生抱怨的情況下，還
願意付出小費。

　　因此，服務人員接受顧客的小費，在某方面來說，表達了他的
服務的專業得到肯定。當然，在教育訓練中，要激發員工的榮譽
感，絕對不以不正當的方式索取小費，在管理上亦應執行查核，杜
絕強索小費的情事發生。

（二）顧客付小費的心態

　　顧客為什麼會付小費給服務人員呢？顧客付小費的心態可以歸

納為以下幾點：

1. 滿意服務人員的服務。
2. 滿足虛榮心，愛面子。
3. 身分的表現。
4. 習慣性。
5. 禮貌。

小費大都發生在服務行為進行的同時或結束時，通常這樣的服務是與顧客直接或間接互動的情形最為常見。各部門服務人員較易接觸小費的職務如：餐飲部門的外場服務生、出納收銀員；客務部門的泊車員、門僮、行李員、櫃檯員；房務部門的房務員。

二、小費的處理慣例

由於服務的性質不同，各部門的小費處理原則也有所不同，例如泊車員、門僮、行李員、房務員等，所接受的小費，一般都歸屬個人。因為客人給小費的原因，是為了答謝這些服務人員幫他做了停車的服務、開門或叫車的服務、搬運行李的服務、整理房間的服務。並且，這些服務通常是一人獨力所為，很容易認定。所以這些職務的服務人員，其小費歸屬於個人。當然，若有其他同仁幫忙一併完成服務時，通常也要將小費分享給其他的同仁。

另外，像是餐廳、櫃檯收取的小費，是整個部門分享的。這個原因是：

1. 餐廳及客務服務，是整個團隊運作的結果，並非僅接觸顧客的第一線服務人員等。否則領檯、跑菜員等，很少有機會獲得小費。

2.同時一群服務人員服務一群顧客，且這些服務可能同時一起發生，避免服務人員挑顧客服務。

3.客人給小費的時機，不容易認定是因為個人的服務行為表現而獲得。例如餐廳出納收銀員及大廳櫃檯員，在顧客結帳時，會留下零錢作為小費，那並不表示，是因為負責結帳的收銀員或櫃檯員個人的服務行為所致。

4.其他的來源，例如：販售香菸的利潤、按摩、叫車及安排旅遊服務所產生的佣金，一般會列入小費，也都是整個部門的努力及服務表現所致。

分享小費的處理方式，具體的作法是：

1.統一入帳，可列入營業報表或單獨列帳。由於小費可能使用信用卡支付，故列入整理營業帳的作法，較為方便、清楚。

2.投入小費箱，由專人統一管理。月底結算，平均分配。

3.二者同時採行。

上述小費的分配方式，是一般常見的方式，當然某些部分會因各旅館的管理方式及薪資水準等因素，需要加以調整及變化，以符合飯店的實際特性。小費的問題，直接關係員工的利益，所以制定一套完善適切的小費管理規章，是中、小型旅館管理的一項重要工作。

員工為了小費發生爭執的情形，時有所聞，不但傷害員工情感，更影響工作效率。為避免爭執的發生，必須將小費的規定規範得十分明確，減少灰色模糊地帶，必要時主管作仲裁者加以仲裁，使雙方均能心服口服，快速將爭議落幕。

三、房務員的小費

　　房務員的小費問題，亦需要特別提示。若顧客當面給予，則可收下。因為房務員較少與顧客當面接觸，有些顧客希望給予房務員小費，以答謝其服務，所以會將小費放置於枕頭上，意思是讓房務員整理房間時，自行取走。但是因為沒有當面交付，並且有些顧客放置的位置不一，所以並不能認定這些錢是顧客給的小費，因此對於在客房內的零錢，則應謹守分寸，小心判斷，不可貿然當作小費取走。常見幾種情形：

1. 退房的客房，零錢放置於枕頭上。尤其是團客，則一定是小費。
2. 續住的客人，將零錢很整齊的放置在枕頭上，若第一天未收取，第二天仍是如此，那麼應該是小費。
3. 留有字條告知這是小費。

　　其他情形，像是床頭櫃上的零錢，甚至床上散落的零錢、書桌上的零錢等，都不能視為小費而擅自取走，若違犯這個原則，其行為與偷竊無異，房務員不得不慎。

四、收取小費應注意的事項

　　值得注意的是，小費的金額是有一定的慣例的，一般來說，台灣的標準範圍約在三、五十元至數百元，通常 100 元左右是較常見的。這方面服務人員要謹守分際，若有超出一般慣例太多的情形，應予婉拒。這種情形必定屬不正常的情況。例如：顧客對服務人員有不良企圖時，常以高額的小費作為手段，若服務人員接受了，則可能會引發顧客進一步的不良舉動。

另外，前面提到，絕對要杜絕以不正當的方式索取小費，這樣會傷害飯店的形象，也會影響顧客的心情，同時也抹煞了其他同仁所做的服務努力，因此絕不容許少數的害群之馬的不當行為。常見的情形有：

1.服務完成而不離開，暗示索取小費。
2.過度的服務，暗示索取小費。
3.眼光不斷直視顧客的眼光，暗示索取小費。
4.直接告訴顧客：「小費 100 元，謝謝。」
5.客人不在，房務員將客房內的零錢擅自當成小費取走。
6.遇到不習慣給小費的顧客，故意態度不佳，不給予服務。

　　服務人員真誠而用心地服務顧客，顧客自然能感受到，小自然會產生愉悅、甚至感動或讚歎，主動想要回饋。在這種情況下，顧客付出的小費，接受得才有意義，才是鼓勵與肯定，才是真正專業服務人員應有的態度。若是為了獲得小費而提供服務，那麼便是本末倒置，完全悖離服務的精神，是極不可取的態度。

第九章

安全管理

旅館安全的主管單位是安全部門。唯大多數的中、小型旅館均未設安全室的編制，所以並沒有專責警衛的配置。所有安全的機制，需要靠全體員工共同維護。尤其是值班主管，更肩負全館安全的責任。

平日應訓練員工要有安全意識，具備高度的警覺性，遇有不尋常的人、事、物，應多加留意，有可疑的狀況則應立即向櫃檯反映或直接向主管報告，隨時注意影響安全的因素，這樣才能確保旅館的安全。

第 1 節　從業人員的安全警覺性

從業人員提高警覺是預防意外發生的有效辦法。

旅館內的客層難免較為複雜，因此發生意外的顧慮確實不容輕忽。但由於中、小型旅館的規模不大，每個樓層的客房數不多，基本上從 7、8 間至 20 多間。出入動線則較為簡單，櫃檯員及房務員只要多加留意，基本上任何人不容易從櫃檯員及房務員的視線中通過，而未被發覺。因此，中、小型旅館有個較特殊的現象，就是與往來的顧客互動較頻繁，只要顧客通過櫃檯或樓層服務檯，都會被禮貌地詢問：

「先生，請問您是幾號房？」或是

「小姐，請問您找幾號房？」

若有必要會再確認房客之姓名，用以判斷其是否為房客或訪客。只要態度良好友善，通常顧客都不會責怪。另外，櫃檯員與房務員很容易記住館內的顧客，遇到不認識的人則加以詢問。因此，發現異常的反應也較快速。

此外，房務員不得任意為不認識或無法確認的客人開啟房門。被顧客要求開門時，應請櫃檯加以確認無誤後，始可為其開門。但是顧客在客房內發生的問題，則較難察覺。因此主管在平時應多訓練房務員的警覺性，時時注意可疑的異常現象，及早發現及早防範，發生意外的機率也會降低。

第 **2** 節　安全措施

一、安全巡查

旅館的房務人員、公共區域清潔員及主管等，必須經常巡查樓層及公共區域，若設有餐廳之旅館，餐廳及廚房均是巡查重點。主管每日的房務檢查工作，便相當於安全的巡查工作，一方面是實施及檢查清潔的工作，另一方面則是負有安全巡查的功能。所謂走動式的管理，對於旅館安全性的提升，亦有直接的影響。因此，多實施安全巡查，對於安全的掌握，具有相當的幫助。

過去曾發生旅客遭偷拍勒索或製成光碟販售，或是旅客被迷藥迷昏後遭劫，或是旅客抽煙不慎引起火警等情況，這些情形均時有耳聞。因此，在巡查時，不可忽略任何有關安全的因素，須留意各種可疑或不尋常的現象，包括住客、訪客的行跡舉止、行李、特殊物品、異常現象等，均應留意觀察並追蹤異常的原因。例如，一些較為異常可疑的現象：

1.過長、過大、過重的行李。
2.遷入後從未外出，三餐都在客房內使用。

3.長時間懸掛 DND，不讓房務員整理房間。

4.電話不斷，訪客不絕。

5.在房間內有焚燒文件的跡象。

6.房間內垃圾桶發現異常物品、文件。

7.可疑的電波（無線針孔攝影，以電波發送）（**圖 9-1**）。

8.空房之飲料包裝異常。

9.電源、天花板、馬桶蓋等有移動的現象。

10.在死角藏匿物品、文件。例如天花板、腳墊下、家具下
  等。

11.換房後的客房，注意可能遭裝設錄影、錄音設備或飲料被
  動過手腳。

圖 9-1　針孔攝影偵測系統　　　　　　資料來源：皇都飯店。

12.單身女子，神情有異。

除了館內的巡查，旅館周邊的巡查亦不可輕忽，例如停車場、出入口周圍等區域。過去亦曾發生歹徒在旅館門口拍攝顧客的車輛及其他照片，再藉以勒索顧客的事件。或是在旅館門口附近，製造小火警或放置爆裂物等狀況，以恐嚇旅館業者，達到勒索的目的。因此，旅館周遭的環境在安全巡查時亦必須特別加以留意。以下是必須特別注意的事項：

1.可疑的人物駐足、徘徊、張望。
2.手持照像器材的不明人士。
3.可疑的物品，例如手提袋、行李箱、包裹、容器內有液狀物體等。
4.可疑的文字，例如牆上的文字或是字條、信件等。
5.其他可疑的物品。

旅館從業人員發現上述各種異常情況，須加強留意並報告主管，積極查證。若有具體事實，則應立即加以處理。主管人員尤應負起最大的安全責任，平日則應培養良好的判斷及處置事件的能力，以及高度的職業警覺性。對於旅館內的人、事、物都要確實掌握，積極防範意外或不法事件在館內發生的可能性。

二、監控攝影系統

旅館內應設置監控攝影系統，以監視重要區域的動態並錄影存證，以防制意外或不法情事發生，大部分的飯店都設有這樣的系統。這部分的措施對於旅館安全極為重要，除了在事件後可追查事實真象外，並且有嚇阻犯罪的作用。因此旅館從業人員在 24 小時

監視錄影這項措施，應落實執行，不可忽視。

　　設置監控系統之監控區域及範圍，應詳加規劃，必要的區域均應納入。通常停車場、前後門、櫃檯前、電梯車廂、各樓層走道等處，必須設置。設於電梯車廂及大廳的攝影鏡頭，可考慮較迷你的隱藏式機型（**圖 9-2**），不致使顧客產生不適的感受，其他面積較大的公眾區域，則採用大型的攝影鏡頭，並不影響美觀，並且具有安全監控的「宣示」、「嚇阻」作用。

　　終端顯示器設於櫃檯，由櫃檯負責全館安全監控。大廳（特別是櫃檯）以及其他較重要之監控終端顯示器，設於主管辦公室，以監控櫃檯及大廳的動態，並應 24 小時錄影。主管視情況，若有監控其他處所或區域之必要，亦應加設監控顯示器。例如停車場，也

圖 9-2　攝影鏡頭　　　　　　　　　　　　　資料來源：皇都飯店。

是主管監控的重點處所。櫃檯的監控及錄影，除安全因素考量外，亦可收防止櫃檯弊端之效。

三、安全偵測

旅館主管人員，可採用偵測的方式，以加強從業人員的警覺性，並透過偵側的競賽方式，提升員工積極參與及榮譽感，進而養成職業警覺性的良好習慣。

實施的方式，以紙盒或紙張，標示「可疑物品」、「易燃化學物品」、「爆裂物」等，代表具危險的可疑物品，分別置於客房內、走道、樓梯間、垃圾桶等較隱密處，記錄放置地點及放置時間，等待從業人員發現後回報，再記錄回報者姓名及時間，計算其反應時間，以測試從業人員之警覺性，事後公布偵測結果，表揚優良者，並適當檢討有缺失的人員。

四、其他安全措施

旅館是公共場所，供不特定的人士出入及使用，往來之客人形形色色，男女老幼都有，因此旅館的各種設備及措施，除功能性、美觀性、維護性等因素，安全性的考量是必須且十分重要的。

(一) 提醒標示及作業紀律

大廳、洗手間或走道等公共區域的清潔工作，若有地板潮濕情形，應恪遵作業紀律，並放置告示牌警示，提醒顧客小心，以免滑倒。

客房浴室設置提醒標示，提醒客人進出浴缸須留意避免滑倒。

從業人員工作時，勿以潮濕的手開關電源或插拔插頭，以免觸電。從事高處之維修或清潔保養作業時，應以樓梯輔助，不得任意

攀爬，避免發生危險。

（二）裝潢擺設避免銳角及不安全的設計

無論是客房內或是公共區域，裝潢設計中的利角或尖銳的部分，應加以避免。

地板高度落差的部分，應有適當處理，避免客人踩空跌倒。

大廳進門及電梯口之踏墊放置位置、尺寸、材質及品質等，均要規劃妥當，客人被踏墊絆倒之情事亦非罕見。

（三）窗戶之防墜措施

窗戶的形式，除品質、美觀、隔音效果等因素，應特別注意「防墜」的問題。客房窗戶開啓的幅度，應加以調整，限制其開啓之幅度及角度，以防制顧客有意或不慎而墜落的意外。旅館一般採用橫拉式或外推式的氣密窗，均須另加裝設備，使窗戶無法全開，控制開啓的幅度在一個人能通過的範圍以內。橫拉式的窗戶在軌道上加裝鎖窗扣，使窗戶可以拉開的最大寬度為 15-20 公分；外推式的窗戶則在檔片前加鎖螺絲，控制外推的角度在 20-30 度左右。窗戶加裝窗鎖後，因無法全開，空氣的流通功能會有所犧牲，打掃時的新鮮空氣交換效果較受影響，在作業方式上應加以克服，例如增長開窗時間則可彌補。

（四）動線照明

通道之照明應充足，尤其是員工工作通道之照明亮度，亦不可疏忽。由於工作人員爭取時效，工作之步調及動作十分迅速，容易疏忽安全問題，因此工作通道之動線及照明，不可過於昏暗，以免工作時發生意外。

（五）醫藥箱

房務部辦公室或各樓層應備有醫藥箱，提供簡單的醫護處理後，再視情況送醫作進一步的治療。未設房務部門之飯店，醫藥箱由櫃檯負責管理使用。

醫藥箱內配置外傷用之消毒、消炎用之酒精、碘酒、消炎粉、紅藥水，及包紮傷口用的紗布、繃帶、貼布、OK 繃等。

醫藥箱內的藥品應注意有效期，最好是與醫院或藥商簽約，定期更換，以確保藥品之安全性。飯店所準備的內用藥品，均爲非處方用之成藥類，不可採用任何處方用藥。並且，在提供藥品後，一定要提醒客人及時到醫院檢查，以得到專業的醫療照顧。如果客人的情況顯然不尋常或較爲嚴重，則必須慎重建議立即就醫治療，而不要任意給予成藥，否則可能延誤就醫，造成更嚴重的後果。

（六）落實水電檢查

水電之檢修應落實執行，對於各種電氣設備及機具之性能、操作、負載等涉及用電安全的部分，應特別留意檢查，不可馬虎。應保養之設備、機具，確實保養。發現問題，即時解決，以避免意外事件。

第 3 節　公共安全政策

一、消防安全制度

自從 84 年 4 月消防法修訂頒布後，對於營業場所的消防安全規定更爲周延，並加重了業者對消防安全的責任。目前的消防安全

制度中,旅館業相關的制度主要為兩個部分:

1. 「防火管理制度」。
2. 「消防安全設備檢修申報制度」。

旅館從業人員,尤其是主管及承辦人應對上述制度的內容具備相當程度的了解,並且依法令規定加以確實執行,落實防火管理及消防安全設備的檢修,以維護旅館、旅客及員工的生命財產安全。

「防火管理」制度中的「設置防火管理人」、「自衛消防編組」等事項,旅館管理人員應落實相關的措施。派任及編組時,要考慮其班別、能力等因素,必須是符合可行性的,並非流於形式。平時可聯絡消防單位至館內宣導防火救災的觀念和處理方式,以及 CPR 等急救技術,員工接受這些訓練後,能增加防火防災的正確知識和觀念技巧,對於旅館安全維護方面很有助益。

「消防安全設備檢修申報」制度,是為落實消防安全設備維護與檢修之具體有效之作法。由合格之消防安全設備師或消防安全設備士定期檢查旅館的消防設備,並每半年申報一次。消防安全設備依規定設置後,平時備而不用,一有火災則要能發揮作用。所以在平時就必須確實檢修,因此旅館業者應依規定委託消防設備師、士,或專業檢修機構定期檢修消防安全設備,並將檢修結果報請當地消防機關備查。

二、警察臨檢的處理要領

雖然旅館業已於民國 74 年劃出「特定營業」的範疇,由原先的警政單位管理轉為由工商單位管理。但是,「臨檢」對旅館業來說,卻仍是揮之不去的困擾。雖然公會曾對業者發出公告,明示警察不得進行非法臨檢,但實際上卻常有便衣或未著制服且未提出搜

索票之警察，對住房客進行敲門臨檢，干擾住宿安寧。因此，旅館業者大都對臨檢抱持負面之觀感，內心是消極及不願配合的。

隨著人權的發展，旅館臨檢的作法，漸漸受到相關單位的重視。自91年5月17公布「觀光旅館及旅館旅宿安寧維護辦法」，以規範警察人員實施臨檢時的行為及保障旅客的基本人權。法條中規範警察不得進行無理由之臨檢行為，如第7條所述：「警察人員對於住宿旅客之臨檢，以有相當理由，足認為其行為已構成或即將發生危害者為限。」並且，對於被臨檢人若無法確定其有犯罪嫌疑時，亦不得要求被臨檢人隨同前往警察局、所實施盤查。亦即第11條之規定：「警察人員檢查客房住宿旅客身分時應於現場實施，除有犯罪嫌疑或受臨檢人同意或無從確定其身分或在現場臨檢將有不利影響或妨害安寧者外，身分一經查明，應即任其離去，不得要求受臨檢人同行至警察局、所進行盤查。」

警察人員進行臨檢時，應避免干擾旅館之正常營運，必須由旅館值班人員會同，並應對旅館值班人員及被臨檢人出示證件，說明此次臨檢之理由。若於臨檢過程中，被臨檢人或關係人認為有不合理或權益受損之情形，亦可提出異議，要求警察人員停止臨檢。臨檢完畢後，警察人員應填具臨檢記錄單，交由被臨檢人收執。

另一方面，員警依據警察勤務條例規定實施臨檢查察，亦是為了維護治安與民眾安全，勢有所需，也於法有據。相關主管機關對於員警執行臨檢時，也嚴格要求確切遵守臨檢勤務相關規定，並講求服務態度，更不可驚擾住宿房客之安寧及尊重其隱私權。因此，旅館業者發覺有員警非法執行臨檢勤務時，應報主管機關予以舉發查辦，主管機關必會依法嚴格懲處。此外，相關單位或公會，應可輔導協助業者確切了解臨檢執行之根本意義與目的，及其對業者在經營管理與房客安全維護之實質效益。如此，不僅可消弭業者對臨

檢之刻板印象，使其樂於配合臨檢，亦可促使臨檢工作的順利進行。

在實務上，仍避免不了臨檢的情形，經常發生警方以「接獲民眾舉報……」的理由，對特定的客房，甚至是旅館本身，進行臨檢盤查，雖然大都均「查無實證」，但卻也已經造成困擾。若是對於房客進行臨檢，勢必影響房客的情緒，旅館人員應適當緩頰，避免造成與警方之衝突或不愉快的情形。旅館人員應向顧客道歉，請顧客諒解。過程中，必須注意的是，雖然不要對警察人員傲慢不理會，消極抵抗，使警察產生反感，但也不要過度與臨檢的警察人員攀談、套交情，顯得十分熟識，表現得與警察站在同一立場的形象。如此可能會造成顧客的誤會，認為是旅館方面有意安排警方臨檢他的客房，那麼會引發極不良的後果。如果遇到心存不軌的顧客，嚴重的話，有可能使旅館遭致報復的行為。因此，陪同臨檢的技巧及分寸須格外注意拿捏，切勿失了應有分際。

第 4 節　案例之處理及檢討

旅館管理的領域中，危機處理與特殊事件處理是一門很重要的課題。尤其是中、小型旅館的從業人員，因分工單純，所負責的職掌範圍較廣，更需要具備良好的危機處理和特殊事件處理的能力。

旅館內最主要負責危機處理的是值班主管。主管肩負全館安全的責任，實務經驗上來說，中、小型旅館主管於值班時，承受壓力最大的事務便是「安全問題」。因此，一個優秀的主管人員，其處理危機的能力是必備且非常重要的。

旅館的從業人員，不論何種職務，其危機處理的能力都應培

養，也都關乎每次危機發生時，是否能消弭於無形，或是降低危機的衝擊程度。良好的事件處理技巧，能化解許多不必要的困擾，與可能造成飯店重大損失的危機風險。

機智的頭腦、敏捷的反應、豐富的經驗、冷靜的態度是處理事件的重要原則。特殊事件、緊急事件、危機事件等之處理，最重要的問題便是安全的維護，相對於其他的因素考量，安全因素是首要的考量因素，若因此而影響其他方面的利益，亦必須犧牲。因此處理之考慮因素原則依序是：(1)安全；(2)飯店的形象及名譽；(3)成本損失；(4)服務品質。

當然，狀況千變萬化，並沒有一定的標準，除了安全第一外，其他因素在不同的事件當中，亦可能會產生不同的考慮及思維模式。如何取決，在於處理事件者的機智、判斷力與實務經驗的累積，這個部分確實是身為管理階層人員極重要的課題。以下就各類狀況，以實際的案例進行分析檢討。

一、確認 DND 客房之客人是否異常

DND 客房上午時間未整理，至下午 2:00 若仍未取消 DND，房務員應回報房務主管或櫃檯，櫃檯應試著以電話與該客房之房客聯繫，確認房客的安全問題，同時詢問方便打掃客房的時間。

這個作法，主要是為確認房客在客房中是否安然無恙，若發覺異常，應及時通知主管前往處理，這個動作與顧客安全有關，絕對馬虎不得，要確實做好。

打電話時注意技巧，雖說是好意確認，但大部分的狀況或許是客人正在睡覺，這通電話會打擾客人的睡眠，客人的口氣一定不會好，因此說話技巧要特別留意，不要節外生枝，引起顧客不悅，反而造成顧客抱怨事件。

❖ 真實案例一

台北某飯店，下午 2:00 ，櫃檯接獲房務員反映， 1107 房掛 DND ，是否該聯絡確認一下。櫃檯員 Candy 拿起電話撥號：

「王先生，您好！」（稱呼客人的姓氏）「這裡是櫃檯，我姓張，現在是下午兩點鐘了，我們看到您房門口懸掛請勿打擾牌，因此房務人員還沒有整理您的房間。請問，什麼時間方便為您整理房間呢？」

「喔……好……那麼四點鐘我外出後再來整理吧……」

「謝謝您，王先生，不好意思打擾您了！」

這樣的情況是正常而順利的。若是遇到情緒不佳的顧客，如何處理呢？

❖ 真實案例二

「李先生，您好！這裡是櫃檯，我姓張，現在是下午兩點鐘了，我們看到您房門口懸掛請勿打擾牌，因此房務人員還沒有整理您的房間。請問，什麼時間方便為您整理房間呢？」

「喂，你們很煩耶……我在睡覺你們吵什麼吵嘛……哪有這種飯店啊……搞什麼東西啊……打不打掃房間有那麼重要嗎？」

「非常對不起，李先生，真的很抱歉打擾到您，我們這麼做，其實主要並不是為了確認打掃的時間，是因為我們關心每一位住在這裡的顧客安全，因此若是超過兩點鐘以後，我們會以電話與您聯絡，確認您的安全。也或許您已經出門了，但是未取消請勿打擾牌。打擾到您，真是對不起……」

「喔……這樣啊……好啦……我也該起床了。半個小時以後再來打掃吧……」

「好的，王先生，再次抱歉，謝謝您的體諒。」

❖ 分析檢討

經過旅館櫃檯人員細心並耐心的解釋，終於化解顧客的不良情緒。一般而言，顧客在稍後的時間內，情緒會逐漸平息，並且能體諒飯店的作法，不至於將怨氣擴大。

那麼，若是電話完全無人回應呢？電話無人回應，有幾種可能性：

1.客人已外出，未將請勿打擾牌收回。
2.客人在房內，正在洗澡，沒有聽到電話鈴聲。
3.客人在房內，但睡得太沈，沒有聽到電話鈴聲。
4.客人出意外了。

因此，若遇到電話未回應，櫃檯人員應立即通知樓層房務員前往查看，房務人員依標準程序進入客房，了解狀況：

1.若客人已外出，則悄悄退出客房，回報櫃檯員。並將「整理房間通知卡」由門縫塞進。這個房間暫不整理。
2.若客人正在洗澡，則悄悄退出客房，回報櫃檯員，稍後再撥電話確認。
3.若客人仍在睡覺，應加以確認是否有異常，並請櫃檯員繼續以電話聯絡，房務員退出客房，並在房門外依標準程序按門鈴。若實在無法喚醒客人，那麼房務員則再進入客房將客人喚醒。並婉言解釋，請客人諒解。
4.若喚不醒，或已經確定客人出了意外，則立即回報櫃檯請主管趕來處理。視發生的情況，施以有效的處理。若需施以CPR，則房務員應在主管未趕來之前即加以處置，以爭取黃金急救時間。

房客懸掛 DND 牌若超過一天以上，櫃檯或房務主管需報告最高層級主管理處理。主管應研判情況，是否適時與客人溝通；若超過二天以上，已經會影響客房保養品質，必須與客人溝通，一方面亦了解客人實際需要，最好說服客人接受清潔服務，房務員可配合客人外出或方便時進入打掃。否則亦可安排換房。

二、自殺事件

發生自殺事件，首先報告櫃檯，請主管前來處理。並確認是否仍有呼吸及心跳，必要時儘可能施以 CPR ，等待救援。

主管在接獲報告時應第一時間內趕至現場，研判情勢，並呼叫救護車。同時立即為患者施以 CPR 急救。

指派專人在門口等候救護車到來，並引導醫護人員快速抵達現場。

飯店處理的原則是，儘可能救治患者。因此，不論救護人員抵達時，患者是否尚存有心跳呼吸，都應儘可能請醫護人員送醫院救治，這一點現場主管的態度及技巧是個關鍵，現場主管應朝此原則處理。

患者若經醫護人員實施急救並送醫，即使已無生命跡象者，仍有奇蹟出現的可能；並且，事後的刑事案件調查程序，飯店所遭受的影響與衝擊會降低許多。

若不幸，發生時間太晚，無法送醫救治，則不可任意移動現場物品及屍體，保留現場的完整，配合檢察官及警方調查。但是調查的過程及方式，主管人員應確時掌握，儘量不要聲張曝光，避免媒體採訪，調查人員的進出動線，儘量安排後門或較隱密的路線，降低對飯店的衝擊。

✤ 真實的案例

台北某飯店，夜間十一點多住進一對男女，約一個小時後男客人外出即未返回。凌晨一點多，櫃檯接到外線電話，電話那端的聲音很緊張：

「我是 1203 房客人的朋友，那位客人剛打電話給我，說話怪怪的，我有點擔心，麻煩你們過去看看……」

「好的，我們立刻過去查看，小姐，妳貴姓？聯絡電話是……？」櫃檯人員記錄下對方的姓名與電話號碼後，立即通知主管前往該房查看。

當主管與房務員第一時間抵達客房後，果然發現該女性房客已服下大量安眠藥，神智已不清楚。主管立即通知櫃檯呼叫救護車，並通知其友人趕來。恰巧，其友人就在附近，在很短的時間便趕到，自行將患者送醫急救。

第二天，其友人回到飯店為其取回遺留在房間內的物品，並稱該客人經急救已無大礙。

✤ 檢討與分析

在這個案例裡，由於櫃檯員的機警負責，在第一時間通知主管前往查看，才能及時發現狀況，並正確而清楚地留下該房客友人的姓名及聯絡電話，才能很快速且順利地由患者的友人將患者送醫，不但爭取急救時間，並且，對於飯店的衝擊降至最低。

旅館從業人員對於有關生命安全的事件，必須格外加強警覺性，絕對不得疏忽大意。性命攸關的事情，若是因為自己的一時疏忽或敏感度不夠，而造成人命的損失，那麼即使不是自己直接造成，但是良心何安？並且，若是明顯有疏失，那麼還可能被追究疏忽致人於死的刑責。

在處理病患送醫的方式中，相當重要的一點是，飯店應隨時掌握鄰近醫院的電話資訊，若飯店附近設有具規模的醫院，平日應保持聯繫，敦親睦鄰。員工的就醫、體檢、急救訓練等，都可以與醫院配合實施，建立起良好的合作關係。那麼，當飯店有意外事件發生時，醫院能以最快時間到達，並且在可能的範圍內配合飯店的處理，這樣飯店在處理類似的事件就會順利多了。當然，若無法特別與醫院建立關係，那麼最基礎的「119」電話必須謹記。

本案例中，當旅館從業人員接獲住客友人的通知前往查看，即已發生顧客服用安眠藥的情況，因此當然立即作出處置。但有許多情況並非如此，當接獲房客友人告知有可能發生自殺意外後，並不能確定已經發生或是根本是惡作劇，那麼需以另外的方式進行。必須記下打電話通知者的姓名、與房客的關係、電話、什麼時間內可以趕來飯店等資訊，需確認無誤。則主管與房務員或其他旅館相關人員（不要單獨一人），按電鈴進入客房，明白告知：「飯店方面接獲您的友人（或親人等其他關係）○○○，以電話通知我們，要我們保護您的安全，他將在○○時間後到達飯店，在這段時間內，我們有義務保護您的安全，請您見諒！」若房客不配合，或有難以控制的情況，則可報請警察協助處理。

另外，若旅館內已發生死亡事件，事後的員工教育與心態士氣的復建工作亦極為重要。首先，應適當教育每個員工保密，不要聲張，工作中及私下都不要再提起，更不可任意對外發言或對顧客提起。經過這類事件，員工的士氣難免受到影響，主管人員應做適當的處置，以安撫員工負面心態。例如有宗教信仰者，可安排法事，慰死者亡魂，疏導員工之不安情緒。但法事之進行應注意低調，不要過於聲張。該客房的第一次整理清潔，應由主管人員親為或陪同房務員共同清理，以安定員工情緒。並且，於客房清潔後，將該客

房擋一陣子不銷售，俟事件漸漸淡忘後再開放銷售。在會議中常給予員工打氣，加強正面的鼓勵，少責難員工的不是，以利掃除陰霾，帶動工作氣氛，提振士氣。

三、警察臨檢或拘捕犯人

　　警察臨檢仍普遍存在於小型旅館的環境，雖較以往已有改善，但目前一時還無法完全避免，只希望台灣的人權與法律能更進步，在治安與人權二者間，尋求最佳的平衡點。

　　遇警察臨檢，櫃檯人員應立刻通知主管前來接待，並儘量安排警察在較適當的地點稍坐等候主管到來，不要讓警察在大廳明顯的地方停留，以免驚擾到館內的客人。通常，警察可能是一、兩個警網，人數大約 3-6 人。對於旅館大廳的氣氛必定會造成某種程度的壓力與不良觀瞻，因此妥善引導警察在較不明顯的地點等候，減少對飯店的衝擊，是有必要的。

　　警察臨檢大致分為兩種情況，一種並沒有特定對象，只是檢查旅館的房客是否可疑，涉嫌不法。這種情況，警察會先要求調閱旅客名單，然後再由主管陪同，前往客房敲門實施身分查核。主管接到櫃檯通報後，應第一時間趕來處理。問明來意後，配合並引導警察執行臨檢的任務。

　　房客對於遇到臨檢這種狀況，必定抱持負面的態度，情緒不佳是必然的。主管應給予致歉，並適時安撫顧客的情緒，做為警察與顧客間的溝通橋樑，使過程平和順暢。

　　主管處理的原則，是儘量以「最短的時間」、「打擾最少的客房數量」、「最平和順暢的過程」來完成配合臨檢的動作。所以，研判有利的情況，引導警察前往某些樓層實施臨檢。

　　另一種臨檢的情況是為特定對象而來。這種情況，通常是犯案

的歹徒化身爲房客，投宿在旅館內，警察前來實施拘捕，屬於衝擊性更大的情況，主管更應謹慎應對。主管在陪同時，應注意的事項如下：

1. 問明情形，以研判狀況。
2. 不要驚擾到其他房客。
3. 可以先打開鄰近空房的門，讓警察進入空房內部署，不要在走廊上停留。
4. 提供明確的飯店資訊，供警察了解。
5. 注意自身的安全。警察可能會持槍警戒，這時便要非常注意安全的問題。
6. 不可以站在第一線，也不要參與警察的行動，作爲誘騙歹徒開門的人員。這些都是非常危險的行爲，主管人員應以旅館整體利益爲考量基礎，而非個人的價值觀。
7. 警察若要破門而入，在此不得已的情況下，可將鑰匙交由警察自行開門進入，主管不宜前往開門。

❖ 真實的案例

　　下午約四點多，台中某飯店，突然進來七、八名警員，向櫃檯詢問：「608 號房是不是登記○○○的名字？」櫃檯員查了旅客資料回答：「是的。」

　　這時飯店經理在監視螢幕已看到情況有異，便立即趕至櫃檯了解狀況。

　　「經理是吧，我們要逮捕住在 608 號房的人……這個歹徒可能擁有槍支……」說著便已按開電梯門進入電梯，並說：「經理要不要上來？」

　　「當然要！」經理也擠進電梯，一時之間還沒有理出一個萬全

的處理腹案。還好整個過程並沒有驚擾到其他客人。在電梯裡，幹員們已將手槍掏出並上膛，經理心裡知道這個狀況有點棘手。

一出電梯，經理立即將該客房的斜對面空房開啓，將所有幹員安排在這個空房內部署，並由其中一名幹員在半掩的門後監視該客房動靜。

房間內並無可疑聲音，幹員也無法作進一步研判，於是準備攻堅，情況異常緊張。

就在此時，經理配帶的無線電話響起，是櫃檯打來的：

「經理，608號房的客人說要送茶包耶……」正是這個房號。

「等一下！」經理掛上電話後，將這個「最有價值的情報」告訴幹員。幹員當下決定利用這個狀況，假扮服務人員誘其開門，攻其不備。

其中一位幹員向經理借了制服換裝妥當，前往按門鈴，其餘幹員埋伏在四周。

叮咚，「服務員！」幾秒鐘後，門打開了，聽得出來門是反鎖且上門鏈的，要破門而入並沒有那麼容易。

「警察，不許動！全部趴下！」當房門被打開的那一刹那，三、四個幹員一湧而入，突然之間，歹徒並沒有作任何防備，只有被壓制在地上，束手就擒。過程極順利，完全沒有遭到抵抗。

❖ 檢討與分析

經理的沉著，配合警方行動，讓整個過程沒有驚擾到其他客人。並且，作了適當的安排，未使員警暴露行跡，若打草驚蛇，便會造成更大的不良後果。

更由於櫃檯員的機智，在緊要關頭提供了十分有價值的情報，使得警方的行動順利完成，也保護飯店不受到傷害。

任何臨檢的過程，都有意想不到的狀況發生，所面對的房客，背景亦是複雜難以掌握，因此陪同警方臨檢之從業人員，必須格外留意自身的安全與立場。除了在必要時向顧客道歉，安撫顧客的情緒外，不要失了自己的立場，陪同臨檢之過程中，一切以被動為原則，毋須過於積極配合，以免使顧客產生誤解，認為旅館方面故意與警方配合，將其列為臨檢對象，有意對其不利，而產生懷恨之心，日後伺機報復，那麼將更難以處理。

四、拒絕可能發生治安事件的客人

就旅館的管理層面而言，在某些不得已的情況下，也需要拒絕顧客，並且要十分技巧地拒絕。當然，這裡指的拒絕顧客，都是有顧慮的情況，一般飯店都不歡迎這類的顧客。拒絕顧客，是一門學問，也是危機處理的一種。

主管處理危機事件，應維護飯店的安全與形象，在安全因素之外，盡可能掌握現場狀況，不使引爆衝突點，讓事件平和順利落幕。

然而，有時事先的防範，其效果遠勝於事後的處理。但要做到事先的防杜，必須全館的從業人員都能提高警覺，時時留心周遭事物，發現異常，立即回報，做適切的處置。在危機還沒發生時便消弭危機於無形，這才是最佳的危機處理。

❖ 真實的案例

台北南京東路某飯店住進一對男女客人，Check In 後櫃檯便感到有些異常，進出份子複雜，電話亦繁多。櫃檯遂將此情況報告主管，主管暗中了解情況後，發覺確實有異，於是決定技巧性請這兩位客人離開。與櫃檯人員溝通並作好指導，由櫃檯員先行處置。待

該房客外出返回取鑰匙時，櫃檯人員很自然地告知：

「○先生，剛才管區派出所來電，待會晚一點會過來我們飯店臨檢，可能會打擾到您，先跟您說一聲。」

「喔，這樣啊……」該客人顯得有些驚訝，取了鑰匙便搭乘電梯上樓去。

不一會兒，二人便下樓至櫃檯辦理退房離去。

當晚，電視新聞報導：「今晚 7:30，台北市八德路某飯店，在停車場發生警匪槍戰……，刑事局幹員接獲線報，埋伏在飯店停車場，等候前來開車的歹徒……。警方上前逮捕時遭到抵抗，雙方發生激烈槍戰……」這群歹徒便是上午在南京東路某飯店退房的房客，極可能警方早已盯上這群歹徒的行動，伺機進行逮捕，由於該飯店櫃檯員和主管的機警機智，避免了原本可能發生在飯店內的危機。

❖ 檢討與分析

很顯然的，由於飯店經理與櫃檯員的機警，並且展現高度的處理技巧和工作默契，以最緩和的方法，四兩撥千斤，化解了可能發生的一場後果極為嚴重的危機事件。

案例中的櫃檯人員，若是不在意身邊的狀況，未適時回報，那麼這件槍擊案的地點，必定發生在該飯店。而該飯店所受到的衝擊與傷害，自是不言可喻，這些後果亦是飯店全體人員所必須共同承擔的。

發揮警覺性加上處理得宜，可避免危機事件擴大，也是最佳的處理原則。

五、拒絕可能發生自殺事件的客人

預防勝於治療，如何防微杜漸，防患於未然，避免治安事件在館內發生，是最有效的作法。往往事前處理得當，就可避免更重大、更棘手的狀況發生。不論櫃檯員、房務員或主管，只要提高自身的警覺性，便可在狀況發生前，消弭可能的因素，防患未然。飯店從業人員察顏觀色的能力與反應是相當重要的，尤其是對於自殺事件的防制，有直接的影響性。

∵ 真實的案例

台中某飯店，下午，住進一單身女客，沒有任何行李。在Chick In 時，櫃檯員是新進的，並沒有察覺到有任何異狀，事實上，單身女子投宿，櫃檯員在處理上都會較為謹慎，若不能明確判斷沒有問題，通常都不接受單身女子的投宿。

還好，這個情況被在大廳另一側的主管注意到。當客人很快地辦理完登記手續，搭乘電梯上樓之際，主管前來詢問情況，該櫃檯員此時才感到該客人確實有些不對勁，心中產生不安。於是主管交代多留意該房號的房客動態，同時亦交代該樓層房務員多加留意。

大約二、三十分鐘後，該房客恰巧外出將鑰匙交至櫃檯。接到櫃檯報告後，主管便前往該客房查看，看看是否有異狀。經過仔細查證，果然在書桌上發現飯店的空白信紙上，有上一張書寫時留下拓印的字跡（就是書寫前一張信紙所印在下一張紙上的痕跡）。主管仔細端詳信中的內容，發現是一封遺書，可能正本仍在該客人身上。

此時，主管完全了解這位客人的企圖了。於是指導櫃檯員處理的方式，當該單身女性客人返回時，由另一位櫃檯前去應對：

「○小姐，真的非常抱歉……我們同仁作業錯誤，以為妳已退房了，於是將房間又賣給另外的客人，而且這是最後一間房間，我們已經客滿了……」

「你說什麼？哪有這種事？那我怎麼辦！」

「真的很對不起，我們將您的房租退還給您，您可以至下個路口的○○飯店去看看有沒有房間……」顧客雖極為不滿，卻也無奈，只得悻悻然離去。事實上，飯店是在幫她！

當客人離開飯店後，櫃檯員立刻拿起電話撥號：

「喂，你好，是☆☆飯店嗎？我是○○飯店，剛才有位單身女客人，名叫○○○，身分證字號○○○○○○○○○○，這位客人有自殺傾向，可能會到您飯店去，請您拒絕她 Check In ……」

❖ 檢討與分析

防制自殺事件在旅館內發生，最有效的方法即是拒絕「有自殺傾向」的客人入住旅館。

對於有自殺之虞之客人入住旅館，由旅館櫃檯員負責把關。當然，房務員在樓層的警覺性與主管安全巡查的功效，均對於防範自殺的事件有相當的助益。這三方面的配合，可使館內自殺事件的發生機率降低。

假設每家旅館的櫃檯人員均具備高度的警覺性，進而拒絕案例中的顧客入住，雖可能再三嘗試，但始終無法進入任何飯店的客房內，很可能在這個過程中，便自然打消了尋短的念頭，從新燃起求生欲望，無形中便消弭了悲劇的發生，豈不是功德一椿，也減輕了社會以及旅館本身的負擔，影響至為深遠。

另外值得注意的是，旅館櫃檯入住登記的作業應予落實，不得馬虎。對於各種意外發生後的責任追究，將有很大的影響。試想，

若自殺事件或其他事件發生後，對於患者或死者的資料一概不知或資料不符，如何對主管機關與社會交代？若因此延誤事件之搶救或處置，更可能涉及業務過失的責任，並使飯店遭受無謂的牽連，這個部分旅館櫃檯人員不得不慎。

六、拒絕在館內惡作劇的客人

百分之九十九的客人都是善良且正常的，但是偶爾亦會遇到那百分之一行為觀念較為怪異的顧客，對於這類的顧客，旅館人員應更加留意，發現不適當的舉動，可能危害其他的旅客、公共安全或是飯店的利益時，應加以制止。若行為過分，或制止無效，則應斷然採取較為強烈的手段，例如報警處理或是請離飯店，以防止危害繼續擴大。

✥ 真實的案例

台北某飯店一位女性住客，透過簽約公司訂房，Check In 時確認住 6 天。

這位客人在第一、二天情況還好，只是對服務人員態度很差，言行舉止也有些怪異，經主管了解後，並沒有因為服務人員犯錯，而使客人不滿意，所以也實在弄不清到底是什麼原因，造成客人如此不友善。

第三天，早班房務員發現該房門懸掛「請勿打擾牌」。到了下午 2:00，仍未見其出門或取消「請勿打擾」，於是通知櫃檯。

櫃檯在不斷以電話聯絡仍無人接聽下，請房務員前往查看。

五分鐘後，櫃檯接到房務員的電話：

「櫃檯啊，好恐怖喔……房間裡有人耶……在睡覺……好像出事了。」

「你有沒有看仔細啊……」

「我不敢……」櫃檯員的神經也隨之緊繃起來,立即反映至值班主管。

主管立即前往該客房,按門鈴亦無回應。以鑰匙打開房門,窗簾是拉上的,房間很暗。

在打開房門的那一刹那,一股冷風迎面撲來,感覺十分不尋常。一個有經驗的旅館從業人員,由於職業的敏感度,在打開房門的一刹那,那種感覺和氣味,幾乎可以辨別許多基本的情況,例如客人是否在房內、客人抽哪一類的菸、是否住女性客人、甚至是來自哪裡的客人都可以判斷個大概。時間長了,練就了一身「辨味認人」的功夫。

但這次不一樣,感覺很怪異,有點恐怖,因為客房內的空氣冷而清,完全感覺不到「人氣」,沒有一點生命的氣味,一股不祥之感湧上心頭……

「小姐,小姐……」沒有任何反應。

主管鼓起勇氣,推開房門,緩步進入房間。房務員和公共區域清潔員,都只在門外等候……。

先將電源總開關打開,房間算是亮了起來,看見客房那一端的床上,躺著一位長髮女人,背對著房門,是那位女客人沒錯!但是,為何如此寂靜,感受不到一絲喘息的氣息呢?若有任何的氣息,一定會感覺得到的……,主管不祥之感越來越強,心裡彷彿已經知道出什麼事了。

空氣在這一刻凝結住了。

主管心想,要如何將那位客人翻過身來,並且將會面對的是如何的面容呢?躊躇了一會兒,決定還是必須去確認客人的情況,房務員和清潔員倚在房門後,等著結果……

主管硬著頭皮，緩緩靠近床緣，卻仍然感覺不到客人半絲氣息。慢慢將手伸向客人肩膀，輕輕拍了拍……客人並無任何反應，於是再用點力拍了幾下……突然！天啊……怎麼會這樣？發現客人的身體怪怪的……羽毛被裡……竟然是……空的！

房間裡根本沒有人！那麼，大家所看到的景象是什麼情形呢？原來，都是被刻意設計好的，一頂假髮擺放在枕頭上，並且將羽毛被鋪成像是真人睡覺的樣子，還真像！

原來這是一場惡作劇。這位客人有意設計的一場惡作劇！真不知客人是什麼心態，為何要做出如此舉動。或許對飯店運作有些了解，知道飯店對 DND 房間的處理流程，故意設計了這場惡作劇，並且不知在什麼時候就已外出，讓飯店人員大大虛驚一場，著實捉弄了飯店人員一番！

看到此情此景的房務員和清潔員，不禁大罵夭壽，為主管制止。事實上，主管亦嚇得一身冷汗，心裡又怎會好過？當下便作了決定，不能讓這位客人繼續住下去了，否則不知還會做出什麼樣的「恐怖事件」，房務員如何安心工作？回到辦公室，撥了電話給簽約公司的承辦人，說明事情原委，並表示要請這位客人 Check Out。

電話中對方傳來表達抱歉之意，並說這位客人的確有精神上的疾病，沒想到會做出如此舉動，他們會立刻處理退房事宜，對這件事感到極為抱歉。

❖ 檢討與分析

案例中的客人舉動異常，以如此恐怖的玩笑對待旅館人員，在心態上的確可議。飯店主管在事情查明後，若不作斷然的處置，該客人不知又會再引起什麼樣的騷動。對於旅館員工是一種精神上的壓力，將影響員工的工作情緒與士氣，嚴重的話，甚至可能傷害到

員工的安全。因此，主管決定請這位客人遷離飯店，並且聯絡該客人的訂房公司，由訂房公司協助處理客人遷離，則可免於與客人正面衝突的可能，是很好的處理方式。

七、與警方合作，打擊詐騙集團

❖ 真實的案例

　　幾年前，飯店界有一批歹徒，專門以同一手法行騙，並以飯店作為行騙的場所，且都在客房內留有空皮箱一只，當時飯店從業人員稱之為「皮箱客」。

　　「皮箱客」不只一人，其作案快速，往往在被害人還沒回過神來的時候，已經快速逃逸，不見蹤影，所留下的，只是一只皮箱。

　　事情是這樣子的……

　　也不知道這幫歹徒如何會有被害人的資料，與被害人聯絡後，稱是該被害人某國外朋友介紹的，要請他幫忙。由於剛到台灣，身上沒有台幣，但又急著用錢，於是請被害人先帶五、六萬元送至飯店，以美金兌換。歹徒所稱的某朋友，都確有其人，卻又不是很熟的朋友，所以也不是很容易就找到本人確認。但是，所要兌換的金額並不是很高，再加上對方態度誠懇有技巧。因此，多半的被害人，都很難拒絕「幫」這個忙。

　　事實上，在歹徒 Check In 前，有時會有來電詢問是否有這位客人訂房，或 Check In 後，有來電詢問是否有這位住客？當然，飯店的回覆都是肯定的。皮箱客詐騙歹徒，便是利用這個背景作為掩護，取信於被害人，使被害人不疑有他，而落入陷阱。

　　當被害人在客房內將台幣交給歹徒時，歹徒便藉故要到櫃檯保險箱取美金，請被害人稍等一下。客房內留有歹徒的「行李」——就是那只皮箱。被害人也都沒有任何懷疑，於是在客房內「稍

等」。一等便等了半小時、四十分鐘，這才驚覺有異，至櫃檯詢問，才發現歹徒早已不見蹤影，自己受騙了。

皮箱客會先選定好飯店，在 Check In 當天上午訂房，下午 Check In，依照旅館的作業流程，當日訂房的旅客，都視爲 Reconfirm OK 的，不再去電作 Reconfirm 的動作。並且均依時間內 Check In，著西服，手上拎著一只皮箱，是商務客的標準打扮。 Check In 時，均自行填寫旅客資料表，在飯店人員眼裡，一切都正常。所以事後調查，也無法有任何眞實資料作爲線索。

台北某飯店已發生過數次「皮箱客」詐騙事件了。這天上午，櫃檯又接到訂房電話，模式與皮箱客的方式很相像，也沒有留聯絡電話，稱剛下飛機……。飯店櫃檯人員非常機警，將此狀況報告主管。於是，飯店人員已提高警覺，密切注意這個訂房客人的到來。

果然，這個客人在下午 2:00 左右到達飯店，手上拎著一只皮箱，與皮箱客詐騙歹徒作法極類似。主管立即報警，警方很快地趕到現場，秘密部署在飯店各處。約半小時後，一位訪客到達飯店，至櫃檯稱欲拜訪該房號的房客。由於警方已事先交代，暫不向被害目標說明實情，讓事件自然進行，由警方監控。因此，櫃檯人員依正常程序請訪客逕自上樓進入客房，整個狀況都在掌握之中。

沒多久，歹徒匆匆下樓，準備離去，警方見機不可失，立即上前逮捕，並在歹徒身上起出 5 萬元現金。事情至此，「皮箱客」總算落網，該飯店配合警方，阻止了詐騙集團的不法行爲。

❖ 檢討與分析

旅館雖爲營利事業，但亦負有社會責任。防範非法犯罪行爲，除爲應盡之義務，亦有維護旅館正當權益的意義。另一方面，及早的防範作爲，以保障旅館不致爆發更大的危機。

「旅館業管理規則」第 27 條規定：旅館業發現旅客有下列情形之一者，應即報請當地警察機關處理或為必要之處理：(1)攜帶槍械或其他違禁物品者；(2)施用毒品者；(3)有自殺跡象或死亡者；(4)在旅館內聚賭或深夜喧嘩，妨害公眾安寧者；(5)未攜帶身分證明文件或拒絕住宿登記而強行住宿者；(6)行為有公共危險之虞或其他犯罪嫌疑者。

旅館內發現不法犯罪之情事發生時，管理階層應視情況與警察單位保持適當之聯繫，以協助共同維護社會治安。以本案例中之詐騙歹徒，已多次在飯店內作案，囂張之行徑令人髮指，亦直接影響飯店的社會形象及秩序與安寧，旅館必須以積極的態度將如此的犯罪行為趕出飯店之外，因此配合警方破案是最佳的作法。高度的警覺、冷靜的態度、快速的通報，與嚴密的部署，終將歹徒繩之以法。

八、顧客抱怨隔壁客房太吵

以下的這種狀況，在旅館管理上經常遇到，不過處理的方式亦應注意，才不會將事情弄得尷尬而更難處理。飯店的從業人員是專業的人員，因此工作上的事務，均屬於本職專業的部分，要以專業的思維和邏輯加以研判並進行處理，才是飯店專業人員應有的態度。

❖ 真實的案例

某日，櫃檯接獲 306 房客的電話，是一通抱怨的電話。

這是一對外籍的中年夫婦，先生打電話至櫃檯：「Will you mind send someone to my room now? It's very noisy in my next door.」

櫃檯員聽了立刻回答：「Certainly, sir. Our supervisor will come

to your room right away.」並且，將情形報告櫃檯主任。

「主任，您去看一下吧！」

「OK，我馬上過去。」主任立即上樓至該客房，果然，在走廊上就可以聽到「異聲」了。當然，主任立刻明白是怎麼回事了。

事實上，這是隔壁的房客正在做愛做的事情，所發出的聲音，的確……是很吵……可以想像是蠻激烈的……，難免會令人臉紅心跳。住客是一對年輕本國籍男女，應該是情侶吧。

按了 306 房的門鈴，客人看到飯店主管，做出很無奈的表情，「You see..., very noisy. I can't sleep..., It's make me crazy... Can you do something for it?」

「Yes sir, I understand. Very sorry to disturb you. I will handle that.」

說完，拉上門，想了想，回到樓下櫃檯。

主任決定以電話與隔壁住客溝通，可以避免尷尬的場面。但是，怎麼說才好呢？還真有點傷腦筋。

撥了電話，響了許多聲以後才接聽，當然，這是絕對可以理解的。

「張先生，您好。我是飯店櫃檯主任，我姓江。」

「什麼事啊？」

「喔，是這樣的，剛才隔壁的房客通知我們，說您房內的電視聲音開得太大聲了，影響了他們的睡眠。由於現在時間也很晚了，能不能將您的電視機調小聲一點……？」

「啊？什麼？電視……？喔……喔……好……好……，我知道……好……」

「謝謝您，張先生。不好意思，打擾您了，晚安，張先生。」

「喔，沒關係，好，晚安……」

掛上電話，5分鐘以後，主任再度上到該樓層查看，已再無任何異聲了。主任露出微笑，緩緩朝下樓的電梯走去。

✥ 檢討與分析

對於案例中的狀況，在旅館管理實務上是經常發生的。許多主管多以迴避的態度面對此類狀況，因為不知如何啟齒溝通這類的事情，尤其是女性主管，更有如此的顧慮。但是，一個專業的旅館人員，許多事情的處理上，不能以私人的角度去思考，而必須以專業人員的思維看待工作中的事務。專業人員處理專業的事務，如此便很容易得到一個正確的方向。

處理這類情形，有幾項原則：

1. 不可以迴避，如果情形較嚴重，影響飯店整體安寧，即使顧客沒有抱怨，亦應主動處理。
2. 若有男性主管值班，可由男性主管處理。
3. 最好避免當面溝通，以電話溝通的方式較恰當，避免雙方尷尬。
4. 說話技巧要注意，不宜過於直接。

案例中，由於櫃檯江主任的反應機智，很巧妙地化解了可能的尷尬場面，甚至是會激怒客人的狀況，並且以十分技巧的方式，處理了上述的事件。這種方式可以提供給旅館管理人員參考，不失為一個好的處理方式。

九、炸彈恐嚇事件

✥ 真實的案例

桃園某飯店，會計將信件送至經理辦公室，劉經理例行性地拆

閱每日的公務信件，突然發現一封字跡潦草怪異的信件，打開一看，竟是一封恐嚇信函，著實教經劉理嚇了一跳，信的內容指出，「因為兄弟在跑路，需要經費支援，限　貴飯店在○年○月○日前，準備現金○元，再聽我指示！否則，小心炸彈會在　貴飯店爆炸！」

這封信是以原子筆書寫，但筆跡極怪異，應是故意改變筆跡所致。

由於在拆時並未警覺是恐嚇信函，並沒有作任何的措施，所以恐怕信封信紙上的指紋線索已遭到破壞，但是劉經理仍儘量小心，親自將信函影印後，裝回信封收好。

劉經理冷靜思索了幾分鐘⋯⋯

「必須報警！」劉經理心中作出了決定，拿起電話，找到管區警員，並請他立即過來飯店一趟，將信件交給管區警員。

管區警員作成了筆錄，並且與劉經理研究案情。研判有以下幾種可性：

1.有人故意惡作劇。
2.內部員工所為，或是員工串通外人所為。
3.飯店現住客人或曾經是飯店客人所為。
4.附近有地緣關係的不良份子所為。
5.隨機臨時起意的無關人士。
6.其他。

劉經理在管區警員離去後，仔細地思索以上的幾種可能，不斷回想過去曾發生的種種事情，企圖找尋相關的線索。但是，過去這一段時間卻平靜得很，沒有發生什麼特殊的事件，員工的管理上也沒有什麼不正常，目前工作士氣也都很正常，客人的動態也沒有異

狀啊⋯⋯附近周遭也沒有什麼可疑人士⋯⋯劉經理百思不得其解，或許真的是歹徒臨時起意，與飯店沒有任何淵源吧⋯⋯，但不論如可，都必須小心應對。劉經理首先作出以下措施：

1. 對內保密，低調處理，暫不聲張。
2. 與警察機關密切配合。
3. 立即召開會議，提醒全體員工注意安全，保持高度專業警覺性，隨時留意周遭的異常人、事、物。
4. 加強監視系統的功能及數量。
5. 各主管加強公共區域的巡視，並不斷提醒員工提高警覺。
6. 加強查房，每日藉房間清潔的機會，檢查全館每一間客房，並注意是否可疑。

傍晚時分，分局刑事組的幹員來到飯店，在經理室與劉經理洽談，了解案情。並且告知劉經理，分局已展開調查。

第四天，第二封怪怪字跡的信函又出現在劉經理的桌上，劉經理心中有數，立即報案，由警方將信拆閱，並在信上採得部分指紋。信中交代將錢放置於某鄉間地區的第幾棵樹下⋯⋯並交代不得報警，否則要飯店好看⋯⋯

當天，警方部署在交款地點，但不知是歹徒過於狡猾察覺警方的部署，或是本身心生畏懼，並未出現，讓警方落空。自此，便再無任何有關歹徒的消息了，似乎歹徒已放棄勒索，不了了之。

自從接到歹徒的恐嚇信報案之後，便經常有警員至飯店巡邏，或是找主管商談案情。這個現象持續了一段不算短的時間，雖然對飯店的作業有些影響，但是為了安全考量，也只能忍耐了。事件發生的期間，員工雖覺得怪異，但由於保密工作做得好，並沒有員工知道飯店遭到恐嚇，所以，完全沒有引發恐慌或影響工作情緒。

但是幾位主管在這期間所承受的精神壓力，可謂是生平僅有的。表面雖然平靜無事，但內心卻是波濤洶湧、風聲鶴唳，一點異常小事，便激起主管高度的反應，再三查訪確認，有時讓員工感到奇怪：「到底是什麼事情啊，經理怎麼變得那麼囉唆……？」

　　為了大局著想，主管們三緘其口，絕不透露半點口風，以免造成員工的恐慌，甚至飯店的聲譽和營運。所有的壓力由主管們承受，不但犧牲了所有休息時間，在安全巡邏的工作上，更是整天不斷循環做，從樓上至樓下，樓下至樓上，每層樓，每間客房，不斷巡查。從倉庫到停車場，地下室到頂樓，每個角落，每項設備，亦不斷檢查，周而復始，重複不止。

　　二個月後，飯店並無發生任何事情，劉經理知道，這件事應該是落幕了，心中的大石頭總算可以漸漸放下。雖然，並未抓獲作案歹徒，但顯然歹徒已知難而退，不敢所有動作，飯店也沒有任何事情發生，未造成任何損失，也算不幸中的大幸了。

❖ 檢討與分析

　　恐嚇或騷擾的電話、信件等事件，其可能為真實，亦可能為精神有障礙或有意惡作劇者所為，但不論真假，都必須妥慎以對，絕對不可妄加判斷而掉以輕心。若是電話恐嚇，則應記錄電話的各種狀況，接電話者應沈著冷靜，儘量拖長通話時間，有錄音設備則立即啟動錄音功能，在談話過程中儘量套取較多的線索，並加強對其音調、口音等特徵的辨認。

　　目前恐怖事件頻傳，旅館從業人員應提高自身的警覺性，尤其是話務人員，隨時備妥恐嚇電話的記錄表，其內容為：

1.日期。
2.時間。

3.接電話者。

4.接電話地點。

5.恐嚇內容。

6.放置地點。

7.何時放置。

8.哪種炸彈。

9.為什麼要這樣做。

10.你是誰。

11.聲音特徵。

12.男／女或小孩、年齡。

13.酒醉、口吃或其他語言障礙。

14.口音：本省籍、外省籍、外籍。

15.其他。

16.背景聲音：音樂、小孩聲、飛機、談話、車輛、打字、機器、其他。

17.緊急聯絡人／電話。

十、火警

　　火警的處理首重爭取時間，因此平日的訓練是非常重要的。從業人員一定要有高度的警覺性和應變能力，遇到火警發生，必須能迅速反應適當的處置。這些處置程序，必須在館內製作成標準作業流程，經常復習演練，使每位從業人員都能熟悉，在災難發生時才能作出正確的應變。

　　員工的訓練計畫中，可排入專業的火災預防、逃生及急救等相關課程。可聯絡當地消防管區、義消婦女宣導隊等單位，安排專業人員擔任講師，他們都相當樂意作這樣的宣教工作，並且都是免

費。

❖ 真實案例

　　台北某飯店，上午十點多，突然櫃檯旁的授信總機警鈴聲大作，當時便驚擾了大廳來往的旅客，大夥兒都露出驚訝且疑惑的表情，很想知道發生什麼事了。這時的櫃檯員 Catherine 已經以最快的速度先將授信總機警鈴聲關閉，她應該是最想知道發生什麼事的人了。燈號顯示在二樓，同時間她通知了值班主管和二樓的房務員，房務員在一分鐘後便立即回報說 205 房有火警狀況，主管已經抵達並且在撲救中。

　　Catherine 聽到這個消息，整個人一時之間突然被強大的壓力籠罩，神經緊繃得透不過氣來。因為她知道，這個狀況隨時會有重大的危險，她已經順手將緊急廣播主機的電源開啟，準備做最壞的打算。

　　還好，這個最壞的情況並沒有發生。約五分鐘後，又接到房務員的電話回報：「Catherine 啊，好哩家在，火被副理打熄啦……喔，煙好大哩……，沒事了，偶要去整理囉……」Catherine 心中的一顆大石頭總算放下來了。

　　原來，205 房住的是一位美國籍的客人 Mr. Patrick，身高超過185 公分以上，體重可能有 150 公斤吧，是高大且肥胖的體型。可能前一天酒喝多了，早上起床後精神還不太好，點了一根煙就坐在床上抽，抽著抽著竟又睡著了。就這樣，差點釀成了大禍，他手中的香煙掉落在床上，引燃了床單，煙霧瀰漫了整個房間同時引發火警警報。當他發覺時，企圖逃離，但卻怎麼也找不到門……就在這時候，主管及房務員亦同時到達房門口，便聽見客人的呼救，與跌跌撞撞找不到出口的撞擊聲，僅一個不到 10 坪大小的空間內，會

讓一個 185 公分的大漢找不到逃生出口，可想而知當時煙霧的濃度與當事人驚慌的程度了，的確讓人感受到火災的可怕，令人不寒而慄！

由於當時正值主管交接班的時段，所以三位主管都在飯店內。聽到有火警警報，便一起趕至現場，還好有三位主管同時支援，使這場火警能即時撲滅。

當主管們到達時發覺客人還在房內，第一時間摸了摸門把，並不燙，就立刻以鑰匙將房門打開，這時濃煙竄出，張副理先衝進客房將客人拉出來，緊跟在後的陳副理與王副理，提著乾粉滅火器進行噴灑撲救，幾位房務員亦提著滅火器趕來，終於合力將火撲滅了。

被救出的 Mr. Patrick 僅著一條內褲，披著剛才房務員給他的一條床單，竟嚇得在一旁哭泣，不斷地說真是太可怕了……情緒十分激動。主管們好言安慰他，並先安排至別樓的客房暫住。

經過一番混亂情況，該是復原的時候了。將所有窗戶開啓，讓煙散去。整個客房只剩下兩種顏色，黑與白。除了滅火器的乾粉白色痕跡外，其餘全是黑色的，不難想像火場濃煙的可怕。

先將所有受災情況照相留存，以便作為保險理賠之用。調度 6 支滅火器在現場備用。房務員一面整理，一面戒備，防止死灰復燃。將顧客的物品整理打包，並將浴室等刷洗。下午，主管已調度相關的壁紙、地毯、油漆等包商進行估價，並陸續進場施工，將裝潢重新整理了一遍。所有的工程費用，都計入 Mr. Patrick 的帳上，客人爽快地簽了信用卡，並不斷答謝主管的「救命之恩」。雖然很不好意思，但稱下次還會來住，主管開玩笑地說，請他千萬不要在房間內抽煙了，他連忙回答再也不敢了。幾天後，一間嶄新的客房又呈現在大家的面前，一切都正常地運作。

✤ 檢討與分析

發生火警時，旅館人員在第一時間作撲滅及報警的動作，能及時撲滅固然最好，若是無法在 30 秒內撲滅，基本上火勢將無法受到控制或撲滅，則應立即逃生。切不可一味盲目救火，而忽略自己逃生的時機。否則過了逃生黃金時間，則逃生的機率將會大大降低，造成自身生命的危險，這點非常重要。

火災既已形成，旅館從業人員有義務也有責任協助全館的客人安全疏散。值班主管應指揮現場的狀況，總機人員發出緊急廣播，通報旅客火災發生，以播音引導客人沿逃生方向逃生；並且房務人員應在負責的樓層，逐一敲開客房門，通知立即逃生。確認每一間客人均已疏散後，自己亦立即離開火災現場。

火災是極為可怕的。一旦發生，則一發不可收拾，完全沒有補救的可能性，將陷飯店於萬劫不復。客人的生命、同仁的生命，將受到極大的危險，極可能因此失去寶貴的生命，無數的家庭將陷入極度悲痛的陰影中。平日落實員工教育訓練，將火災的危險及可怕深植於員工的觀念中，自然可提升員工的警覺性與危機感。日常工作的謹慎與落實，必可相對提升，對於火災的預防將有莫大的助益。

案例中的火災由於發現得早，在火災發生的第一時間，即發現並救出受困客人及進行滅火，幾位主管與房務員合力將初期的火災撲滅，避免了一場可能的浩劫。檢討分析，亦歸功火災警報設備發揮功效、房務人員的警覺性高、主管人員專業及快速反應，因此才能避免了重大災難的發生。由此案例可以得到以下的結論：

1. 消防安全設備平日依規定確實維護保養，才能發揮正常功能。

2.從業人員高度的警覺性，是預防災害發生的基礎。

3.消防安全訓練不可忽視，熟練地使用滅火器材，緊急的時候可發揮關鍵性的效果。

4.落實以上三項措施，災難發生時，可能救你一命。

開發與工程篇

第十章

旅館開發之評估與實施

旅館開發案的評估與實施，從以下的程序一一進行。每個程序都不可忽略，並且相互關聯。評估的深度將影響開發案的風險，甚至成敗。評估小組的組成，應包含業主或業主代表、旅館專業人員、建築專業人員、室內設計專業人員、財稅專業人員等，各方面之專業均須搭配整合，以呈現專業評估結果，並嚴格管制風險。

第 1 節　座落地評估

一、地點

「地點」，可以說是旅館開發案的評估因素中，最重要的一項。對於中、小型旅館而言，更是如此。

評估該地點是否適合興（改）建旅館，該區域是否合適旅館業之發展。周邊的商業活動情形如何？交通是否便利？生活機能是否完備？未來發展性如何？適法性如何？居住或流動人口數量、屬性及消費能力？人力需求來源？土地增值潛力（租賃則免考慮）？

交通亦是一項極重要的因素，不論是商務旅館或是汽車旅館，交通都是一大考量的因素。汽車旅館不一定需要設在市區，汽車旅館鎖定開車族群為主要消費對象，所以只要環境的交通動線順暢，距離市區 20-30 分鐘內，消費者的接受度都算高；商務旅館則不宜離市區太遠，若有便利的接駁巴士或公共交通工具，則可以抵銷因距離產生的負面效應，例如捷運站附近的旅館，或多或少都能享受到捷運便利帶來的商機。

二、土地及建物

取得土地，評估使用分區是否合乎法令可建築旅館？其建築之建蔽率及容積率為何？

若是既有建物改建，評估該建物是否可變更使用執照為旅館用途？其中重要的因素包括其土地使用分區是否合於法令准許變更？消防安全設備之設計及配置是否合於法令規定？有無違章增建？

若為承租方式，由地主依照承租方之旅館設計負責建築，建築結構體及基礎內裝，須取得旅館用途之建築執照及使用執照。這是較標準的合作模式，對於旅館經營業者較有保障。唯市場上許多承租個案，大都依現況或依相互協議之條件，作為承租之方案。情況複雜，無法一一敘述。**表 10-1** 提供前述之承租方案之各項工事負擔者區分，由於市場承租方案係由雙方協議產生，故細部或有不同，僅供參考。

第 **2** 節　認識相關法規及制度

一、旅館的分類

經營者對於旅館業相關的法規、主管機關和申辦流程，亦須具有一定的了解，以利日後的經營管理。首先，會面臨到需申請何種類別的旅館。我們先了解台灣的分類，依據內政部觀光局的資料，台灣的旅館共分為三類（不含民宿）：

1.國際觀光旅館。

表 10-1　工事負擔者區分表

工事項目	工事負擔者	
	建物業主	借主／旅館業主
結　構　工　程	○	
外　飾　工　程	○	
市　招　工　程		○
園　藝　景　觀		○
騎樓／人行道	○	
裝　潢　工　程	水泥粉刷	○
衛　浴　設　備		○
配　電　工　程	○	
停　　車　　場	停車設備或停車格	自動控制設備
電　　　　　梯	○	內裝
受　電　設　備	○	
水　電　配　管	外部水管、配電盤	內部配管、配線
隔　　　　　間	○	
發　　電　　機	○	
總　機　設　備		○
電　話　設　備	外線配線盤	內線配線及話機
廣　播　設　備	○	
消　防　設　備	○	
給　排　水　設　備	○	
瓦　斯　配　管	○	
鍋　爐　設　備		○
污　水　排　放　設　備	○	
避　難　設　備	○	
排　煙　設　備	○	
換　氣　設　備		○
空　調　設　備		○
弱　電　工　程		○
電　腦　工　程		○
廚　房　設　備		○
家　　　　　具		○
燈　具　設　備	基本燈具	○
機　　　　　房	○	
有　線　電　視	訊號電纜配線	○

註：最終之工事負擔者，依業主與借主雙方協議產生結論。

2.一般觀光旅館。

3.一般旅館。

　　此三類的旅館類型，硬體設備的標準不同，管理的法源依據、主管機關均有所不同。國際觀光旅館、一般觀光旅館均屬觀光旅館之範疇，硬體設備內容、種類、面積、客房數等，均有基本的規定；一般旅館則無。觀光旅館的主管機關為交通部觀光局，一般旅館的主管機關為縣、市政府。

　　至於中、小型旅館應申辦何種類型的旅館較為適當呢？應視旅館本身的條件、規模與經營方向而定。實務上，國際觀光旅館必須具有一定的規模，基本上客房數在 350 間以上，並規劃有豐富的商務及休閒設施，則較具有競爭力，並且經營的客層多以國外客人為主。一般觀光飯店的規模亦應在 200 間客房以上，必須規劃數個餐廳及其他基礎的設施，除本國顧客外，必須具部分穩定的國外客源。不論是國際觀光旅館或是一般觀光旅館，須參加觀光局所辦理的「旅館評鑑制度」，3 年評鑑一次，結果以五星、四星、三星給予旅館等級及標章，對於旅館的形象及國外人士的觀感，有正面的助益。當然，不參加評鑑，或是評鑑未通過，則無法獲得三星級以上的等級。那麼，對於申請觀光旅館的歸類則變得沒有意義了，並且對於觀光旅館的經營亦有很大的影響。由於觀光旅館的主管機關為觀光局，並且依據「觀光旅館業管理規則」第 26 條規定：「觀光旅館業開業後，應將下列資料依限填表分報各級主管機關：一、每月營業收入、客房住用率、住客人數統計及外匯收入實績，於次月十五日前。二、資產負債表、損益表，於次年四月底前。」

　　故觀光旅館業者需依本條規定提供月報及年報，以利觀光數據的統計，包含營運情況、客層分析等相關報表。一般旅館則無上述

的規定與限制，基本上中、小型旅館多屬此類型的旅館。由於規模較小，申辦一般旅館的基本限制較少。但近年來的新興旅館，已不乏具高水準的個案，在質感與服務水準方面，絕不遜於觀光旅館，甚至更有過之。其硬體規模已符合申辦觀光旅館條件，但多數仍以一般旅館申請，原因是一般旅館的經營上較具有彈性，並在一般旅館市場上已掌握了優勢，或許並不需要星級的「加持」，即能在市場上占有一席之地。經營情況良好者，其市場形象與獲利能力，亦並不亞於大型規模的觀光旅館。

二、旅館業相關法規

旅館業所涉及的法規如下。因種類繁多，僅將主要的相關法令簡單介紹於後：

發展觀光條例	商業團體法
觀光旅館業管理規則或旅館業管理規則	營業稅法
觀光旅館及旅館旅宿安寧維護辦法	食品衛生法
獎勵觀光產業優惠貸款要點	營業衛生法
（各縣市）都市計畫住宅區旅館設置法規	飲用水管理條例
都市計畫法	水污染防治法
區域計畫法	社會秩序維護法
公司法	著作權法
建築法	勞動基準法
消防法	商業登記法
兒童及少年性交易防制條例	消費者保護法
勞工安全衛生法	

（一）發展觀光條例

本條例針對一般旅館之主要規定為，定義旅館業為除觀光業以外對旅客提供住宿、休息及其他經中央主管機關核定相關業務的營利事業屬之。經營旅館業者，除依法辦妥公司或商業登記外，並應向地方主管機關申請登記，領取登記證後，始得以營業。

（二）商業登記相關法規

以公司型態經營旅館業，需先經公司登記，成立法人，目前公司登記採準則主義，凡在書面資料符合一定標準者，得取得核准。商業登記之申請，需由商業負責人向營業所在地之主管機關提出。而申請之登記事項，主管機關得隨時派員抽查。

對於未經營業登記的業者，目前主要是由各地的聯合檢查小組進行查報舉發的工作，將違法的業者名單送交觀光主管機關建檔，並送工商登記單位處理，工商登記單位則依法裁罰。

（三）都市計畫法相關法規

按照目前都市計畫法台北市、台灣省、高雄市之施行細則的規定，住宅區內除經核准之國際觀光旅館外，不得設立旅館，主要目的乃在維持住宅區的居住品質。但台灣省及台北市先後放寬住宅區有條件設置旅館，即增加第三種住宅區、三之一住宅區、三之二住宅區、第四種住宅區、四之一住宅區，這些住宅區之定義指區內面臨較寬之道路，臨接或面前道路對側有公園、廣場、綠地、河川等，而經由都市計畫程序之劃定，其容積率得酌以提高，藉此有條件的在住宅區內准予一般旅館業經營使用。

（四）建築法及消防法相關法規

旅館業目前所面臨的另一個較嚴重的法令問題是建築及消防相

關的法令。消防設施如滅火器、消防栓、撒水設備、警報器、標示設備、逃生設施，對不同規模的旅館有不同標準。建築方面，也對旅館的安全門、走道寬度、樓梯寬度等有特別的規定。目前由於火災事件頻傳，社會大眾對此特別注意，政府部門亦特別強調公共安全的重要，因此有關消防建管方面已成爲管制的重點，聯合檢查小組也將此列爲稽查重點。

（五）社會秩序維護法及刑法相關法規

在政府大力整頓治安的情況之下，旅館業也名列稽查取締的重點，一般而言旅館業者爲求自身營業利潤，不希望妨礙社會治安的事件影響其顧客的投宿意願，均樂意與警方配合，如通報可疑人物及犯罪事件等。

（六）旅館業管理規則

旅館業在民國 74 年以前屬於「特定營業」之一，歸警政單位管理，後於民國 74 年才劃出「特定營業」之範疇，北、高兩市改由工商單位管理，至民國 79 年 7 月，才由行政院指示統一劃交觀光單位納管。目前台北市、高雄市、台灣省各自訂有旅館業管理規則，由於屬地方單行法規，不附有充足的罰則，旅館主管機關發現違法情事時，只能引用其他法令，經由其他行政機關裁罰，本身沒有對旅館業者的約束力，使其處於有責無權的狀態。

（七）勞工安全衛生法

旅館業屬勞工安全衛生法中適用對象之餐旅業，旅館業之雇主，爲保障其員工安全與健康，不僅應要符合標準的必要安全衛生設備，也應對於旅館場所之通道、地板、階梯或通風、採光、照明、保溫、避難、急救、醫療等及其他爲保障員工健康及安全所設

置之設備妥為規劃，並採取必要措施。再者，業者需對員工進行安全衛生教育及訓練，並宣導相關安全衛生之規定。

（八）台北市社區參與實施辦法

本項辦法為台北市單行法規。台北市政府為了促進土地合理利用並兼顧周邊居民之權利，降低土地使用變更對社區引起之衝擊，故在執行台北市土地使用分區管制規則附條件允許使用之核准基準表中，規定有關辦理社區參與等事宜，藉以輔導業者善盡社區參與之責，且協助其與當地居民建立良好之互動關係。

有關台北市新旅館之設立申請，其土地使用分區若屬住宅區住三、住四用地，為促進土地的合理使用、兼顧社區居民的權利，以及平衡土地使用對社區造成的衝擊，須依民國 89 年 7 月 1 日施行之「台北市社區參與實施辦法」規定辦理，故有關單位實需先行研擬辦理社區參與之程序與執行規定，以便輔導後續新設立之旅館業者。

三、辦理旅館業登記程序

1. 經營旅館業者，除依法辦妥公司或商業登記外，並應向地方主管機關申請登記，領取登記證後，始得營業。
2. 依「營利事業統一發證辦法」，逕向當地縣（市）政府洽辦「旅館營利事業登記證」。
3. 台灣省於都市計畫住宅區設置旅館者，須經當地觀光主管機關審查核准。

四、旅館的證照及標章

第一，依據「觀光旅館業管理規則」第 3 條規定之「國際觀光

旅館及一般觀光旅館專用標識」如圖**10-1**、圖**10-2**。

第二，依據「旅館業管理規則」第 13 條規定：旅館業申請登

尺寸：53.5 × 53.5（公分）

背面貼附編號小銅片

圖 10-1　國際觀光旅館專用標識

尺寸：36.5 × 36.5（公分）

背面貼附編號小銅片

圖 10-2　一般觀光旅館專用標識

記案件，經審查符合規定者，由地方主管機關以書面通知申請人繳交證照費，領取旅館業登記證（圖 **10-3**）及旅館業專用標識。第15 條：旅館業應將旅館業專用標識懸掛於營業場所外部明顯易見之處（圖 **10-4**）。

「旅館業專用標識」形式為：形體—圓形，顏色—黃底，圖案為藍、綠二色。意涵—「H」為英文「Hotel」的字首，代表旅館業，以環繞的圓弧，象徵著銜接，代表旅館業「完善的服務」；循環不斷的圓弧，也代表著台灣旅遊業的發展前景，生生不息、蒸蒸日上。藍色代表潔淨；綠色代表健康。

第三，「一般旅館專用團體服務標章」外框以我國梅花為圖形，內部鋼構屋圖形代表合法旅館之安全可靠（圖 **10-5**），旅館公

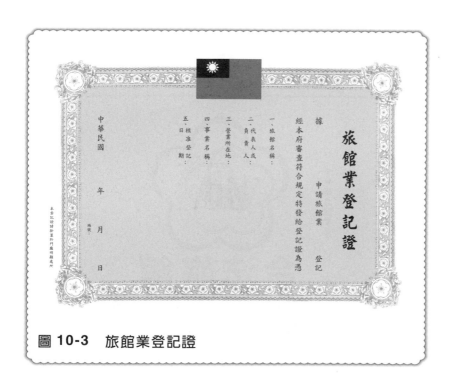

圖 10-3　旅館業登記證

圖 10-4　旅館業專用標識及旅館業登記證

圖 10-5　一般旅館專用團體服務標章

會全國聯合會現授權各縣市旅館商業同業公會發給各縣市政府合法
登記之旅館業者使用，並將授權使用之旅館名細列冊備查。

五、聯合檢查制度

目前一般旅館之輔導與管理業務之主管單位由於各縣市之編制
不同，單位亦不同（**表 10-2**）。以台北市為例，主管單位由台北市
政府交通局第四科掌理，其主要業務包含：旅館業申請營利事業設

表 10-2　各縣市旅館業主管機關名單

主管機關	地址	電話、傳真機
觀光局　旅館業查報督導中心	106 台北市忠孝東路 1 段 341 號 4 樓	TEL：(02)2349-1520 FAX：(02)2773-9297
台北市政府　交通局　四科	110 台北市市府路 1 號	TEL：(02)2725-6901 FAX：(02)2758-5041
高雄市政府　建設局　五科	802 高雄市苓雅區四維三路 2 號 9 樓	TEL：(07)331-6040 FAX：(07)331-6202
台北縣政府　建設局　觀光技術課	220 台北縣板橋市中山路 1 段 161 號	TEL：(02)2968-3065 FAX：(02)2967-0755
基隆市政府　交通旅遊局　觀光課	202 基隆市中正區義一路 1 號	TEL：(02)2427-4830 FAX：(02)2428-0138
宜蘭縣政府　工商旅遊局　觀光課	260 宜蘭縣宜蘭市和平路 451 號	TEL：(03)936-4567 FAX：(03)936-2240
桃園縣政府　觀光行銷局　觀光發展課	330 桃園縣桃園市縣府路 1 號	TEL：(03)337-9832 FAX：(03)331-4011
新竹縣政府　觀光旅遊局　管理課	302 新竹縣竹北市光明六路 10 號	TEL：(03)551-8101 FAX：(03)551-2821
新竹市政府　交通局　觀光旅遊課	300 新竹市中正路 120 號	TEL：(03)526-9584 FAX：(03)522-0240
苗栗縣政府　工務旅遊局　觀光課	360 苗栗縣苗栗市縣府路 100 號	TEL：(037)331-497 FAX：(037)328-905
台中縣政府　交通旅遊局　旅遊推展課	420 台中縣豐原市中興路 136 號	TEL：(04)2515-2584 FAX：(04)2525-1622

（續）表 10-2　各縣市旅館業主管機關名單

主管機關	地址	電話、傳真機
台中市政府　新聞局　觀光課	400 台中市中區民權路 99 號	TEL：(04)2222-1436 FAX：(04)2224-7914
南投縣政府　交通旅遊局　營運課	540 南投縣南投市南崗一路 300 號	TEL：(049)223-2380 FAX：(049)220-1777
彰化縣政府　觀光旅遊局　觀光管理課	500 彰化縣彰化市中山路 2 段 416 號	TEL：(04)728-9422 FAX：(04)728-1672
雲林縣政府　建設局　觀光課	640 雲林縣斗六市雲林路 2 段 515 號	TEL：(05)533-6104 FAX：(05)534-2463
嘉義縣政府　觀光旅遊局　觀光產業課	613 嘉義縣朴子市山通路 7 號 2 樓	TEL：(05)379-9056 FAX：(05)366-1349
嘉義市政府　交通局　觀光課	600 嘉義市民生北路 1 號	TEL：(05)229-4593 FAX：(05)229-4601
台南縣政府　交通觀光局　觀光行銷管理課	730 台南縣新營市民治路 36 號	TEL：(06)635-3226 FAX：(06)632-9247
台南市政府　交通局　觀光發展課	708 台南市安平區永華路 2 段 6 號	TEL：(06)299-1111 FAX：(06)298-2800
高雄縣政府　觀光交通局　觀光管理課	830 高雄縣鳳山市光復路 2 段 132 號	TEL：(07)747-7611 FAX：(07)790-5347
屏東縣政府　建設局　觀光推展課	900 屏東縣屏東市自由路 527 號	TEL：(08)732-3180 FAX：(08)733-0968
澎湖縣政府　旅遊局　旅遊推廣課	880 澎湖縣馬公市治平路 32 號	TEL：(06)926-8545 FAX：(06)926-4710
台東縣政府　旅遊局　觀光管理課	950 台東縣台東市中山路 276 號	TEL：(089)357-095 FAX：(089)335-349
花蓮縣政府　觀光旅遊局　管理課	970 花蓮縣花蓮市府前路 17 號	TEL：(03)822-1711 FAX：(03)823-7213
福建省政府二組	893 金門縣金城鎮民權路 34 號	TEL：(082)320-195 FAX：(082)321-248
金門縣政府　觀光局　交通旅遊課	893 金門縣金城鎮民生路 60 號	TEL：(082)324-174 FAX：(082)320-432
連江縣政府　觀光局　觀光課	209 連江縣馬祖南竿鄉介壽村 76 號	TEL：(0836)25125 FAX：(0836)23012

資料來源：觀光局網站、台北市政府交通局網站。

立、變更登記申請，及召集市府建設局、工務局、消防局、衛生局等單位，會同勘查其營業場所。此外亦進行每年一次不定期之旅館業聯合檢查，檢查對象為台北市所有的一般旅館，可分為有照及無照旅館二類，進行所有旅館之全面普查。

　　主管單位針對有照及無照旅館檢查時，分別製作兩種現場紀錄表，一式四份，由交通局會同建設局、消防局及衛生局聯合檢查，此外在無照旅館業部分，另行會同工務局，對於檢查不符規定者，由各業務權責機關予以處罰，並通知限期改善，再行複查，若逾期不改善者，則由各業務權責機關依法處理。

　　每年旅館業聯合檢查全面普檢之後，再由相關業務人員更新、修改台北市一般旅館業之資料庫，以掌握最新、正確的資料，便於日後業務上之輔導與管理。此外，將檢查合法之旅館整理登入相關網站，以提供給民眾另一個新的資訊管道與參考資料。

　　現行之一般旅館業管理方式主要以檢查作業為主，也就是針對旅館之基本安全及衛生進行查驗，以提供住宿房客最基本的需求，但隨著時代不斷地改變，消費者的需求亦隨之改變，從早期僅需要簡樸的落腳地方，到今日為了因應各式不同需求之旅客，市場上亦出現多種型態的住宿環境，消費者的要求也越來越多，除了基本的安全衛生外，還包括：完善的設施、舒適的設備、個人化的服務、多元化的服務等。因此，即使是一般旅館，亦可有許多不同的市場區隔，以滿足各類型需求的消費者，此時管理暨輔導單位則可依照各等級旅館之要求項目進行督導與考核，以更符合市場多樣化需求。

第 3 節 旅館設計

一、面積計畫

確定經營規模或營業面積之前，必須先確定建築面積及總樓地板面積。其計算營業面積的方式如下：

總樓地板面積（不含地下室停車場面積）扣除電梯、逃生梯、管道間、倉庫、走道之空間（前述總合約占 30％），才是可以利用的營業面積。

營業面積＝總樓地板面積× 70％
客房總面積＝營業面積－大廳面積－餐廳面積－其他設施面積

大廳面積、餐廳面積與其他設施面積，假設占營業面積的 20％，則

客房總面積＝營業面積× 80％
客房總面積÷每間客房平均面積＝客房間數

如此，便可預估客房的數量。在實務上，由於中、小型旅館的規模並不大，建築物的基地面積通常都不大，至於大廳面積與餐廳面積占總營業面積的比例，其實並沒有較固定的數據。需視建築物的設計情形而定，主要的因素是受限於單一樓層的面積。而建築的設計，通常均以最大的建蔽與容積率作爲首要的考量。

如果確定了樓地板面積與樓層數，便可以作更確實的預估。

一般來說，一樓或者一、二樓的位置將作大廳與餐廳使用，二、三樓以上作客房使用。因此，作客房使用的樓層總面積，將可以預估。舉個例子來說明：「建築物的樓地板面積 200 坪，地上 10 層，地下 2 層。設定大廳及餐廳設於一樓。二樓以上為客房，地下層為停車場。」

單層可規劃客房數的計算，扣除電梯、逃生梯、管道間、倉庫、走道之空間，約占 30 ％。

單層客房總面積　200 坪× 70 ％＝ 140 坪

設定每間客房平均 10 坪，則

單層客房數量　　140 坪÷ 10 坪＝ 14 間

再考慮套房的數量，若設定套房的面積為 15 坪，每層樓 2 間。則每層樓的客房數量將減少 1 間，成為 13 間。

全館客房數量　　13 間× 9 層＝ 117 間

車位數的計算，設定每個車位平均占據 10 坪的空間（含機房、車道、逃生梯、電梯、畸零地），則：

地下層總面積　　200 坪× 2 層＝ 400 坪
車位數量　　　　400 坪÷ 10 坪＝ 40 個

以上的預估，屬於基礎的數據，需視實際的狀況加以調整。若將餐廳面積增加，或是另加入其他設施的規劃，則客房面積便相對減少。常被規劃進中、小型旅館的設施，如商店、游泳池、SPA、Lounge 等。

另外，依據業主的期待與理念，若不希望過多的房間數量，則

可以加大房間的平均面積，或增加套房、大房間的比例，則房間數自然減少。

二、定位

「定位」對於旅館的經營是極為重要的，並且關乎開發案的各項設計的進行，也就是說，什麼樣的定位，就會爭取到什麼樣的市場；什麼樣的客層，也就關係著房價的制定，因此所有的設計及投資相關事宜，均是以此為考量之起點，由此發動，發展至各相關程序。是故，定位為一切之評估及設計事務之基礎。

定位簡單的說，就是說這個即將問市的旅館，是個什麼型態的旅館？是商務旅館？汽車旅館？還是度假旅館？是住房導向、休息導向、還是休閒度假導向？定位要明確，而不是「霰彈槍打鳥」，打出去一片，打到什麼就是什麼。這是最差勁的定位策略，也可以說是沒有定位。

舉例來說，汽車旅館就是要大打情侶牌，加強情趣性與感官刺激，吸引情侶來此尋求另一番滋味；休閒旅館就是要強調休閒的功能，享受健康舒適，徹底放鬆心情，解放壓力；商務旅館最重要的就是整體商務功能的表現，講究細節，注重親切和善的貼心服務。

當然，一家旅館有可能是兼具主要定位以外的功能，但是必須有主要與次要之分。市場上不乏有商務旅客投宿汽車旅館，或是非商務旅客偏愛純商務飯店的情況，但是就比例來看，這些都是較少數的特例，而非大多數。說到這裡，有個問題值得推敲，到底商務和休息這兩種客層有沒有衝突？是不是「商務旅館就不能做休息」，或是「休息為主的旅館不能做商務客人」？其實這個問題在許多業者的看法並不一致，主要是因為每個個案的條件不一，其相互影響的情況與程度也不一，所以並沒有一個定論，完全要看個案

的地點、動線規劃、價格策略、產品特性等。

　　二者雖不相容，但也並不是百分之百衝突的。只要操作得宜，是可以將衝突的程度降到最低，減少相互的干擾。但是，經營者要能充分掌握主要市場目標，孰輕孰重，適當拿捏，在範圍內儘量發揮最大的能量，爭取較高的績效。而不是毫無計畫性的無限上綱，否則必會影響原定位客層的消費意願。所得到的結果，可能因小失大，得不償失。因為從來沒有一個飯店可兼具商務與休息的完全功能，並且商務和休息都經營到最高業績，這種情況是不太可能的。

　　決定旅館定位所需要考慮的因素有哪些呢？

1.區域特性。

2.市場需求調查。

3.投入資金能力。

4.業主的理想。

　　唯有定位明確，並且在政策的制定、管理的方式、人員的訓練、設備的配置、備品的選擇、風格的設計、氛圍的營造，甚至員工制服、旅館形象的設計等，均必須充分符合定位走向。進而掌握市場目標，發揮良好的管理及行銷，才能創造優良的經營績效。有些號稱商務旅館，卻沒有商務旅館應有的作法與水準，或是號稱汽車旅館，卻連基本的汽車旅館的型態與動線都不符合。這些旅館的作法並不能獲得市場的共鳴，經營績效必然無法達到理想。所以，結論是「沒有定位就沒有市場」。

三、建築設計或改建設計

（一）外觀

建物應考慮儘量設計較大面積的窗戶，尤其是較高層建築，可增加室內光線，並且使每一個客房都具有較多的窗戶。窗戶對於客房來說，是極重要的考量，因此，除非不得已，否則儘量避免設計無窗戶的客房（Inside Room）。

外飾工程之設計及素材選擇，應具美觀、醒目、造型有特色、易於保養等功能。市招的設置位置應事先加以考慮妥當。

（二）隔間

依據事先之旅館設計概念、定位及面積計畫等，適當規劃各場所之隔間。各場所、區域之間，應特別加以考量相互之動線關聯，必須適切並避免干擾。隔間之材質如磚牆、木作、矽酸鈣板或類似之材質等，都必須考慮其法令之適用與實際功能需求相結合。防火區劃與防火建材之選用，相互間關係亦必須作妥善的規劃。基於法令之修訂及消防安全之考量，現代旅館之客房門及隔間用素材，多採用甲種防火門及耐燃建材，如此對於消防安全具有極大之功效。

大廳、餐廳、廚房、洗手間、貯藏空間、倉庫、逃生梯間、布巾投擲管道、辦公室、進出貨區、機電室等，都必須依據實際需求，規劃最適切的位置及面積。

（三）挑高

市區的建築物因受都市計畫容積管制，故樓層之高度設計，均以容積率為優先考量。中、小型旅館若採建物承租方式，大都無法對挑高的部分多所要求，一般均以住家的挑高作為設計標準，兩層

樓地板間之高度大約在 2.5-2.8 公尺上下，若扣除裝設管路與空調機件等設備的高度約 0.5-0.6 公尺，則實際使用之高度則稍嫌不足。

旅館用途的建築，其挑高應略高於住家的挑高，並在不同用途的樓層設計不同的挑高，例如，大廳、宴會廳等，挑高應在 3.2-4.5 公尺，較高的挑高可表現氣派。而客房的挑高設計，太高會過於空曠，讓人缺乏安全感，太低則會產生壓迫感。因此，客房高天花板的平均高度以 2.5-3.0 公尺為宜，太高太低都不理想。走道的低天花板高度則應不低於 2.2 公尺。

以上所述天花板部分，均為裝潢後之高度，至於建築或改建的設計，應將管路的空間併入考慮。

（四）電梯

依據「觀光旅館建築及設備標準」中規定，國際觀光旅館及一般觀光旅館客房數在 150 間以下，至少應設電梯數量二座。一般旅館則無規定，依建築相關法規之規定設置。唯電梯數量之計算，應依使用人數加以估算，涉及較複雜的計算概念。依實務經驗，客房數在 40 間以下，設一座 10-12 人份；41-150 間，至少二座 12-15 人份，或三座 10 人份。客房 151-250 間，設三座 12-15 人份。

以上之數據為最低之參考值，不得少於這些數量。若考慮餐飲來客量較大，以及旅客之便利與舒適，視需求增加一座，或將規格增大亦無不可。並且，若另設有一座以上之員工用工作電梯，為較符合理想之規劃。唯需考量工程預算增加之問題。

（五）公共走道

公共走道的寬度於建築法規有相關規定。實務上，理想走道的有效寬度，單面走道應在 1.2 公尺以上，雙面走道應在 1.5 公尺以

上。規模稍大的旅館，公共走道的面積總合若超過一定的標準（視樓地板面積及總樓地板面積），應注意防火區劃的問題。

（六）逃生梯

逃生梯的設置應符合建築技術規則之規定，一定規模以上之建築物，逃生梯分別設於兩個以上的不同方向位置，亦是較安全的設計。面積較小的建築物限於基地面積等因素，亦常將兩座逃生梯設於同一相對位置，一般稱「剪刀梯」。逃生梯的寬度及與最佳逃生距離均依「建築技術規則」89 條至 99 條之規定設置。

四、室內設計

旅館的設計，除建築範疇之外，室內設計亦是主要重點之一。設計者除對美學及空間利用需熟稔，亦必須具備建築的概念，及對於旅館經營管理實務有相當程度的了解，使設計方向與日後的經營管理層面不致脫節。

從業主的理想、預算的控制、市場的趨勢，到現場管理者的需求等，都是旅館設計者的重要課題，如何將這幾方面加以兼顧，適當地發揮，設計出最佳的方案，實有賴於結合各部門技術，周詳地協調與決策。

（一）樓層設計

依據基礎的面積計畫，實現於各樓層的設計規劃時，必須將所有動態及靜態的實務面加入設計之中，例如顧客動線、客用設施、員工動線、員工設施等，應一一加以考量清楚，避免遺漏或相互衝突，否則事後再行補救，將可能面臨十分困難的窘境，進退失據。

例如，樓層服務檯的位置、動線、面積及功能等，是否與客用動線衝突，這是很重要的規劃，嚴重時可能影響旅館的經營命脈。

功能是否俱全、空間是否足夠支應日後營運的備品存放運轉能力，否則會造成效率降低、浪費人力及資源的情況，對於經營管理都是極為不利的因素。

布巾投擲管道（Linen Chute）（**圖 10-6**）的位置及功能，是否與客用動線衝突、收集區之空間是否足夠、洗衣廠收取動線是否適當順暢等。走道的寬度，單面走廊 1.2 公尺以上，中間走廊以 1.6 公尺以上為宜。電梯玄關之規劃，進出動線是否順暢、與客房之相對關係是否衝突、燈光及裝飾是否適當。電梯的位置避免面對客房。電梯隔鄰的客房，應注意噪音的阻隔問題。餐廳位置及面積是否適當、功能及風格是否一致、客人的使用上是否有障礙、隱密性是否考量、動線是否順暢。

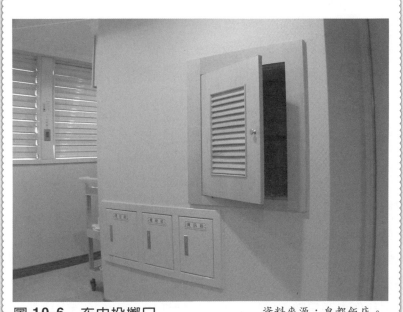

圖 10-6　布巾投擲口　　　　　資料來源：皇都飯店。

（二）客房

　　客房的數量及定位是直接影響中、小型旅館經營績效的重要因素。客房的規劃與設計，亦是重大的關鍵。中、小型旅館的主商品是客房，必須強勢，為市場所接受。硬體的規劃，是基礎而影響重大的，無論空間大小、設備、風格、材質等，都必須注重。

　　首先，客房的空間必須掌握，現代旅館的趨勢，客房的面積已朝向大面積的趨勢發展。尤其強調享受與浪漫的汽車旅館，其客房面積規劃得十分寬敞，七、八十坪以上的客房已非罕見。當然，這樣的規劃屬於特殊的情形，並不是標準的規劃。但是，以目前的旅館市場與顧客層次來說，若規劃小於 6 坪的客房，必定無法與市場競爭，成為市場的弱勢，不可能有好的經營績效。實務的經驗值來看，標準客房以 8-12 坪最為恰當。

　　客房大小的掌握，是要以主力房與平均面積作為參考數據，若因建築物的限制，極少數的客房無法達到標準的面積，這個部分有時候是難以避免的，尤其是既有建築改建的方案中，較為常見。

　　另外，客房的房型（Type）種類，原則上不宜過於複雜，否則對於長期的維護保養、設備及備品安全存量等方面，均有較不適當的影響性。基於市場需求比例，套房占總客房的數量比例約 10 ％至 30 ％，過高的套房比例，需注意閒置的風險。

　　唯現今中、小型旅館，尤其是新興汽車旅館的經營模式，已跳脫傳統的模式。為迎合顧客喜好新鮮感的需求，並且由於客房使用率高，損耗較大，故將定期裝潢的週期縮短，平均一年至一年半即更換壁紙、地毯等，並將裝潢主題作適當的調整，因此多不考慮長期維護保養的問題。所發展出的房型十分多樣，並且面積大的豪華套房比例占客房數一半以上，其房型種類亦甚至超過客房數的 50 ％以上，可謂變化性極大。

客房臥室內擺放各式家具，應注意相對的關係及位置，使用之方便性及功能性為主要考量。走動時，有效的通道距離為 60 公分以上。

衣櫃深度至少 50 公分，60-65 公分更為適當。迷你吧台的深度與衣櫃同。

浴室的設計以功能及舒適為主，空間不宜過小，至少 1.5 坪以上，使用動線必須順暢。基礎的浴缸、馬桶、洗臉檯、淋浴間等均不可缺少，並且尺寸不宜過小，需考慮身材高大的客人的需求。浴室出入口至臥室的走道，有效距離應在 85 公分以上；馬桶與牆壁間的有效距離為 40 公分以上，淋浴間長寬的有效距離為 85-90 公分以上。洗臉檯面除擺設旅館所提供之備品外，應預留空間，提供顧客擺放私人的清潔用品。

由於臥房及客廳均需要採光及景觀，因此，大多的浴室設置在走廊側，並且與隔壁客房的浴室相鄰，共用相同的管道，這樣的設計可以節省管道的成本，並且維修亦較為方便。新興的汽車旅館，在浴室的表現上均極為強調，以符合情趣及休閒感，寬敞的面積及豪華的衛浴設備，並加入大型按摩浴缸、蒸汽室、泡泡床、三溫暖烤箱等豪華設施，成為一大賣點。有些精品汽車旅館，在浴室內設有窗戶或天窗，可觀賞景觀；或將浴缸的位置脫離浴室，規劃在客房的一角，採開放式的設計，成為另一種情趣風味。

（三）走道及公共區域

走道的視線為一直線，在設計上須以造型及線條加以變化，以克服深邃孤寂的感覺，並搭配適當的燈光或是端景、工藝品等，表現層次及立體感，使空間更加活潑富生命力。地毯及壁紙的搭配亦很重要，須注意線條的處理，適當加以變化，避免過於單調呆板。

各類標牌、消防逃生指示燈（**圖 10-7**）、避難設備指示燈（**圖 10-8**）等，除依規定設置外，其美觀性與尺寸、高度等之規劃，亦必須作整體考量，避免凌亂無章。

　　公共區域宜選用質佳的素材，增加美觀及質感。中、小型旅館的公共區域面積一般都不太大，在裝潢方面稍加著墨，表現旅館的水準，應不至影響預算太大。另外，走道及公共區域的天花板避免過低，以免造成壓迫感，尤其是狹長的走道，壓迫感的現象將更為明顯，應特別注意。

（四）門廳

　　門廳的功能在於接待來賓，並且是旅館內各種動線的中繼站，

圖 10-7　消防逃生指示燈　　　　　資料來源：皇都飯店。

圖 10-8　避難設備指示燈　　　　資料來源：皇都飯店。

提供服務的起點和交點。例如，櫃檯、服務中心、旅遊中心、商務
中心、館內電話和公用電話，甚至紀念品賣店、大廳酒吧、咖啡廳
等，都設在門廳的位置。

　　各類旅館門廳的面積並無相關法律規定，唯視旅館之功能設計
而定。中、小型旅館的門廳（大廳）不需要過大，由於規模的關
係，中、小型旅館的門廳之面積，無法與大型旅館競爭規模的優
勢，故其規劃之方向不在彰顯豪華氣派，但須以精緻典雅的氛圍取
勝。重視裝飾和質感，表現獨有的特色，使顧客立即感受「這家飯
店和別家有些不一樣」。那麼，這就是成功的設計。

（五）停車場

停車場亦是現代旅館的需求重點。由於社會經濟的進步，車輛數量暴增，塞車與停車問題，相信已成為每一個身在這個社會中的人的切身問題。因此在消費意識中，會將停車問題納入消費選項的考量因素。

旅館停車位的設置數量，並無旅館相關法規具體規定，唯建築之相關法規則有規範最低的法定停車位數量。至於是否應增加規劃法定車位以外的車位數量，端視經營需求而定。以現代都會區域的旅館而言，停車位若不能滿足顧客的需求，則對於經營將產生極大的影響；停車不方便的旅館，極可能被開車族群的顧客列入拒絕往來戶。至於如何估計停車位需求的數量，主要是考慮客房數及餐廳的座位數，加以估計規劃。

停車位數量與客房數的比例，實務上視旅館的屬性而不同，商務旅館的需求略低，約 30 ％至 40 ％以上。城市型休息屬性的旅館，由於本地顧客比例高，故停車位需求較高，應占客房數量 50 ％至 60 ％以上；至於汽車旅館，應為 80 ％至 120 ％。因為汽車旅館的顧客對於車位的需求是最大的，大都是附車庫的客房，無車庫客房占少數，並且亦另設有停車場。附車庫客房至少配備一個車位，亦有雙車庫客房配備兩個車位，故新興的汽車旅館的停車位均十分充裕，數量甚至超過客房數。

以上的比例數據並不含餐廳來客的停車需求。一般來說，中、小型旅館的餐廳來客數並不大，如此可暫不考慮這部分的需求。若餐廳的來客數較大，則應另加入規劃，提高停車位的比例。

停車場的設計，除了車位數的考量外，亦必須考慮停車的便利性，影響停車便利順暢的因素有：

1.停車場的進出方式（坡道或昇降機）。

2.車道的寬度。

3.停車場動線。

4.停車位的形式（平面或機械式）。

5.停車場照明設備。

6.指示號誌。

7.現場管理是否設置管理人員。

　　許多都會型旅館，土地價值極高，寸土必爭，不免將停車空間作適度的調整或犧牲，其出入口無法設計坡道式，車位亦必須採機械式，或許這是無可奈何的方式。但若無法提供便利的停車環境，則必須以人工服務來彌補，設置代客泊車服務，並且在泊車員的調度與管理上，要多注重。儘量以快速的泊車、取車服務，超越其停車不便的限制，如此，必能得到顧客的認同。代客泊車尚有安全上的優點，專業的停車技術，將可避免許多意外擦撞，並且機械式機樓的操作方式，對於顧客來說是陌生的，易產生危險。

（六）餐廳

　　以客房為主要經營商品之中、小型旅館，大部分亦設置簡單的西餐廳、咖啡廳，主要目的是為了服務館內的房客用早餐、喝咖啡、會客洽談之用。至多提供簡餐，以服務不想外出用餐的住客，主要是提供周到適切的服務，不以營運為主要目的。

　　在實務上來說，多數中、小型旅館所附設的咖啡廳或西餐廳，完全是以服務館內住客、增加旅館附加價值、輔助客房經營為目的，而非以營利為導向。因為這類型的餐廳或咖啡廳，在營利上的困難度頗高，無法在餐廳的經營上獲致利潤。所以，餐廳所產生的成本，應視為客房經營成本的一部分。

這類的咖啡廳或西餐廳，在規劃及陳設上應注意的事項，與正規餐廳的經營不同，必須考慮其實用與操作的便利。首先，整齊清潔是基本的要求。其次，櫃檯的設置不宜過大，一方面占用空間，另一方面若無常態性的專人服務，反而使櫃檯空置，引起顧客的不滿意。因此，服務櫃檯並不十分重要，甚至不設櫃檯亦無妨。另外，應設置咖啡機或茶包、果汁等，供顧客免費使用。即使未設專人服務，只要設置得宜，客人使用方便，由於是免費供應，因此即使是自助方式，顧客亦不會見怪，反而覺得貼心。

有些飯店將這樣功能的空間，設計為 Lounge 的格調，更彰顯質感與氣氛，顧客在使用上更加舒適，亦是很好的概念。

此外，若在設計時結合會議室的功能，將動線、風格及家具的選型妥善設計規劃，可以兼具小型會議室的功能。對於旅館的附加價值更能提升，並可增加旅館的收益。

（七）旅館風格

風格，也是重點之一。風格當然必須配合定位，不同的定位，其設計風格必定不同。風格包括色系基調、素材選用、家具選型、裝飾、燈光等，這些部分通常交給專業室內設計師處理。但設計前必須與設計師充分溝通，調整彼此理念之後，再作設計，以免設計的方向與期待值差異太大，大幅修改，影響日後設計進度與合作的基礎。

不論造型設計、素材與家具之選用，應兼具美觀、實用及保養維護。線條應力求簡明，不宜過於複雜，過多的死角將不易保養。

講求質感較為簡約的設計，是現代商務旅館主流設計之一。汽車旅館的設計仍朝向華麗的歐美式風格設計，彰顯隆重氣派的貴族風範。

（八）配線

配管配線大都規劃在天花板上方，集中走線，再分別至各客房。

客房的總電源控制開關須集中配置在各樓層管道間，以便維修。有些旅館將開關設計於客房內，實為不恰當的作法，客房須留開關箱，不但影響裝潢，維修時亦必須進入客房，若有住客則十分不便，影響營業。

客房電源迴路應注意的部分，例如，客房未用於燈具的電源插座，為預留給客人使用的電源插座，應為獨立與節電的迴路分離。這些插座通常會被用於充電器的使用，以免客人外出時，充電器亦因節電而停止充電，造成客人不便。另外，浴室排風機的電源迴路，應與浴室燈作為同一迴路，開啟浴室燈即排風機運轉，毋須另配電源開關。衣櫃燈的電源開關設於門片某一角落，以磁簧式的開關控制。夜燈的電源，一般設於玄關走道或其他適當的位置，距地面約 30 公分的牆面。所有牆面的電源開關，設在距離地面約 120 公分的高度。空調溫度調節器可配高些，約距地面 140 公分。

電源插座應作妥善規劃，不妨多預留可能使用的電源配線及插座。客房內立燈的電源位置、書桌檯燈的電源位置及電話線出口位置等，是最常見產生誤差的部分，位置的誤差會使電源線拉長並外露，十分影響美觀。走廊的電源應注意緊急照明燈、逃生指示燈、其他標示燈及裝飾燈具的位置，以正確配置電源位置。工作動線的電源亦須考慮妥當，走廊吸塵的電源必須足夠。

（九）動線規劃

動線對於任何營業場所都是十分重視的，當然旅館業的動線規劃之重要性，更是不容忽視，甚至可能成為旅館經營成敗的關鍵性

因素之一，其重要性自是不言而喻。

一個動線良好的場所，顧客活動順暢，人潮分流，避免擁擠與干擾。各區域區隔明確，卻又來去自如，輕鬆愉快，若加入適當規劃，還可以對消費意願產生鼓勵的作用。反之，一個規劃不佳的場所，人潮不斷衝突，相互干擾，用餐的人潮影響購物的動線，甚至洗手間的排隊人潮影響賣場的通行動線，每一處所的人潮均從四面八方而來，又往四面八方而去，這樣的動線，恐怕顧客還沒消費，就已累得半死，哪還有心情消費？業者的營業績效怎能有多好？可見動線規劃將直接影響顧客的消費情緒，進而決定顧客的消費意願。

旅館的規劃，對於動線的需求亦是相當高。不當的動線規劃，無異於消極驅趕客人，造成客人不斷流失而不自知。檢討館內的設備與服務品質，均得不到解答，其原因可能出在「動線不當」。

動線規劃的重點，大部分是硬體結構的設計因素，在旅館建築體設計之初，即應將整體的動線規劃構思納入，詳加考慮各種情況，務求面面俱到，順暢而不衝突。如此，才能得到日後經營時的順利成效。若因事前規劃不當，事後再行修改，不但耗廢資源，徒增成本，並且效果亦可能大打折扣，不如預期。所以，事先的設計規劃是極為重要的。

（十）與建築設計有關的部分

❖ 電梯的距離

電梯的載運能力必須規劃充足，以客房數與尖鋒載客量作為依據，設置適當的數量，避免不足。並且，電梯的位置距離任何客房的距離，若超過 40 公尺以上，恐怕已超出一般人的耐性，顧客的接受度會大大降低。另外，電梯門不可正對客房門。尤其是中國人

的習俗,任何的門與門應避免正對。

❖ **公用洗手間的數量**

  洗手間數量若不足,等待的人潮會影響旅館的水準與品質。小型旅館對於這部分的需求及影響較小。

❖ **停車位之數量及動線是否適當**

  停車場之進出動線需順暢並且安全。若是狹窄的進出道路及車道,不但安全有顧慮,亦直接影響顧客消費的意願。對於休息的顧客,更是一大致命的缺點。

❖ **工作動線與顧客動線是否衝突**

  房務人員工作之動線要儘量與顧客行走動線區隔,以免相互干擾,並且破壞旅館之格調與氣氛。

❖ **倉庫位置及空間是否足夠**

  倉庫之位置不適當,則影響補給動線,並且影響工作效率。

❖ **是否設計布巾投擲管道及布巾收集區**

  若未設布巾投擲管道,每天之髒布巾之運送過程將嚴重影響旅館之正常作業、走道地毯清潔、顧客之便利,以整體格調及品質等。

(十一) 裝飾及標示

  裝飾及標示雖不屬於建築設計範圍的部分,但對於整體動線的效果仍具十分的影響性。在此亦必須加以說明,使動線規劃的整體說明更加完整。

❖ 標示是否清楚

公共設施之指引是否清楚明確？動線之導引是否清晰？這些都會影響顧客的消費情緒，與對本旅館服務的觀感。

❖ 活動物品之擺設是否適當

各類裝飾性的盆栽、屏風、工藝品、端景桌、端景櫃等，擺放位置是否恰當。有效運用這些物品，可以增加動線的靈活感，並且可以掩飾部分因設計引起之不良缺失。

❖ 客房內的動線與各項設備的相對位置須適當

客房內的動線至屬重要，不論公共動線是否得宜，若是客房內的動線不良，將大大影響顧客的便利性以及對於本旅館之觀感。例如，浴室的位置是否得宜？床的位置是否對門，讓客人沒有安全感？化妝鏡或穿衣鏡的位置是否便利，是否對床？操作面板及各類開關的位置是否順手？迷你吧的位置高度是否適當、使用是否便利？家具的擺放及位置是否合宜，相關功能的設備或家具是否規劃在同一區域？走道寬度是否足夠？

(十二) 舊建築變更

中、小型旅館中不乏以舊建築變更為旅館之個案，這些原有建築之原有設計並非旅館用途，所以在許多特殊的功能上，並未作考慮與設計。因此，不論水電管線位置、電梯的位置與形式、樓層高度等，不免存在部分不易改善的問題，皆可能產生規劃上的困難。但必須以技巧加以克服，掩飾其缺失，加以重新規劃，創造新的效果，進而排除其不利成為有利。

(十三) 休息的動線特性

如果是休息導向的旅館，則應將休息族群的需求加以考量，並

納入設計規劃的重點。休息的客人的特性是，因為他們只是短暫的停留，對於軟體服務的要求，並不像商務客人那樣高，反而希望儘量少與他人接觸，亦包括旅館的服務人員。所以，必須規劃強大功能的自動化操作與導引，由系統設備來補強人員的服務。例如，市場上常見的汽車旅館，以電腦選房的快速 Check In 系統，以及客房電視查詢消費帳的系統等，都是符合這個理念的產品。歸納休息族群的需求重點如下：

⚜ 隱密

大部分的休息顧客首重隱密性。這類的顧客重視隱私，不願曝光。因此，在旅館的動線設計上，應特別注意隱密性的規劃。除了建築之通道與出入口之外，館內的動線亦應儘量規劃隱密環境。例如，大廳設兩道自動門，避免外界視線直接穿透至大廳；下車至電梯的距離不可過長及空曠，電梯至結帳櫃檯的距離不可過長及空曠。

在電梯口、電話台等處，設置大型盆栽，以增加隱密性。

⚜ 快速

休息客人為避免曝光，總是行色匆匆，儘量不在客房以外的公共區域停留，或是停留時間越短越好。快速的 Check In 與 Check Out 是休息族群顧客共同的期望。因此，應縮短作業時間，加強自動化的操作及引導，降低人員服務的比例，達到快速且便捷的效果。但若是動線規劃不良，則必影響順暢，進出的時間亦無法快速，不但影響顧客，亦影響旅館的運作。

⚜ 安全

休息族群的顧客，對於旅館的安全性相當重視，這裡所指的安

全性，除了公共安全的部分之外，同時亦包含隱私的安全。

　　具一定規模水準的旅館，公共安全的部分，必定經過相關單位的檢驗與把關，若非特別情況，顧客的質疑並不大；反倒是隱私安全的部分，是大多數顧客所在意且相當關心的，像是旅館周遭的環境及動線，是否容易為他人注意；館內的環境及氣氛是否單純寧靜，具足夠的安全感；客房內是否容易發生遭人竊聽、側錄的可能；停車場的位置及動線是否順暢且安全……。

　　在設備與設施方面，應注意逃生路線的順暢寬敞，消防器材依標準設置及檢修，大廳與外界的視覺穿透性須降低，以降低外界對內窺視的可能性，以及櫃檯與停車場之相對位置及泊車、取車之流程。管理上，應防止旅館周遭有不明人士逗留、窺探等。旅館的客房樓層，須作適當的安全管制，除住客外，不允許閒雜人等出入旅館樓層。

五、工程發包與驗收

　　一般常見的發包方式，分為發小包與統包。各項工程發包至各專業廠商承作，為發小包；將所有工程發包由一人或一家公司承攬，再由此人或公司分別發至各廠商承作，稱為統包。此二種發包方式各有優缺點。為了省事，則發統包，但對於各施作廠商之品質及水準較不易控制，並且各項工程的費用較不明確，以統包之總工程費用作為承攬的費用；發小包則較為費事麻煩，但各項工程之包商較易掌握，工程費用亦較清楚明確，並且對於有經驗的業主，總預算可能較統包低。

　　承包商的審查，應注意其商譽、實績、品質及特性、價格等因素，綜合評審，以遴選出最適當的承包商及產品。

第 4 節　營業計畫

一、房價的制定與策略

(一) 價格概念

　　價格直接影響消費者的決定！這句話只說對一半。顧客對房價的看法，並不是絕對「值」的高低，而是相對「質」與「值」的比例。

　　價值決定價格！「貴」與「便宜」，並不是絕對，而是相對的概念。 100 元是貴還是便宜？那要看你買什麼了！對，就是這個概念。 100 元買一個漢堡？哇，超貴的。 100 元吃一頓快餐，嗯，差不多，還 OK 。 100 元住一晚豪華客房，哇，超便宜的！當然，這恐怕是促銷抽獎活動才有此可能。

(二) 價格制定的原則

　　旅館的房價策略相當重要，會直接影響顧客的消費意願，也直接影響旅館的經營狀況。

　　必須以客房的「質」，來決定其「值」。也就是說，何種等級的質感，便決定其何種等級的價值。以同樣的客房水準而言，對業者來說，房價越高利潤越高，當然越好。但是，過高的房價會嚇跑客人，會得不償失。那麼，較低房價呢？當然會受到顧客的歡迎，住房率會高，但利潤比例必定會降低。

　　另外，制定房價必須考慮市場的慣例與法則、競爭對象以及產品的特性，這便牽涉到策略的運用。所謂產品特性包含：

1.地段。

2.客房空間。

3.裝潢基調、裝潢品質。

4.家具及設備。

5.備品。

6.整體設施。

7.附加價值。

8.軟體服務水準。

9.行銷策略。

10.其他。

當這些因素都被考量與評估後，旅館真正的「價值」便可產生，以此價值去對應實質具體的「價格」是否合宜並為消費者所接受。消費者最期待的價格是「物超所值」的價格，也就是說，廠商訂定的價格，低於消費者內心認定的價格，那麼消費者便會產生「便宜」、「占到便宜」的心態，並且會大大的認同這項產品。因此，房價的制定，必須考慮到消費者的心態，這個部分完全要以消費者的價值判斷為導向，以消費者的立場去看待產品與價格的關係，則不難制定一套既符合市場期待、又符合經營利益的房價與策略（**圖 10-9** 、**圖 10-10**）。

那麼制定房價的依據和技巧到底在哪裡呢？

1.**評估客房的硬體設備水準。**

2.**評估所提供的軟體服務，以及員工的服務水準。**

3.**評估經營成本。**

4.**市場調查，參考周邊類似產品的售價**：除非產品極特殊，否則亦不可過於悖離市場慣例。

京都商務旅館
KYOTO HOTEL

2000年全國優良旅館

TARIFF 房間價目表

● Business Single	商務單人房	NT$ 3000
● Deluxe Single	豪華單人房	NT$ 3250
● Deluxe Twin	豪華雙人房	NT$ 3500
● Standard Suite	標準套房	NT$ 3800
● Deluxe Suite	豪華套房	NT$ 4000
● V I P Suite	貴賓套房	NT$ 4300
● Kyoto Suite	京都套房	NT$ 6600

10% Service charge will be added
*以上房價須另加標準房價之10%服務費。

Check-in After 14:00 ; Check-out Before 12:00 Noon
*下午二時後辦理住房；中午12時前辦理退房。

Extra Bed：NT$500
*加床服務：每張收費NT$500。

Rates are subject to change without prior notice
*價格變更，恕不另行通知。

FACILITIES AND SERVICES 設備及服務

Coffee Shop(1st.FL.)
*咖啡廳(一樓)

Stereo Music/Color Tv/Refrigerator in all units
*所有房間備有立體音響、彩色電視機及冰箱

Sightseeing/Transportation Service
*觀光/旅遊服務

Business Center
*商務中心

圖 10-9　房價表　　　　　資料來源：京都商務旅館。

唯客樂飯店
PASSION ● ELEGANCE ● COMFORTABLE ●

房間價目表

	原價	優惠價
日式套房	NT$ 3200	2560
精緻套房	3500	2800
豪華套房	3700	2960
蜜月套房	3900	3120

＊全部定價均需加一成服務費
＊退房時間:中午12時
＊投宿時間:中午12時
＊歡迎使用信用卡
＊價格變更，不另行通知
＊本價目表自2003年4月1日實施

唯客樂飯店
WAIKOLOA HOTEL
台北市長春路187號 TEL/02-2507-0168 FAX/02-2507-4620

圖 10-10　房價表　　　　　　　資料來源：唯客樂飯店。

5.將價格訂在顧客能忍受的「最高值」：顧客能接受的價格亦
　是有範圍空間的，將價格訂在這個範圍內的最高值，便是成
　功的價格。

6.注意價格區段的心態性：例如 1,000 元與 980 元，在顧客的
　感覺上會有差別，並且這個差別性，會高過 20 元的實質差
　異。市場上經常看到商品價格以 999 元來制定，便是同樣的
　道理。

7.住宿價格和休息價格，一般是有大約的比例關係：並且，休

息基本費用和逾時費用的關係亦有相關的比例。休息價格大約是住宿價格的三分之一，休息若基本 2 小時，再加上逾時 10 小時的費用，與住宿費用比例大致相當。舉個例子來看：

住宿房價 1,980，休息房價 660，逾時 120

住宿房價 4,800，休息房價 1600，逾時 320

現今新興的汽車旅館，許多不以上述比例作為標準，常將基本費和逾時的費用加高，作為不鼓勵消費者逾時的策略，通常逾時 4-5 小時的費用即達到住宿的房租。唯住宿限制 12 小時。

8. **符合經營策略**：某些旅館，旅館本身的休息條件不錯，但運轉能力不是很高，便可以採休息較高的房價，以價制量，不失利潤又符合本身運轉能力；但若空房率較高的旅館，或休息條件沒有優勢的旅館，則應反向操作。

9. **找零的技巧**：制定房價的零頭數字，會影響找零時的金額，進而影響從業人員小費的多寡。這個部分，因與優質的服務原則相牴觸，但市場上亦經常被採行。其實顧客亦非傻瓜，也能察覺，容易產生負面的印象。因此並不鼓勵此種作法。唯有真誠的服務，獲得顧客的認同，自然來得到更多的回饋。

10. **是否外加 10 ％的服務費**：原則上商務型態的旅館具一定比例的國外顧客，制定外加 10 ％服務費較無問題；而汽車旅館或是以本國客人為主要客層的旅館，則不宜另加 10 ％，否則易引起顧客抱怨，反而遭致反效果。另外，折扣是否含服務費一併折扣，亦或是僅房租打折，服務費照原價的 10 ％計算，這也是必須制定清楚的。

（三）房價制定的基礎公式

房價的制定是一門至爲重要的課題，關乎日後的營運績效。所以必須謹愼研究，再三斟酌，將可能的因素均加以一一考量。

房價的制定，相關的因素如產品的品質、市場消費力、建設成本、期待的營收額等。有兩種公式來計算房價的基礎，作爲制定房價時的參考數據，在此僅介紹公式的結論，不討論公式理論及推算過程。

❖ 希爾頓（Hilton）式的計算方式

這個計算方式，是以旅館的總建設經費（包含所有的成本費用，但不含土地費用），除以房間數量，即可得到平均每間客房的建設費用，以這個值的千分之一，作爲房價的基礎。因此公式爲：

房價＝總建設費用／房間數× 1/1000

這種算法，以大型觀光旅館開發案來看，較爲適切。但就中、小型旅館的開辦實務中，1/1000 的參數似乎較爲偏低，若修正爲 1.2/1000 至 1.5/1000，則較爲恰當。

❖ 羅依哈巴特（Roy Hulbart）式的計算方式

這種計算方式，並不討論投資的成本，完全以「實際的成本」與「自訂的利益目標值」作爲推算房價的依據。因此，必須參考市場的機能與客房的品質等因素，以適切數據加以推算，否則若缺乏市場經驗的評估結果，將可能得出悖離市場的數據。但是，這種純「數學」的方式，在作爲各類相關數據的計算上，具有相當大的參考性，相信許多有經驗的旅館從業人員，都曾採用此種方式計算相關的數據。公式爲：

房價＝（一年的總經營費用＋一年的利益目標）／（客房數×平均住房率× 365）

本公式亦可簡化為：

房價＝（月的總經營費用＋月的利益目標）／（客房數×平均住房率× 12）

以上的公式中，並未加入投資金額（總建設費用）的概念，因此無法計算投資報酬率，並且無法以此評估投資額的正確數據，在以下的主題中，將介紹投資額、營業成本、利潤、住房率與房價的關係。

二、投資額評估

投資額的評估，與報酬率有絕對的關聯性，何種金額的投資，應有何種比例的回收，這是投資案的基本評估概念。當然，評估報酬率之前，必須先評估營業之業績情況，這個部分的見解，許多人經常大不相同。原因是不同的人對於市場的認識與了解並不相同，因此產生的見解便容易有落差，不僅是旅館業，任何領域均有此現象。

投資額的設定，基本上有兩個概念，一個是「投資多少金額，便要作多少的生意量」，另一概念則是「能作多少生意量，便投資多少的金額」。兩種概念雖是相互反向考量，但都是正確的。只要在運用上，加入經驗值及投資者的前瞻與膽識，至於是否悖離一般市場法則，則並無所謂之標準答案。縱觀台灣現代的中、小型旅館市場，不乏重金斥資數億的投資案，突破市場法則的規範，並成功創造新的消費行為、新的價值觀念。這樣的案例正可說明，旅館的

品質與價值（價格），只要是正比的比例，便可以得到消費者的認同。有關投資額與營業情況的對應關係，接下來的小節中會加以詳述。

三、營業額預估

本項營業額，僅以客房部門的收入為計算基礎，有關餐飲收入及其他收入（電話、洗衣等收入），暫忽略不列入計算。但若旅館包含規劃較具規模的餐飲部門，則應依經驗值加入餐飲收入。

準備各項參數如下：

客房數
設定住宿及休息的平均房價
設定住宿及休息的平均住房率（休息使用率）

推算每日的住休間數及營業額如下：

日住宿房租收入＝住宿平均房價×客房數×住房率
日休息房租收入＝休平均房價×客房數×休使用率
日營業額＝日住宿房租收入＋日休息房租收入＋日餐飲收入＋
　　　　　其他收入
日住宿間數＝客房數×住房率
日休息組數＝客房數×使用率

推算每月的住休間數及營業額如下：

月住宿房租收入＝住宿平均房價×客房數×住房率× 30
月休息房租收入＝休平均房價×客房數×休使用率× 30
月營業額＝月住宿房租收入＋月休息房租收入＋月餐飲收入＋

其他收入

月住數間數＝客房數×住房率× 30

月住數間數＝客房數×使用率× 30

推算每年的營業額如下：

年住宿房租收入＝月住宿房租收入× 12

月休息房租收入＝月休息房租收入× 12

年營業額＝年住宿房租收入＋年休息房租收入＋餐飲收入＋其
他收入

四、預估營業成本

（一）薪資成本

依預估的人事編制及薪資，估算人事成本費用。本項費用除房
屋租金外，為費用項目中所占比例最高之一項，一般約占營業額之
15％至 25％。

（二）水電瓦斯

水費、電費、瓦斯費等之總和。電的用量關係市招的型態、客
房是否設置節電等因素；水的用量關係浴缸的尺寸形式、休息的業
績比例等；瓦斯與熱水使用量有關。

（三）洗滌費用

一般以營業組數作為洗滌費用的估算基礎：

月洗滌費用＝（平均日住宿間數＋平均日休組數）× 30 ×每
組的洗滌單價

（四）早餐食品成本

顧客住宿附贈早餐的作法，已成為旅館市場的標準作法，大部分旅館均已跟進。因此，除非有特殊的促銷方式，或是另具備有效的誘因，否則附贈早餐的作法是有必要被採行的。早餐食品成本，指的是早餐的食材成本，並不含人事及其他水電等支出。

（五）廣告促銷

媒體廣告的費用，視促銷計畫而定。

（六）修繕準備

提撥若干比例，約毛利之 3％至 7％。

（七）房屋租金（銀行利息）

建物之承租金額。若為自有建築，則將建築費用之貸款利息納入本項。本項約占營業額之 10％至 25％，與人事薪資為成本支出之最大比例之二項。

（八）保險費

內容為員工健保費用、建物之火災險、第三責任險等費用。

（九）職工福利

職工慶生、禮品、禮金、奠儀等。

（十）勞退金提撥

自 93 年 7 月 1 日起「勞退新制」實施後，規定勞工退職金之提撥比例，不得小於薪資的 6％。

勞退金提撥金額＝薪資總額× 6％

（十一）雜項費用

雜項開支、文具等。

（十二）稅金

發票稅、營業稅等。

（十三）預估投資報酬率

投資週期設定為 10 年。

首先估算每月獲利能力，計算方式如下：

月淨利＝月營業額－月成本總額（含稅款）

總淨利＝月淨利×12 月×10 年

投資報酬率＝總淨利÷投資額

回收時間＝投資額÷月淨利

五、修正各項評估值

經過較具體的規劃實踐後，部分之計畫和參數值與原始之構想必定產生差異，並影響原本之評估數據。於是，應就差異的部分加以檢討修正。以新的數據作為試算的基礎，可得到更接近實際情況的評估值。例如，房價的變動或是成本變動，都將影響營業額及投資報酬率。設備選型或工法的變更，會影響建設的費用，也就是投資金額，相對的也會影響計算投資報酬率的結果。這些數據都是相互關聯的，其中一項的變動，則影響其他的計算結果。故應經常加以更新，以符合實況，始具有參考之價值。

第 5 節　開幕前準備

一、招募人員及訓練

　　人員招募的方式，可透過以下常見的管道，獲取所需要的人力：

　　1.目標聘任。
　　2.老員工介紹。
　　3.報紙廣告。
　　4.人才網站。
　　5.其他。

　　人員的面試會，視人員需求的數量，辦理 1-3 天，各部門主管應在場主持面試。事前應準備工作申請表、筆、膠水等文具，並規劃資料繕寫區、等候區及面試區等，指示及說明應製作清楚的標示海報，並由專人指引。

　　面試會後，審查作業的時間至多不要超過 3 天，對於優秀的人才，可當時即予以錄取。審查人員的錄取，應分為正取及若干備取。對於正取者應儘快通知報到，若有變故則通知備取者報到。重要的職務，可事先函請警察機關實施安全查核，作為錄取之參考依據。

　　各部門人員報到後先經過統一的課程，內容為公司背景、文化的說明、主要幹部的介紹等，接下來則由各部門主管實施工作內容的訓練。職前的訓練，至少安排 1 週以上，較為理想。並且，訓練

期間可作下列的安排：半天實施部門專業訓練課程外，另外半天則不分部門，所有人員參加旅館的清潔工作。一方面亦是訓練的一部分，以了解房務清潔的工作內容，另一方面支援房務部門的人力，開幕前清潔工作繁重，僅由房務部門擔任，人力並不充足。

　　許多小型的旅館，因工程的進度及營業執照的問題，開幕的日期並不容易確實掌握。故人力進場的時機亦非最適當時機，經常影響人員的訓練。事實上，這種現象應儘量避免，人員獲得充分的訓練，才能在營業行為進行時，發揮最佳的效率。對營業成效有直接的影響，中、小型旅館切不可忽略訓練的重要性，而因小失大。

二、設備總清查

　　工程已近尾聲，開幕前的準備、各項工程及設備的總清查及驗收的工作，極為重要。對於各項工程、設備、物品等，應列詳細清冊，加以核對、清查。雖並不一定需要趕在開幕前驗收完畢，但有關營運的工程、設備、物品等，均須一一試運轉、試用，以檢視其功能、數量是否無誤，符合營運的需求。每個項目都必須加以確認，若發現問題，則應立即尋求有效的解決，否則影響營運，後果將十分嚴重。

　　例如，鍋爐、發電機、消防設備等系統，是否正常；空調系統主機是否運轉正常，每間客房的空調是否正常；電腦房控系統及管理系統是否正常；客房之電視、音響、冰箱、燈具、電器開關、浴室出水及排水、按摩浴缸、三溫暖烤箱及蒸汽室、馬桶等設備，都必須正常，不得出任何問題。

　　布巾、各種備品是否充足，電腦系統是否正常，市招、外部燈光是否正常……，在營運之前都必須一一測試其功能。客房及公共區域之所有設備及備品，應由管理階層人員加以試用，以確認正常

無誤。

三、試營運

試營運（Soft Opening）一般稱為「試賣」。試賣並不是正式開幕，它具有兩個意義：

第一，旅館初運作，一切都未磨合，可能的問題尚無法全部掌握並克服，因此需要一段磨合期加以檢驗所有的問題。試賣期間的各項售價必定較低，旅館業者以較低的折扣來爭取顧客，以達促銷宣傳的目的。也因此，顧客對於較細微的缺失，通常會以較「包容」的心態面對，對業者的苛責較少。

第二，旅館在工程及營業執照的進度掌握上，難免會有些許誤差，當執照的進度稍「落後」工程進度時，以試營運作為等待營業執照這段空檔的方式。

四、媒體廣告

開幕前應於各大媒體刊登廣告，以打響知名度，對於日後之經營具有直接之影響。有效且積極的廣告作為，對於旅館行銷的影響將是直接且深遠的。

無論是平面媒體或是電子媒體之廣告內容，應交由專業企劃公司企劃，設計表現飯店特色之文案及圖稿，兼具美觀性及設計性；或是高水準之影像內容，並具有創意及質感。切勿草率行事，自行任意編排後即交付刊登，如此飯店之形象將受到不良影響，廣告之效果亦將大打折扣。任何非專業的設計稿或行銷措施，並不能帶給企業實質的利益。

五、開幕酒會

當營業執照核發後，選擇適當的時間，舉辦開幕酒會（Grand Opening）。在中國人的習俗上，亦有討吉利的意味。開幕酒會的規模視旅館經營政策而定，一般以宴會方式進行。邀請地方人士、同業、廠商等，進行聯誼交流，以宣示旅館正式開幕。同時，廣邀媒體記者發布新聞稿，若能邀請知名人士出席酒會，則更具有話題性及新聞性，相得益彰，作為攻占媒體版面、宣傳促銷的手法。

事前應製作相關紀念品，於酒會當日致贈蒞臨的來賓及媒體記者朋友，表達飯店的答謝之意。有關新聞發布之文字稿、飯店簡介及圖片等，亦應事前準備充分，提供到場採訪的媒體記者參考，並引導其採訪重點及優勢部分，使報導內容對旅館產生較大的正面利益。

第十一章

工程及設備

第 1 節　機電與給排水

一、空調系統

　　空調系統的規劃，應以實際使用面積來計算，以每間客房的空間的大小，規劃不同的空調鼓風機（Fan Coil），再以鼓風機的總和，制定主機的功率（圖 11-1）。

　　開放空間，例如走廊、大廳、餐廳等，依坪數估算需求噸數。計算的參數如下：

圖 11-1　空調主機　　　　　　　　資料來源：皇都飯店。

鼓風機 400BTU ＝ 1 噸主機產生的冷房功率

客房面積 4-5 坪，規劃 400BTU 的鼓風機，即 1 噸的冷房功率

走道面積 6-7 坪，規劃 400BTU 的鼓風機，即 1 噸的冷房功率

大廳、餐廳 3-4 坪，規劃 1 噸的冷房功率

與先前「經營規模與面積計畫」相同的例子：「建築物的樓地板面積 200 坪，地上 10 層，地下 2 層。設定大廳及餐廳設於一樓。二樓以上爲客房，地下層爲停車場。」

依本例的規模，每間標準客房的坪數爲 10 坪，使用 800BTU 的鼓風機 1 台，套房 15 坪，使用 1,200BTU 的鼓風機 1 台，一樓大廳及餐廳 140 坪，每層共 13 間客房。總需求量計算如下：

標準客房	800×11 間 $\times 9$ 層 $= 79,200 = 198$ 噸
套房	$1,200 \times 2$ 間 $\times 9$ 層 $= 21,600 = 54$ 噸
走道	30 坪 $\times 9$ 層 $= 270$ 坪，40 噸
一樓大廳及餐廳	140 坪 $\div 4$ 坪 $= 35$ 噸
總計	$198 + 54 + 40 + 35 = 327$ 噸 $\fallingdotseq 350$ 噸

當然，冷氣空調系統總需求的計算，仍必須考慮實際的狀況加以調整。例如西曬的客房或是角間的客房，應適當加大功率，迴風的位置應設在出風的相對位置，適當的迴風，可以增加冷房效果，迴風設計不當，反而降低冷房效果。

選型方面可選擇 350 噸主機 1 部，或是 150 噸及 200 噸各 1 部。在建置費用，雖然 2 部主機在建置費用上，因爲配管工程及主機單價之差異，較 1 部 350 噸的主機的建置費用高，但在使用的控制上，彈性較高，並且發生故障時，不至於全部停機，風險較小，對於旅館經營面的考量，宜採後者方案。

出風口出風方式的設計，儘量採側吹式，避免下吹式。下吹式的出風口，直吹人的頭部，使人產生不舒服。

二、消防系統

消防安全對於建築物來說，可謂相當重要之設備之一，尤其對於旅館業，屬公共使用場所，關係消費大眾之公共安全，更是輕忽不得。這個部分除應依法令規定辦理，更應依場所的特性，設置合適合法的消防安全設備，並落實維護，保證各種設備性能之正常，在必要時能發揮應有的功能，以確保消費者之生命財產安全。

各種建築物依照面積、樓層、用途之不同，其消防安全之規定標準亦有不同，以旅館業來說，依據「各類場所消防安全設備設置標準」之規定，屬甲類場所，其消防安全設備之標準，依旅館之各層樓地板面積及總樓地板面積，均有詳細規範。實務上，旅館業主均交由承包廠商負責設計與規劃等事項，承包廠商對於消防安全設備之設計，為使審查順利，通常作法會以較為嚴謹的標準進行設計，因此有時會以多設、增設的方式，以求順利通過檢查。其多設或增設的部分，消防單位仍列入檢查範圍，唯於檢查表註明「○○○○設備係自設」字樣，並無不良影響。若是過於增設法規標準以外之設備項目或數量，使工程費用增加過多則屬不當，亦應避免。

旅館之建築執照送審，其消防安全設備之設計圖說，需由合格之消防安全設備師簽證。在取得建設執照及使用執照前，消防主管機關將派員與建管單位實施共同會勘。會勘當日，應要求承包廠商派技術人員到場支援受檢，以便發生疑問或缺失時，可由專業之技術人員解答或改善缺失。依據 78 年 10 月 19 日警署消字第 51568 號函「直轄市、縣（市）警察局辦理各類場所消防安全設備會審（勘）檢查應注意事項」，消防管區實施消防安全設備之會勘重點整

理如下：

（一）建設執照會同審查

1. 應設置之消防安全設備是否全部明列於消防圖說內，並依規定設置妥當。各項消防安全設備圖說內容及其裝置方法與必需配件，是否符合「各類場所消防安全設備設置標準」及其他有關法規規定。

2. 消防立管應以步行距離 25 公尺設置 1 支。消防栓立管 3 支以上者，送水口應設置 2 個。

3. 10 層以上樓層應設置屋頂消防栓。

4. 自動撒水設備泵浦之馬力超過 80HP 者，宜加設輔助泵浦；末端查驗管之位置是否適當（**圖 11-2**）。

5. 自動泡沫滅火設備應附泵浦馬力計算式及原液量計算。

6. 自動警報逆止閥之數量是否足夠。

7. 泡沫頭、撒水頭之防護面積是否符合規定，其配置位置是否適當。

8. 火警自動警報設備及緊急廣播設備之裝置位置及配線是否正確，另緊急廣播設備主機瓦特（W）數應附計算式。

9. 火警探測器迴路配線是否正確。

10. 緊急昇降機排煙室是否已設：出入口雙向甲種防火門、緊急照明設備、2 1/2 消防出水口、緊急電源插座及排煙設備之進風口、排煙口（含連動用偵煙式探測器）。

11. 特別安全梯間排煙室是否已設：出入口甲種防火門、緊急照明設備、排煙設備之進風口、排煙口（含連動用偵煙式探測器）。

12. 超過地面 10 層之各層設緊急用電源插座者，每一層任一處

圖 11-2　消防泵浦　　　　　　　　　　資料來源：皇都飯店。

　　　　　所至插座之步行距離不得超過 25 公尺。

13.室內排煙設備排風機及排煙管道之配置及馬力數是否適當
　　（**圖 11-3**）。

14.室內消防栓、自動撒水設備、自動水霧滅火設備及自動泡
　　沫滅火設備連接之消防泵浦，應採用電動消防泵浦。

（二）使用執照會同勘查

1.檢視各泵浦組對照其所附出廠證明、型號、馬力是否與所附
　　資料符合，用絕緣阻抗計檢查有無漏電，並檢查所有開關是
　　否在定位，各管系之閥體、開關位置及其配置是否正確。關
　　閉立管之制水閥、啓動泵浦、測試泵浦之性能。

圖 11-3　排煙閘門　　　　　　　資料來源：皇都飯店。

2.作爲消防安全設備緊急電源用之發電機，應檢查其出廠證明
（正本）是否相符，並檢查其周圍有無啓動之障礙，其油、
電、水是否充滿及固定是否良好、自動切換裝置（ATS）是
否正常（實地測試啓動是否達到所需電壓、週波等）。

3.室內消防栓設備：
(1)各層消防栓箱數量、位置是否依圖面設置。
(2)檢查箱內裝備是否完備，消防栓內是否有水及箱面之標
示字樣。
(3)消防立管連接屋頂水箱處，其制水閥及逆止閥位置是否
正確，於屋頂或最高一層，實際測試其放水壓力及放水
量。

4.自動撒水設備：

(1)查對各層自動警報逆止閥（壓力錶、水鐘或蜂鳴器）、撒水頭、末端查驗管等之配置是否正確，各項機件外觀是否正常。

(2)自動撒水立管連接屋頂水箱處，其制水閥位置是否正確。

(3)撒水受信總機各項開關是否定位，其配線基本功能是否正常。

(4)於最遠支管末端做放水試驗，測試水壓及防護面積是否足夠，警報鳴動是否正常。

5.自動泡沫滅火設備：

(1)核對混合器、自動警報逆止閥、一齊開放閥、泡沫頭等之進口證明資料（正本）是否與所設置者相符，並在進口證明據實加註已用數量。

(2)泡沫原液槽是否充滿原液，核對槽體型號。

(3)各層自動警報逆止閥、一齊開放閥、泡沫頭等之配置是否與圖面相符，各項機件外觀是否正常。

(4)使用手動開放裝置及自動啟動開放裝置測試一齊開放閥是否能正常啟動，自動警報逆止閥功能是否正常，泡沫頭放射情形是否正確。

6.火警自動報警設備：

(1)受信總機及火警探測器是否有檢驗合格標誌，其外觀及裝配是否正常。

(2)測試總機機能（含火災表示斷線、預備電源）是否正常，所有開關是否定位。

(3)各層探測器之形式、位置、數量是否依圖面裝置。

(4)打開探測器檢查配線是否正確，各層之手動報警機及火警標示燈、火警警鈴設備位置及功能是否正常。

(5)檢查終端位置，並做各迴路之加熱、加煙試驗，測試其動作機能是否正常。

7.排煙設備：

(1)總機之裝置是否正確，所有開關是否定位，並測試總機性能是否正常。

(2)各層進風口、排煙口及連動用偵煙式探測器是否與圖面位置相符，進風機、排風機型號、馬力數是否與出廠證明相符，進風機、控制盤配線性能是否正常。

(3)於各層以手動或自動啓動測試進風口、排風口是否自動開啓，風機是否正常啓動，風量是否足夠。

8.對無國家標準或國外進口之消防材料與設備，應經內政部審核認可，依認可書記載內容予以檢查。

三、鍋爐設備

熱水鍋爐設備供應旅館使用熱水及暖氣設備的熱水需求（圖 **11-4**）。

(一) 熱水需求

客房熱水使用量的估算：

每人每日熱水用量，經驗值參數 = 24 加侖（約 96 公升），適用於滿水量 275 公升的浴缸，注水七分滿，沐浴冷熱水比爲 1：1。

計算方法：

圖 11-4　熱水鍋爐　　　　　　　　　　資料來源：皇都飯店。

熱水用量＝ 275 公升× 70 ％× 50 ％＝ 96 公升＝ 24 加侖

相同前例之客房 117 間，設定其中 50 ％客房住 2 位旅客，則：

旅客人數＝ 117 人× 150 ％＝ 176 人

瞬間最高客房數用量比例爲 60 ％，則

瞬間最高熱水用量＝ 24 加侖× 176 人× 60 ％
　　　　　　　　 ＝ 2,534 加侖（10136 公升）

故，使用熱水需求量＝ 2,534 加侖

暖氣空調之熱水用量估算：

依前例已計算出空調需求總噸數＝327 噸

暖氣使用熱水之用量比例 30 ％至 50 ％，取最小值 30 ％計算

1 噸＝ 12,000BTU

暖氣需求量＝ 327 噸× 30 ％× 12,000 ＝ 1,177,200 BTU

換算成 Kcal ， 1,177,200 ÷ 3.968 ＝ 296,670 Kcal

熱水加熱溫差值為 55 ℃

$$暖氣需求熱水量＝ 296,670Kcal ÷ 55 ℃$$
$$＝ 5,390 公升$$
$$＝ 1,348 加侖$$

鍋爐供應熱水總需求量計算：

$$鍋爐供應熱水總需求量＝使用熱水需求量＋暖氣需求熱水量$$
$$＝ 2,534 加侖＋ 1,348 加侖$$
$$＝ 3,882 加侖$$

（二）鍋爐選型

鍋爐可分為電能、瓦斯、燃油等型，一般都市地區選擇以瓦斯為燃料，污染較低，為一般較多採用的形式。若以鄉間，無天然瓦斯管線，則採用燃油形式亦可。鍋爐的熱效能，以每小時將水加熱至 100 ℉的供水加侖數為能力表現。例如，某型號之瓦斯鍋爐，每部每小時熱水供應量為 703 加侖，則：

$$應設置鍋爐數量＝ 3,882 加侖÷ 703 加侖$$
$$＝ 5.5 部，即 5-6 部。$$

當然，若選擇能力更大的型號，設置的數量相對減少，唯必須考慮不同型號鍋爐的價格與鍋爐機房的面積等因素，作出適當的組合規劃。

　　實務上，鍋爐的選型及效能，應考慮實際的客房浴室用水設備，例如浴缸的容量、是否設有淋浴間、淋浴花灑的形式（出水量）等因素，以及旅館是否有休息業務、是否設有餐廳、其作業量之大小，均是熱水用量的變數，應納入計算與考慮。至於暖氣空調，事實上使用量並不大。中、小型旅館建築物空間較小，對於暖氣會有悶熱的感覺，因此以台灣地區來說，使用的頻率及時間都相對較少。綜合各項因素，可增減鍋爐的選型及數量，以足夠使用並節約成本的原則加以評估。

　　循環泵是必須裝置的配件，功能為使熱水管內的熱水不斷循環，保持恆溫，一開水龍頭很快即出熱水。若未裝置此配件，管路內水流靜止，末端的部分水溫會降低漸冷卻，使用時必須先放掉一段冷水，才逐漸流出熱水。熱水循環效果，亦必須視管路設計而定，支管太長則循環的效果將較差，應設循環泵增加熱水循環效果。

四、緊急發電機

　　緊急發電機主要要途為支應電力中斷時，緊急電力的供應。在災難救援的意義上亦相當重要（**圖 11-5**）。

　　實務上，台灣地區電力供應在夏季經常吃緊，跳電、限電情況尚屬頻繁，應考量旅館在停電後，緊急發電機可以供應哪些部分的電力，從這個角度來看，其功率的估計，要比法令規定的功率數來得高。例如，必須考慮大廳、走道的基本照明、至少一部電梯的運轉、客房內部分的基本照明等。如此，視旅館的實際電力需求，加

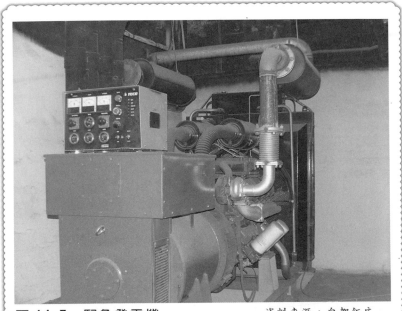

圖 11-5　緊急發電機　　　　資料來源：皇都飯店。

以選擇適當功率數的發電機型號。

　　通常爲燃油引擎式的發電機，在市電斷電後，會自動啓動。

　　由於是燃油引擎之原理，故發動後的噪音及廢氣較大，必須注意設置地點的噪音影響及廢氣排放設備。機房位置及抽風設備之規劃，亦必須留意對於環境及周遭鄰居的影響，否則不當的規劃，不但影響旅館本身空氣品質及安寧，亦易引發附近居民的抗議。

　　因此，選型時亦需考慮上述噪音及廢氣的問題，功率越大，噪音及廢氣影響越大，須視實際需求加以取捨。

五、機房

　　對於緊急發電機、鍋爐、消防泵浦、撒水泵浦等各類機具及設

備的機房所需之空間，依據機具設備之機種、規格等之不同，其最低的操作及安全的空間亦不相同，相關的法規中，均有詳細規定。設計建置時，應留意法規規定之前後左右之空間尺寸，不得小於該尺寸。

機房之設置，視建築設計而定，有較為集中的設計，亦有分散多處規劃的設計。以一般經驗值來看，中、小型旅館的機房總面積，最低需求約 30-50 坪左右。機房的面積，與營業面積及客房數成正比，也就是說，規模越大的旅館，機房面積需求則越大。

除機電機房外，尚須考慮電腦網路、通訊設備的機房，設置電腦及網路設備，如伺服器、交換機、路由器、數據線路、不斷電系統（UPS）、防火牆等設備，以及通信設備，如電話交換機等。

機房的一般要求，噪音阻絕的措施須加強，並且避開客用的動線區域。通風設備須足夠，並且防止雨淋，在設備周邊不得堆置雜物及易燃物品；嚴禁煙火，不得在機房內吸煙。機房的門須上鎖。

六、清水池及污水池

清水池與污水池的容積，於建築相關法規均有明確規定，唯就旅館的經營立場來看，清水池與污水池的容積設計規劃上，在可能的範圍內儘量加大，有利於旅館的經營。尤其是清水池，具有蓄集使用水的功能，在停水時仍有延續用水的功能，以旅館的經營觀點來說，清水供應的續航能力越長越好，以支應停水時的營運需求。實務上，清水池加樓頂水塔（重力水箱）的蓄水容積，可達旅館每日客滿最大用水量的 3 倍以上的容積，屬較適當的規劃。也就是說，在停水的狀態下，旅館客滿的情況，其供水可持續 3 日以上的能力。

部分旅館在建築時，將清水池與消防蓄水池之底部作連通，以

增加清水池的儲水能力，雖然有關單位對於這個部分的作法不易察覺，但並不值得鼓勵。

七、重力水箱

中、小型旅館的給水系統，通常於地下室設置清水池儲存使用水之外，並於建築物之屋突部分設置高位重力水箱，將清水池的清水以泵浦輸送至高位重力水箱內，再以自然的壓力提供旅館之整體用水。重力水箱亦有儲存用水的功能，因此旅館的總儲水量，應為清水池加上壓力水箱之容積。

高樓建築之高度落差較大，將產生低樓層的水壓過大現象，必須裝置減壓閥降低水壓。亦有在中段高度位置設置減壓水箱，以達減壓效果，並供應附近樓層的用水。

第 2 節　裝修工程

裝修工程為旅館建設中極重要的部分，具有直接影響旅館硬體品質及消費者印象的因素，不但選材方面需要講究，施工的技術及細緻度，都必須嚴加要求。好的裝修，可以掩飾建築物原有的缺失或限制，對旅館經營的影響極為深遠。

裝修工程費用通常與建築物面積成正比，由於涉及因素繁多，包括設計的方式、施工的面積、材質的選用、施工的方式等。因此經驗上，通常以預估每坪的裝修單價乘以總裝修面積，即可初步估算裝修工程的費用。

裝修工程主要包含以下幾個部分：

一、天花

天花的處理，常見的方式，也是目前的趨勢，通常 10 樓以下其高天花均以油漆或壁紙平面處理，可以不設計立體式的天花板。四周的部分，有些因為樑的關係，或是玄關上方的空調鼓風機及出風口，需以低天花來包覆，並且在下方裝置嵌燈，同時解決裝飾及照明的問題。

11 樓以上的樓層，配置自動撒水頭，大都以天花板裝飾，增加其美觀性。若配置隱藏式的撒水頭，則更加美觀。天花板的材質需採經認證之耐燃材料，以符合防焰規定。

二、壁面

隔間牆若非磚牆隔間，而採輕隔間的方式，其材質宜採防焰之耐燃材料，以符合安全性及法令規定。壁面的處理，一般是油漆或壁紙。

中、小型旅館採用壁紙的方式較普遍，壁紙的優點為，保養更換較方便，價格合宜，美觀性強。

計算其施工面積，以實際測量為準，唯初估時可將室內的牆面面積約估計為地板面積的 200 ％至 300 ％。即：

壁面面積＝地板面積×3　（通常扣除窗，則不足 3 倍）

油漆以面積作為計算價格的方式，通常以「坪」為單位。

由於壁紙的幅寬不同，以幅寬計算用料數量。有些包商以壁紙的支數作為計價方式，有些以面積來計算。連工代料或工料分別計價的方式都有，但不論是何種方式，都可以事先審查包商的報價及材料預估用量。

三、地面

地面鋪設地毯、地板或地磚等。若採用地毯材質時，需注意是否為防焰材料，並要求包商在地毯的角落，標示防焰標章（圖 **11-6**）。

客房面積扣除浴室面積，即臥室的面積，若設計玄關部分鋪設其他材質的材料，則亦予扣除。目前多數的旅館均採用活動家具，故不需要扣除床下、電視櫃、床頭櫃、行李架等下方的面積。因此，鋪設面積之計算方式：

鋪設面積＝客房面積－浴室面積－其他不鋪設之面積

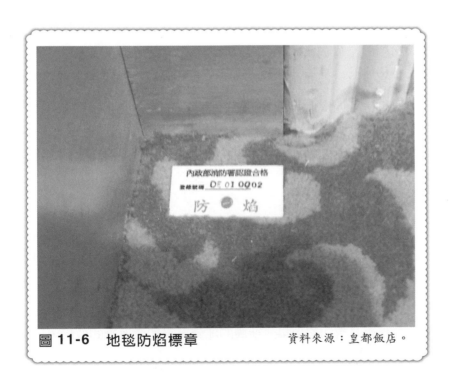

圖 11-6　地毯防焰標章　　　　　資料來源：皇都飯店。

地毯的鋪設方式，一般分為台式施工與美式施工。

所謂台式施工法，是將地面先鋪設一層海棉墊，再將地毯黏貼固定於海棉墊之上。這種施工方式的成本較為節約，但缺點是，更換地毯時較為不易，由於黏貼固定，去除舊地毯較為費工費時。

另外一種為美式施工法，這種施工方式先在鋪設區域四周釘上木條，木條上有尖釘凸出，在木條區域內鋪設一層波浪海棉墊，再將地毯鋪設於海棉墊上，四周以木條上凸出的尖釘固定，向四周拉平固定。美式施工之費用較高，但更換地毯十分便利，節省施工之時間，旅館的裝潢工程採行此方式較為便利。

四、固定家具

傳統的旅館設計中，標準客房的衣櫃與迷你吧台的部分，較常見採木作裝潢的方式。衣櫃與迷你吧台經常為連接一體的形式，即進入房門之玄關部分，一側為浴室，另一側則為衣櫃及迷你吧。

除衣櫃及迷你吧台之外，其餘的家具可採活動式或是固定式。如行李架、化妝檯、電視櫃、床頭板、床頭櫃等，若採行固定式，則依設計結合裝潢格調，以木作現場製作。值得一提的，固定家具對於配置變更的機動性較差，現代的旅館設計中，已漸式微，在規劃時應特別注意。

五、裝飾布品

布品的選用及搭配，對於旅館的裝飾有畫龍點睛的效果，可以更加襯托設計風格與品味。色彩及質感都是重點，質佳的布料，本身即具美感，若與旅館的風格搭配，則更加完美。材質之選擇，亦應注意是否具有防焰效果。窗簾的部分，應注意遮光的效果，以免影響客人睡眠品質。

六、衛浴工程

（一）地面

　　浴室地面一般採大理石或地磚材質，近代的拋光石英磚問市後，亦廣為設計師所採用，不但美觀耐用，質感佳，價格亦較大理石低廉。大理石以「才」為計價方式，地磚、拋光石英磚則以「片」作為計價方式。

　　注意泄水坡度是否考慮，排水功能是否順暢，否則地面若排水不良或不平均，將影響日後清潔保養維護工作。

（二）浴缸

　　浴缸的尺寸已有越來越大的趨勢，並且形式功能多樣，著重情趣的旅館，多配備雙人的大型按摩浴缸，不但美觀並且功能性佳。例如缸底有燈光情境的「幻彩按摩浴缸」，便是近來常被汽車旅館採用的產品。浴缸的出水口，常採水瀑式的出水方式，增添沐浴氣氛。

　　越大的浴缸，其用水量越大，在排水時所需時間便越長，因此許多大型按摩浴缸，均配備二個排水孔，以增加其排水速度。

　　在材質上要選擇耐刮的材質，許多高級琺瑯質的浴缸，由於不耐刮，常與沐浴用的浴鹽磨擦產生刮痕，或因房務人員使用粗糙的菜瓜布保養，處理方法不恰當，常造成刮傷，並且不易維護，在選用時必須注意。

　　浴缸的出水，除應有之水龍頭，另須加上蓮蓬頭的設備，即使已規劃有淋浴間設備，仍有需要；一方面便利顧客的使用外，房務清潔的考量亦是重點之一。沖洗浴缸及地面，均需要使用蓮蓬頭，若無此設備，將會十分不便於浴室的清潔工作。並且，浴缸蓮蓬頭

的軟管,宜稍加長些,便於沖洗較遠的部分。

(三)洗臉檯

　　洗臉檯面的深度以 40-65 公分為宜,面盆設計傳統通常採下嵌式(圖 11-7)或上嵌式居多,但現代旅館的設計,也有許多講求設計感的表現方式,採檯面式的亦屬常見。面盆的選型必須合於設計需求,上嵌、下嵌與檯面式的規格並不相同。

(四)馬桶

　　馬桶的選型,必須注意其內緣壁面的斜度,不可過小過平,排泄物較易附著在壁面,沖不乾淨,對於使用率甚高的旅館用途,較不適用。另外,單體與洗落式各有優缺點,單體較美觀但沖水力道

圖 11-7　下嵌式洗臉檯　　　　　　　　資料來源:皇都飯店。

較弱（圖 **11-8**），洗落式較占空間，美觀度稍差，但沖水力道較強。另有虹吸式馬桶，用水量小但沖力強，唯噪音稍大。選型時見仁見智，不一而論。

（五）淋浴間

在空間充足的狀況下，現代旅館在浴室內應規劃淋浴間（Shower Room）。一般俗稱「乾濕分離」的功能，即指具有淋浴間的浴室，其淋浴獨立隔間，與泡澡、衛生設備和其他不會將浴室淋濕的功能分開，使浴室更加乾燥清潔。

淋浴間的尺寸，寬度最小不要低於 85 公分。視空間狀況，稍大的淋浴間使用比較舒適，約 90-110 公分的寬度較為適當。常見

圖 11-8 單體式免治馬桶 　資料來源：富園國際商務飯店。

的方式為玻璃隔間，或其他隔間但必須是玻璃門較適當。因淋浴間的空間狹窄，必須多使用穿透性強的材質作為隔間材料。花灑的選用，除美觀與質感外，關係到使用舒適度及水的用量，由於現代旅館講求浴室的功能性越來越強，因此經常採用出水量大且多角度出水的組合式花灑，尤以中、小型旅館更是常見。顧客使用上極為舒適，唯水資源耗用較大。

有些旅館將淋浴間加配蒸汽設備，兼作蒸汽室使用，亦是增加旅館價值感並且體貼顧客的作法。

（六）抽風

浴室抽風功能不可以忽略，許多旅館的浴室抽風不是位置不當，就是馬力不夠，否則便是噪音太大，這些問題都必須一一納入考量，除了選型時應注意抽風機之馬力及噪音的表現，裝置位置亦應適當，最好在浴缸及馬桶上方附近，可發揮最佳的抽風效果。抽風不良的設計，除了浴室功能受到影響，例如水氣過大影響空氣及視線，鏡面附著水蒸汽模糊不清，並且過多的水氣洩漏至客房，將影響裝潢及家具的品質。

抽風機的電源最好與浴室照明連接，開啟電燈時，自動啟動抽風機運轉。若浴室照明有二個以上的迴路時，則應選擇最常用或最適當的迴路連接。

近代部分新興旅館，強調情趣設計，將浴缸設置於客房內之開放空間，則應加強抽風效果，視情況增加抽風機至二部以上。

（七）其他設備

如浴室音響、電視、鏡子等設備之位置、線路等，應列入規劃。

第 3 節　弱電系統

一、客房自動控制

（一）控制器及控制面板

　　市場上常見到許多控制面板的產品，精緻而功能性強，且新產品研發更新的速度亦十分快。並包含開關插座之形式風格，均成同一系列（**圖 11-9**）。

圖 11-9　弱電系統控制面板　　　　　資料來源：皇都飯店。

客房自動控制的主要組件為 I/O 控制器及操控面板兩個部分。客房內之電器線路接入控制器，並由控制面板操作，例如燈光、電視、音響等。更周延的方式則連接電腦管理系統，由電腦管理系統之客房狀況顯示，控制客房電源及總機外線之開啓與關閉等功能。I/O 控制器大都置於衣櫃內的夾層位置，也有設於訂製的床頭櫃後方的夾層內。 I/O 控制器的位置涉及線路位置，應事先規劃妥當。

（二）節電

客房節電的功能，主要是控制客人不在客房時，自動截斷電源，以節約不必要的能源浪費，降低成本。原理上，在客房進門之玄關牆面裝設鑰匙盒，客人進入客房後，必須以客房鑰匙柄或卡片鎖，插入節電鑰匙盒（節電卡座）內，以取得電源；外出時，將鑰匙取下後，則切斷電源（**圖 11-10**）。通常較佳的控制系統，在鑰匙取下後，將有 30-60 秒的延遲時間，不會立即切斷電源，使用上較人性化。

未使用鑰匙盒作節電機制的旅館，亦可在進門處設置電源總開關（Master Switch），方便客人開關電源。

節電的部分包含燈光、電視、音響等，不應包含空調及電源插座。客人外出或空房狀態，空調的運轉應控制定時啓動與停止，例如每小時運轉 15-20 分鐘，以維持客房正常之空氣品質、溫度與濕度。電源插座通常用於充電器的使用，若客人外出時充電器停止充電，則相當不便於顧客。並且，空房除濕機的使用，亦必須使用電源插座。

（三）燈光

床頭燈分別位於床的兩側，因此控制開關的設計亦必須兩側均可控制，否則顧客使用上會很不方便。

圖 11-10　插卡節電及電源總開關

資料來源：富園國際商務飯店。

　　以卡片鑰匙或鑰匙柄插入卡座、鑰匙座作爲節電模式的客房，進門的玄關燈應與房門連動，設爲自動開啓。只要開門就開啓玄關燈，如此，即使剛進門尚未插卡取電，仍有燈光輔助，不至於找不到插卡座；或是外出前，先將卡片取下，延遲時間過了便斷電，只要門未關閉，仍有玄關燈光照明，不至於燈光全暗，伸手不見五指，使用上較合人性。

　　設有自動控制面板功能者，最好將客房所有燈光均納入面板控制，較爲方便。因此，設計時應將客房燈光計畫全面考慮，例如立燈、書桌上的檯燈等，經常未納入控制面板操控，顧客使用上較爲麻煩。

（四）電視及音響

包括電源之開關、選擇頻道、音量控制等。有許多旅館將電視控制的部分，以遙控器功能取代，亦無不可。

音樂的播放，亦有將有線音樂頻道整合在電視頻道內的作法，則與控制電視的方式相同。

（五）空調

空調的控制，除電源之開與關，溫度的調控可在控制面板上操作，或另以專用的控制器裝設於牆面上控制。簡單的方式僅控制溫度的高低，功能較強的可以設定溫度，並調整風量的強弱。

（六）情境燈光

這是汽車旅館或以休息為主的旅館所經常採用的功能，將數種燈光作最適當的搭配，分別組合成各種情境的燈光效果，有明亮表現功能的，有昏暗表現情調的，例如晴空燈、浪漫燈、舞台燈、睡眠燈等，顧客只需按下所需要的情境燈光按鍵，則系統自動展現該情境的燈光效果，不失為貼心且實用的功能。

（七）情境音效

這部分的功能亦是汽車旅館較常採用的，商務旅館較不需要此項功能。

主要是表現不同地點或場合的背景音場效果，例如捷運站、會議室、百貨公司、戶外汽車噪音、火車站廣播等。按下按鍵後，會有不同的背景音效產生，通常是為了提供顧客打電話並在電話中摻雜著背景音效，進而取信對方的用意。

二、電話及總機系統

　　旅館用的電話總機系統，除須具備一般電話轉接功能，還須與電腦控制系統連結，自動控制客房電話之外線使用權限，以及撥打電話之計費等功能。市場上之產品功能，基本上都符合各種規模旅館之需求。

　　由於中、小型旅館之編制精簡，大都將總機人員的功能納入櫃檯的領域。因此，總機設備則設置於櫃檯內，必須考慮機型之美觀與節省空間。現代旅館之電話總機系統，已漸漸採用數位的機型，配合數位話機，可傳輸文字及圖形，像是留言（Message）、公告等訊息，應用面更廣泛。

　　客房內之電話機大致為同一門號，亦有二個以上不同的門號。總機系統所提供的內線門號及外線門號的數量，是選型的重要考慮之一。其規格的門號數量不得小於營業現場的電話及後場人員的行政用分機需求數量，加上客房使用的需求數量，最好作些預留。

三、監控系統

　　旅館四周及館內重要處所，應設攝影監控系統，例如停車場、前後門進口、大廳、櫃檯前、電梯口、電梯車廂、樓層走廊等，視旅館的環境及室內設計的情況加以適當規劃，線路應事先埋設。並且有部分的處所應設錄影設備，實施 24 小不間斷連續錄影。這些處所是較重要、且若發生事故時，具有存證與還原真實情況的功能，例如進出口、櫃檯前、停車場等。

　　錄影設備的選型，應採數位式的機型，不論連接電腦或是硬碟式錄影機均可。以目前的硬碟儲存設備的容量／價格比，不難選擇到容量大且格價低廉的機型，通常應至少可以保存一星期的連續錄

影為宜，當然隨著資訊科技的發展，容量越大，保存時效越久的儲存設備，是更理想的選擇。

四、影音系統

旅館內需規劃音樂及影片頻道。

音樂頻道在客房及公共區域，如大廳、走道、洗手間及電梯車廂等。客房內的音樂頻道應設數個以上，可由旅館自有的系統播放，或由有線音樂的系統業者提供，可以在客房的控制面板調控，亦可結合電視頻道規劃專屬的音樂頻道，這個方式則以電視調控。

音樂頻道應注意主機音量的控制，不可過大，以限制客房播放時的最大音量。客房內之音樂及電視音量均不可過大，須加以限制處理，以免顧客調整音量至最大時，會妨礙其他旅客的安寧。

電視頻道除與有線電視系統業者購買以外，旅館本身亦可視需要設置數個旅館的頻道。若有簡介或促銷之影片，可由此類頻道播放，或是公共區域的攝影影像可由此類頻道播放，如走道及 House Phone 等處之影像。另外，成人節目之規劃，亦是重點之一。尤其是有休息業務的旅館，成人節目頻道應善加規劃，並增至 4-6 個頻道為宜。

旅館內不論音樂或影片之播放，都必須注意授權的問題。所有播放之媒體，都必須得到授權，以免遭到檢舉受罰。尤其是音樂播放的授權，是多數業者容易疏忽的。依據經濟部智慧財產局作成的解釋（智著字第 09416001840 號），在旅館內各種音樂的播放，屬「公開演出」行為，必須付費得到授權的。畢竟，尊重著作權亦是我們旅館業界應該做的。

五、電腦管理系統

　　現代的旅館越趨精緻，大廳的設計亦是如此。因此可以發現，即使大型飯店，以往傳統的高高大大的櫃檯已不再被採行，那麼櫃檯的作業空間不是就大幅度的縮小，不會影響到櫃檯的工作嗎？事實上並不會如此，因為目前電腦系統的發展程度極進步，已將以往許多的 Paper Work 放進了電腦系統，因此減少了許多作業流程與報表資料，就連客房鑰匙亦改變成為卡式的，節省人力與空間。所以現代旅館的櫃檯，只需要較小的空間即可滿足作業的需求。

　　電腦作業所自動產生的報表，通常在準確度與美觀度上，會有很好的效果（**圖 11-11**、**圖 11-12**），並且在各項數據的保存、資訊的分析與運用上，亦發揮極佳的效果，可以作為經營策略制定的重要參考依據，對於旅館管理的助益甚大。唯電腦作業必須注意操作流程必須完全正確，不容許絲毫錯誤，否則亦不能產生正確結果的報表。廣義的說，除了旅館管理系統的軟體與網路硬體之外，房控、弱電等自動控制系統，以及數位式的總機系統，都是旅館電腦系統的範疇，目前資訊的概念已擴大至家電與通訊。因此電話、電視、燈光、門鎖等也都是電腦自動控制的部分。

(一) 系統功能與實施

　　台灣的旅館休息極為盛行，許多成型的軟體系統功能上，較不能完全符合休息作業的細節流程需求與操作便利性，包含許多知名的品牌亦是如此。故在台灣純商務性質的旅館以外的休息旅館、汽車旅館等，完全採電腦作帳的，其實並不多。電腦在這些類型旅館中所扮演的角色，自動房控的部分較為主要。

　　中、小型旅館建置電腦管理系統應評估自身的特性，與管理者

Page No. 1

Micros-Fidelio DEMO Program
01 Arrivals : by Name (25/09/2002)
(Arrival>=25/09/2002)

23/10/2002 10:20

** Arrival : 25/09/2002

	TARS Res#	Room No.	Super Block	RmTy	Name	Rms	Res. No.	Departure	Res Type	Company/Agent	Adl.	Chld.	Block	Rate code	Rate	VIP	Remark	PrvStay
1		1553		FST	ABUIN, Mr. Juan	1	429502	29/09/2002	5	D-SIDE GROUP	2	0	DS25092	GRAFF61	275.00		CLT TOT	
2		1053		FSD	AGHARKAR, Mr. SHREERAM	1	415896	27/09/2002	2	AVENTIS MASTE	1	0		CO11	196.00	5	CLT TOT/ARR TARDIVE	2
3		1033		FSD	AHLBORG, Mr. Tomas	1	431153	27/09/2002	5	RING TOURS VI:	1	0	GR24092	GRPPO2	178.00		EXTRAS CLT	
4		0525		FSD	AL25092A AZ370371, (AL25092A	1	424763	26/09/2002	5	ALITALIA	1	0		ALITALIA	94.00	10	EXTRAS+PDJ CLT	
5		0510		FSD	AL25092A AZ370372, (AL25092A	1	424764	26/09/2002	5	ALITALIA	1	0		ALITALIA	94.00	10	EXTRAS+PDJ CLT	
6		0528		FSD	AL25092A AZ370373, (AL25092A	1	424765	26/09/2002	5	ALITALIA	1	0		ALITALIA	94.00	10	EXTRAS+PDJ CLT	
7		0551		FSD	AL25092A AZ370374, (AL25092A	1	424766	26/09/2002	5	ALITALIA	1	0		ALITALIA	94.00	10	EXTRAS+PDJ CLT	
8		0604		EXD	AL25092A AZ370375, (AL25092A	1	424767	26/09/2002	5	ALITALIA	1	0		ALITALIA	94.00	10	EXTRAS+PDJ CLT	
9		0650		EXD	AL25092A AZ370376, (AL25092A	1	424768	26/09/2002	5	ALITALIA	1	0		ALITALIA	94.00	10	EXTRAS+PDJ CLT	
10		0658		EXD	AL25092A AZ370377, (AL25092A	1	424769	26/09/2002	5	ALITALIA	1	0		ALITALIA	94.00	10	EXTRAS+PDJ CLT	
11		0558		FSD	AL25092B AZ322323, (AL25092B	1	424773	26/09/2002	5	ALITALIA	1	0		ALITALIA	94.00	10	EXTRAS+PDJ CLT	
12		0529		FSD	AL25092B AZ322324, (AL25092B	1	424774	26/09/2002	5	ALITALIA	1	0		ALITALIA	94.00	10	EXTRAS+PDJ CLT	
13		0540		FSD	AL25092B AZ322325, (AL25092B	1	424775	26/09/2002	5	ALITALIA	1	0		ALITALIA	94.00	10	EXTRAS+PDJ CLT	
14		0504		FSD	AL25092B AZ322326, (AL25092B	1	424776	26/09/2002	5	ALITALIA	1	0		ALITALIA	94.00	10	EXTRAS+PDJ CLT	
15		0634		EXD	AL25092B AZ322327, (AL25092B	1	424777	26/09/2002	5	ALITALIA	1	0		ALITALIA	94.00	10	EXTRAS+PDJ CLT	
16		0626		EXD	AL25092B AZ322328, (AL25092B	1	424778	26/09/2002	5	ALITALIA	1	0		ALITALIA	94.00	10	EXTRAS+PDJ CLT	
17		0628		EXD	AL25092B AZ322329, (AL25092B	1	424779	26/09/2002	5	ALITALIA	1	0		ALITALIA	94.00	10	EXTRAS+PDJ CLT	
18		0505		FSD	AL25092C AZ314315, (AL25092C	1	424781	26/09/2002	5	ALITALIA	1	0		ALITALIA	94.00	10	EXTRAS+PDJ CLT	
19		0506		FSD	AL25092C AZ314316, (AL25092C	1	424782	26/09/2002	5	ALITALIA	1	0		ALITALIA	94.00	10	EXTRAS+PDJ CLT	
20		0508		FSD	AL25092C AZ314317, (AL25092C	1	424783	26/09/2002	5	ALITALIA	1	0		ALITALIA	94.00	10	EXTRAS+PDJ CLT	
21		0509		FSD	AL25092C AZ314318, (AL25092C	1	424784	26/09/2002	5	ALITALIA	1	0		ALITALIA	94.00	10	EXTRAS+PDJ CLT	
22		0605		EXD	AL25092C AZ314319, (AL25092C	1	424785	26/09/2002	5	ALITALIA	1	0		ALITALIA	94.00	10	EXTRAS+PDJ CLT	
23		0607		EXD	AL25092C AZ314320, (AL25092C	1	424786	26/09/2002	5	ALITALIA	1	0		ALITALIA	94.00	10	EXTRAS+PDJ CLT	
24		0608		EXD	AL25092C AZ314321, (AL25092C	1	424787	26/09/2002	5	ALITALIA	1	0		ALITALIA	94.00	10	EXTRAS+PDJ CLT	
25		0512		FSD	AL25092D AZ332333, (AL25092D	1	424791	26/09/2002	5	ALITALIA	1	0		ALITALIA	94.00	10	EXTRAS+PDJ CLT	
26		0514		FSD	AL25092D AZ332334, (AL25092D	1	424792	26/09/2002	5	ALITALIA	1	0		ALITALIA	94.00	10	EXTRAS+PDJ CLT	
27		0515		FSD	AL25092D AZ332335, (AL25092D	1	424793	26/09/2002	5	ALITALIA	1	0		ALITALIA	94.00	10	EXTRAS+PDJ CLT	
28		0532		FSD	AL25092D AZ332336, (AL25092D	1	424794	26/09/2002	5	ALITALIA	1	0		ALITALIA	94.00	10	EXTRAS+PDJ CLT	
29		0609		EXD	AL25092D AZ332337, (AL25092D	1	424795	26/09/2002	5	ALITALIA	1	0		ALITALIA	94.00	10	EXTRAS+PDJ CLT	
30		0610		EXD	AL25092D AZ332338, (AL25092D	1	424796	26/09/2002	5	ALITALIA	1	0		ALITALIA	94.00	10	EXTRAS+PDJ CLT	
31		0614		EXD	AL25092D AZ332339, (AL25092D	1	424797	26/09/2002	5	ALITALIA	1	0		ALITALIA	94.00	10	EXTRAS+PDJ CLT	
32		1648		FST	ALAMBANOU, Mrs. Anna	1	431682	27/09/2002	5	GM/FIAT WORLI	1	0	SA25092	GRAFF61	275.00		TOT CLT	
33		1006		FSD	ALBRECHT, Herm Alexander	1	431825	26/09/2002	5	AUDI AG	1	0	AU24092	GRAFF0!	395.00		FULL CREDIT	
34	0209250527	1124		FSD	ALBRECHT, M. MARTIN	1	432651	27/09/2002	2		1	0		RACT	325.00		CLT TOT	
35		0833		EXT	ALEXANDER, Mrs. and Mr. C+W	1	431585	27/09/2002	5	GLOBUS TRAVE	2	0	GLM25092	TG90	114.00		CLT EXTRAS	
36	0209250524	0402		SJU	ALI, Mr. AHMED	1	422568	04/10/2002	1	SALEM TRAVEL	1	0		RACT	460.00	5	CLT TOT	
37		1652		FST	ALMEIDA, Mr. Joao	1	431676	26/09/2002	5	GM/FIAT WORLI	1	0	SA25092	GRAFF61	275.00		TOT CLT	
38		1654		FST	ANDERSSON, Mr. Niklas	1	431703	27/09/2002	5	GM/FIAT WORLI	1	0	SA25092	GRAFF61	275.00		TOT CLT	
39		1054		FSD	AOKI, Mr. YOSHIYUKI	1	428356	30/09/2002	3	JTB JAPON TG I	1	0	JTB	FIT72	131.16		EXTRAS CLT	
40		1744		EXT	ARAGON, Mrs. M	1	431615	27/09/2002	5	INSIGHT TRAVE	2	0	INAL25092	TG35 BIS	124.00		Sharing Guest,EXTRAS CLT	
41		1209		FST	AROSEMENA, Ms. J	1	431466	27/09/2002	5	GLOBUS TRAVE	0	0	GLO25092	TG90	0.00		Sharing Guest,EXTRAS CLT	
42		1655		FST	ASLUND, Mr. Orjan	1	431721	27/09/2002	5	GM/FIAT WORLI	1	0	SA25092	GRAFF61	275.00		TOT CLT PA600E AS	
43		0924		EXT	AYABE, Mr. M	1	432778	26/09/2002	5	SELECTOUR SC	1	0	SE24092	GRAFF61	275.00		EXTRAS CLT	
44		0709		EXT	AZAR, Mrs. and Mr. H+F	1	431515	27/09/2002	5	INSIGHT TRAVE	2	0	INAY25092	TG35 BIS	124.00		EXTRAS CLT	
45	0209250588	0530		FSD	AZEVEDO, Mr. NUNO	1	432993	26/09/2002	2	STAR	1	0		RACT	325.00	1	CLT TOT	1

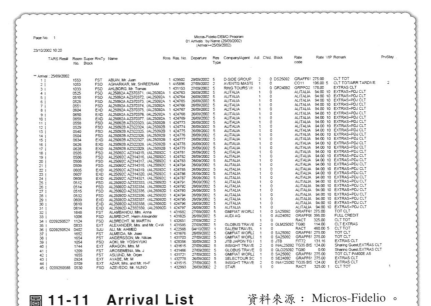

圖 11-11　Arrival List　　資料來源：Micros-Fidelio。

Page No. 1

Micros-Fidelio Demo Program
GE.20 今日住客一覽表

27/06/05 10:15

房號	住客姓名	房間數	人數	入住日期	退房日期	國籍	護照號碼	通訊地址
** Floor: 02								
0201	King Russell Mr	1	1	08/10/03	12/10/03	USA	053733674	15865 Longwood Dr. Los Gatos CA 95032
0202	chen	1	1	10/10/03	11/10/03			
0203	Lee Young Jae (李榮載) Mr	1	1	08/10/03	19/10/03	Korea Republic	JR1020273	Hyunda Apt 115-403. Joony eye dong Seoul Korea
0205	Lee Davy 先生	1	1	08/10/03	15/10/03	Taiwan		
0206	Lo Min Da (羅明通) 先生	1	1	06/10/03	05/11/03	Somalia	G100931749	北投同德街29巷11號 Tl
0209	Pan Stephen Yuan (潘永傑) Mr	1	1	08/10/03	15/10/03	Taiwan	203467458	
0209	Lee Chung Chuan (李忠全) 先生	0	1	08/10/03	15/10/03	Taiwan	V120363347 v	
0210	Pang Tzu Yun (逢子雲) Mr	1	1	08/10/03	15/10/03	Singapore		38.Cairnhill Road #03-01 Singapore 0922
0211	Tang Yvonne Mr. & Mrs.	1	1	08/10/03	15/10/03	Hong Kong	30423827	九龍窩打老道山文福 道3號德信園4樓C座 Hong Kong
0212	Wang Chiao Ching (王巧靜) 小姐	1	1	08/10/03	15/10/03	Taiwan	E200505203	
0213	Wong Wai Sun Mr	1	1	08/10/03	14/10/03	Hong Kong		
0215	Lo Ai Wen May (駱愛文) 小姐	1	1	09/10/03	17/10/03	Taiwan	A203959076	台北市內湖區安泰街 51巷2號5樓
0216	Wong Nam Sum , (王南琛) Mr	1	1	08/10/03	16/10/03	Taiwan		
0217	HT1010 12 (HT1010)	1	1	10/10/03	12/10/03			
0218	Yeung Kit Chun Jenny Ms	1	1	08/10/03	17/10/03	Hong Kong		1457 Ping Wah House Lok Lok Est Kowloon
0220	Xu Xin Jian , (許新健) Mr	1	1	08/10/03	15/10/03	Switzerlan d		
** 小計**		15	16					
** Floor: 03								
0301	Yung Robert Mr	1	1	08/10/03	16/10/03	Hong Kong		Hong Kong
0302	Yurugi Chiharu Mr.	1	1	06/10/03	05/11/03	Japan		Hasuike
0303	Ye Ji Ming , (葉規明) 先生	1	1	07/10/03	11/10/03	Switzerlan d		
0306	Bayeux Guy Andre Mr	1	1	05/10/03	10/10/03	France	98DL93143	Moulin de Belot Habas H0290

圖 11-12　旅客一覽表　　資料來源：Micros-Fidelio。

的期待。若無充足的把握及決心，不妨依需求之順序，逐步實施。一來可以避免實施風險，二來可將建置費用分階段負擔。較為優先的子系統功能，例如旅客歷史資料、訂房管理、接待管理、前檯出納等先行建置；其次為服務中心作業、洗衣管理、總機作業、餐飲管理等，接下來再規劃後檯的人事管理、財務系統（總帳、應收、應付、固定資產、成本控制、票據管理）、採購管理、庫存管理等。（圖 11-13 、圖 11-14）

（二）產品選型的考量

旅館的電腦系統已行之有年，發展至今已逾二、四十年，但近十年來進步的速度飛快，不論軟體、硬體，均已發展得可說十分成熟。專業廠商亦不斷投入，競爭亦激烈，產品推陳出新，功能亦一代比一代強大。選擇性變得很大，反倒使旅館業者不知如何選擇。

系統產品的選型，須依照本身的實際需求而定。包括旅館的經營規模、型態與客層等，規模越大、員工人數越多、商務客越多則越需要電腦系統，否則反之。因為電腦系統是幫助我們處理龐大繁雜的資料，若資料量並不龐大，人工即能負荷，則需求性便不是那麼強了。當然，以現代資訊爆炸的時代，事事以人工處理，似乎在觀念上便與主流有所脫節。並且，現今電腦軟硬體的價格已十分低廉，對於業者，並非負擔極大。因此，多數小型旅館均已加入電腦系統的管理，在流程上亦作了改變，以符合電腦作業的需求。

以往大都使用國外品牌的系統軟體，國內極少有類似的產品，並且都是英文版，網路平台亦多採 UNIX 系統，使用門檻較高，建置費用亦龐大。因此，中、小型旅館旅館較少採用。但以目前台灣本土的資訊公司所研發的系統產品，在功能上已能符合旅館作業需求，並且穩定度亦沒有問題，已達成熟階段。操作與維護的便利性

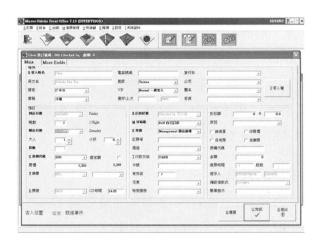

圖 11-13　旅館管理系統 1　　資料來源：Micros-Fidelio。

圖 11-14　旅館管理系統 2　　資料來源：Micros-Fidelio。

均大大提升，並且價格較低廉，已為大多數中、小型旅館所採行。再結合自動控制的部分，對於管理與服務品質，助益甚大。

選擇廠商及產品具體的評估內容如下：

❖ 廠商的規模及商譽

廠商的商譽如何？公司歷史如何？規模如何？開發人員與維護人員有多少？其產品在市場上的占有率及口碑如何？（同業中有哪些旅館正在使用？使用情形如何？）其產品是自行開發、自行維護，或是委外實施？

❖ 產品的功能是否符合？

若有休息的旅館，應注意其休息的功能操作，是否快速、正確？是否可與其他自動控制系統產品結合？

帳務的處理是否正確、清楚明瞭？各種報表輸出的格式，是否符合使用者需求？權限的管理是否細膩而強大？

其餘典型的功能，在細節的部分是否都已規劃？這部分的評估最好請櫃檯主管與房務主管參與，因為以上人員最清楚實際作業的流程與原理。

若有餐廳，則其餐飲系統功能是否符合？

❖ 安全性機制是否良好？

網路安全機制、資料備分與還原機制？若系統故障，資料的損失風險如何？

❖ 維護是否便利？叫修機制是否良好？

保固期與保固內容為何？維護與叫修之承諾、到達現場時間、維護合約內容與費用如何？服務態度是否良好？

❖ 網路平台採何種形式？資料庫為何種產品？

　　平台是何環境，是微軟的系列產品或是其他如 Novell 的產品，使用者必須考慮其市場占有率及發展性，選擇最適當的方案。一般來說，中、小型旅館在資訊庫方面，其資料量及運算量均不太大，選擇一般性的資料庫廠商的產品都是適合的，亦有支援 Linux 作業平台的免費資料庫。其他的高階作業系統與資料庫產品不是不好，只是價格較高，並且維護技術門檻亦較高，所花費的成本會較大，用於大型系統當然是必要的，小型系統可以採用初階的產品，並不會影響到使用者的權益與功能性。

❖ 教育訓練課程

　　是否提供教育訓練課程？教育訓練的機制如何？

❖ 價格

　　價格分硬體和軟體。硬體包括網路工程、網路設備、電腦、周邊設備等，軟體則是旅館管理系統、作業系統，以及資料庫產品等。價格雖不是專業考量的因素，但卻是經營者必須考慮的因素。除了聽取員工使用的意見外，必須考量各種產品的價格差異性，與功能性比較，評估出最高性價比的產品。

六、電腦網路系統

（一）辦公室區域網路

　　行政部門的工作電腦工作站，建置區域網路，相互分享及傳輸資料。網路的架構及型態視電腦數量而定，若僅數台電腦的使用規模，則以對等網的型態即可。電腦及網路的問題，可委外由電腦公司維護。

規模較大的網路，並且運行飯店管理系統，則必須架設伺服器，則有需要成立資訊管理（MIS）部門，設專責的網管人員管理及維護公司內部的網路使用。

公司的網路應重視管理與安全性，例如權限之控管、資料的備份、電子郵件管理、軟體安裝與卸除之規定等，都必須有一定的機制。連接外部網路的防毒防駭措施必須完善。如果沒有預算許可，硬體與軟體防火牆均安裝，是較安全的作法。

（二）電子商務服務

客房提供網際網路服務，已成為必要的配備。隨著無線網路的興起，網路的連線方式已漸漸由網路線連接改為無線的傳輸形式（圖 **11-15**）。

由於寬頻線路及無線網路設備發展快速，因此費用隨之低廉許多，系統建置的成本亦大大降低。隨著顧客對於網路的需求性亦日益增加，故新興旅館客房的網際網路服務，已將有線與無線的上網服務，同時配備，供顧客選擇，並且多為免費。這項服務亦延伸至大廳、餐廳、會議室、商務中心等公共區域。

旅館應備妥網路周邊設備，以提供顧客臨時需要時，可免費借用或付費使用。例如，網路線（RJ-45 接頭的 Cat. 5 網路線）、無線網路卡等。

顧客可能會使用到的視訊設備，例如鏡頭（Web Cam）、麥克風、耳機等，亦是必要準備的設備；甚至臨時的儲存設備，像是USB 隨身碟、外接式軟碟機、外接式光碟機等設備，亦可準備若干，以提供顧客貼心完善的電子商務服務。目前各種微型的電子儲存設備發達，因此多種儲存卡的讀卡器亦是必備。設備的驅動程式之安裝方式，旅館服務人員應能操作熟悉。驅動程式最好是英文版

圖 11-15　無線網路強波天線　　　　資料來源：皇都飯店。

與中文版均準備。

　　旅館內提供顧客使用的電腦，首先要注意軟體的版權問題。除作業系統外，所有安裝在電腦內的應用程式軟體，都必須為合法授權之正版軟體，切不可因疏忽造成侵權行為。再者，由於旅館內的顧客來自世界各國，電腦作業系統的語言，應加以規劃。常用的微軟視窗作業系統，除中文版之外，可另安裝英文版，或日文版，視旅館顧客國籍的比例，作為規劃電腦作業系統語言版本的依據。至於 MS Office 或是其他的應用軟體，可視各實際需求規劃部分電腦安裝即可。

　　客人使用的網路，應獨立建置，不可與公司內部區域網路相連接。以避免管理的困擾與網路安全的顧慮。

第 **4** 節 主要營業設施

一、櫃檯

　　大廳接待櫃檯的規劃，除視覺上美觀的考量外，其功能性的展現亦相當重要。因此，在設置位置、空間、作業動線等，都必須納入考量，使櫃檯作業發揮最大的功能。規劃良好的櫃檯，可以提升服務的品質並且降低人力成本（**圖 11-16**）。

圖 11-16　櫃檯內部設備　　　　　　　資料來源：皇都飯店。

（一）位置

設置位置應同時可掌握進出口與電梯的相關位置，但不宜正對出入大門，否則顧客進出會產生壓迫感，似乎受到監視，這樣的效果是負面的；並且，剛自門外進入的顧客，因背光產生的反差，會看不清楚顧客。另外，對於從電梯上下的顧客，亦要能夠完全掌握，一方面了解住客的動態，一方面避免跑帳的行為。因此，櫃檯位置是否理想，關乎櫃檯員的作業效率。

（二）空間

櫃檯的尺寸與空間，與旅館的規模和客房數有關，理論上客房數越多的旅館，其櫃檯的尺寸也越長，尤其在傳統的大型觀光旅館，便可以充分體會到這個現象。中、小型旅館通常不需要很大的櫃檯，依客房數不同，可以參考下表的長度尺寸。

客房數	櫃檯長度
100 間以內	4-6 公尺
100-150 間	5-7 公尺
150-250 間	6-9 公尺

現代旅館對於櫃檯的設計，許多採開放式，並不設門阻隔，以簡約造型呈現。側面是開放的，櫃檯員可以隨時進出櫃檯，並且櫃檯內部的地面亦不做墊高處理，地面材質大都與大廳的地面成為一體，並沒有特別的區隔。這種設計可以增加櫃檯員作業的機動性，

對於顧客的服務將更快速周到，並且拉近了與顧客的距離，自然增進與顧客的良性互動。檯面區分爲內側與外側，外側的高度約 110 公分，內部的高度約 90 公分，總深度則約 60-80 公分。另外，有些旅館採坐姿的小型櫃檯，顧客與櫃檯員均坐姿面對，這樣的櫃檯則將高度降至 75-80 公分，合適坐姿作業。但小型的坐姿的櫃檯則不宜過長，最好是一人服務的機能，長度約 160 公分，若作業量不足，則應視需要增設 1-2 座，或另配合大型櫃檯作業。

（三）作業動線

由於櫃檯內需配置許多設備，例如鑰匙盒、客房狀態顯示器、電話、電腦、列表機、印時鐘、信用卡端末機、傳眞機、影印機、文件、帳夾、文具等，視旅館的規模特性，會有不同的設備需求。但在眾多設備的放置位置，與作業動線有極大關聯，配置適當則作業相對順暢，效率相對提升，配置不當則影響作業，並且可能降低服務品質。因此在設計階段，則應做好妥善而周全的規劃，預留各種設備的適當位置。

（四）其他設備

規模較小的旅館，通常將安全監控的工作由櫃檯員兼任，例如消防授信總機、監視系統螢幕、總機、緊急廣播系統等，大都設在櫃檯內部或附近（**圖 11-17**），這些設備的體積均較大，其位置、電源及管線，都必須事先規劃妥當。

櫃檯內之電源位置應以最大使用量加上預留量作規劃，儘量多設電源插座，只要規劃得宜，並不會影響美觀性，但是在未來作業上的方便性及擴充性，將有極大的幫助。

圖 11-17　火災授信總機與緊急廣播系統

資料來源：皇都飯店。

二、餐廳

　　雖然中、小型規模的旅館，營業範圍較為單純，大都以客房為主要產品。但餐廳的必要性，亦不容忽略，由於現今住客對於早餐的需求日益增加，住宿附贈早餐已成為市場的趨勢，甚至慣例。因此，館內必須將早餐的功能納入規劃，提供早餐的場所，是很重要的。所以提供早餐的必要服務，是餐廳的主要功能之一。若只規劃一座餐廳，以西餐為主，兩座以上的餐廳，再規劃中餐廳或其他型態的餐廳。因此，最低限度須規劃一座簡易的西餐廳，以符合需求（**圖 11-18**）。

圖 11-18　西餐廳　　　　　　資料來源：皇都飯店。

　　這座小型的西餐廳若能結合會議室的功能，則用途性更廣。以活動隔間及改變桌椅的排列方式，加上桌布與會議設備，成為小型會議室，可提供更多元的服務，並且可以增加旅館的收入。

　　館內餐廳的功能為：

1.服務早餐。
2.提供住客會客、洽談與餐飲的場所。
3.小型會議。
4.非房客之一般來客餐飲服務。
5.部分旅館因無員工會議室，亦利用餐廳作為員工會議的場所。

然而實務上，中、小型旅館內設的餐廳，應審慎評估其經營績效。若無餐廳經營的經驗，則不宜將餐廳規模過於擴張。一般來說，附屬於中、小型旅館（尤其是小型旅館）內的餐廳，其經營績效大都難以達到理想的業績，經常收入無法支應開銷。因此多屬於增加旅館的附加價值，提供館內房客餐飲服務的功能。除了館內住客以外，外客來店消費的機率並不大，從營業面來看，將餐廳或咖啡廳的開銷視為客房經營成本費用的一部分，屬於正常合理的情況。為什麼小型旅館附屬的餐廳，其經營績效大都不理想，原因有三：

1.餐飲業本身市場競爭激烈。
2.經營旅館的業者，並不一定懂得經營餐飲，專業度不足。
3.外界對於小型旅館仍抱有特殊色彩的觀點，其內之小型餐廳自然受此影響，一般消費者會避免以此類餐廳作為用餐地點的選項，增加經營的困難度。

若非具有較佳的餐飲經營經驗的經營團隊，或有極佳座落地段、獨到的作法與產品，否則是不宜貿然規劃大規模的餐飲功能。當然，若計畫引進外來的知名品牌及技術，以租賃、承攬或合作的方式搭配旅館的經營，那又另當別論，經過專業的評估，是一項可以採行的方式。

三、實品屋

在旅館的結構完成後，裝潢工程正式開始之前，應選定數間不同房型的客房，先行製作實品屋（Mock-up Room），作為設計、施工、裝潢、營運等方面的檢討與改善。

實品屋的製作，可區分為兩個階段。第一階段以簡單的夾板，

製作內部空間及各項尺寸面積及位置為重點；第二階段，則依據設計，將整體的裝潢、設備及電氣線路等施工，裝設到位，各項功能均能運轉，儘可能接近實際可使用的客房。對於中、小型規模的旅館，或是較有經驗的業主，或許可以省略第一階段的過程，但若是大型旅館，客房數多至數百間，則應更加謹慎，落實兩個階段的製作過程。

實品屋的製作，目的是為了檢討實際可能的缺失。製作完成後，應由管理者先行試住、試用，深刻體會客房的各種問題，加以檢討改進。發現越多的問題，日後正式工程乃至於營業開始，可避免許多工程的浪費或追加，其損失則越小。反之，若已存在而未發覺之問題越多，則日後的影響及損失將越大。因此必須善加利用實品屋的檢討，將缺失發掘並改善。檢討重點如下：

1. 門扇之尺寸及材質是否適當；門鎖、門把、門將（門鏈）、窺視孔、房號牌位置是否恰當。
2. 客房內走道寬度是否恰當，例如床至沙發的距離、床至電視櫃的距離等。
3. 窗戶的尺寸、操作性、清潔性、隔音效果是否良好；窗台的高度是否合適。
4. 裝潢型態、風格、色調是否搭配協調。
5. 出風、迴風口的位置是否合適；冷房效果是否良好。
6. 壁紙、地毯之色系、質感是否良好。
7. 窗簾、床罩（床尾巾）、床頭飾板等布品之尺寸是否合適；色系是否搭配。
8. 窗簾之遮光效果是否良好。
9. 床具及寢具的尺寸、位置及功能是否合適；相互是否搭配。

10.家具尺寸、高度及色調是否合適；使用性用是否良好；與客房裝潢是否搭配。

11.設備運轉噪音值是否過大。

12.室內燈具及照明效果是否合適。

13.插座位置是否合適；數量是否足夠。

14.火警感知器之位置是否適當，美觀性是否良好。

15.空調、電氣之開關、調整面板是否容易操作；功能是否健全。

16.電視、立燈、緊急照明燈之配線位置是否合適、美觀。

17.浴室之排水是否良好；浴缸的尺寸及位置是否恰當；功能是否良好。

18.浴室抽風效果是否良好；照明是否充足。

19.衛生設備之位置、使用性是否良好及噪音是否過大。

20.水管出水是否有共振噪音；排水是否有噪音，或影響直下層客房。

21.整理客房過程是否順暢；擦拭及吸塵動線是否有問題。

22.是否有無法或極困難打掃的死角。

23.各項工程施作時之順序、處理方式之相互搭配是否有問題。

24.其他。

附錄

附錄一　旅館業管理規則

（民國 91 年 10 月 28 日公發布）

第一章　總則

第一條　本規則依發展觀光條例（以下簡稱本條例）第六十六條第二項規定訂
　　　　定之。

第二條　本規則所稱旅館業，指觀光旅館業以外，對旅客提供住宿、休息及其
　　　　他經中央主管機關核定相關業務之營利事業。

第三條　旅館業之主管機關：在中央為交通部；在直轄市為直轄市政府；在縣
　　　　（市）為縣（市）政府。

　　　　旅館業之輔導、獎勵與監督管理等事項，由交通部委任交通部觀光
　　　　局執行之；其委任事項及法規依據公告應刊登於政府公報或新聞
　　　　紙。

　　　　旅館業之設立、發照、經營設備設施、經營管理及從業人員等事項
　　　　之管理，除本條例或本規則另有規定外，由直轄市、縣（市）政府
　　　　辦理之。

第二章　設立與發照

第四條　經營旅館業者，除依法辦妥公司或商業登記外，並應向地方主管機關
　　　　申請登記，領取登記證後，始得營業。

　　　　旅館業於申請登記時，應檢附下列文件：

　　　　一　申請書。

　　　　二　公司登記證明文件影本。（非公司組織者免附）

　　　　三　商業登記證明文件影本。

　　　　四　建築物核准使用證明文件影本。

　　　　五　土地、建物登記（簿）謄本。

六 土地、建物同意使用證明文件影本。（土地、建物所有人申請登記者免附）

七 責任保險契約影本。

八 旅館外觀、門廳、旅客接待處、各類型客房、浴室及其他服務設施之照片或簡介摺頁。

九 其他經中央或地方主管機關指定之有關文件。

地方主管機關得視需要，要求申請人就檢附文件提交正本以供查驗。

第五條　旅館業應設有固定之營業處所，同一處所不得為二家旅館或其他住宿場所共同使用。

旅館名稱非經註冊為服務標章者，應以該旅館名稱為其事業名稱之特取部分；其經註冊為服務標章者，該旅館業應為該服務標章之專用權人或經其授權使用之人。

第六條　旅館營業場所至少應有下列空間之設置：

一 門廳。

二 旅客接待處。

三 客房。

四 浴室。

五 物品儲藏室。

第七條　旅館之客房應有良好通風或適當之空調設備，並配置寢具及衣櫥（架）。

旅館客房之浴室，應配置衛浴設備，並供應盥洗用品及冷熱水。

第八條　旅館業得視其業務需要，依相關法令規定，配置餐廳、視聽室、會議室、健身房、游泳池、球場、育樂室、交誼廳或其他有關之服務設施。

第九條　旅館業應投保之責任保險範圍及最低保險金額如下：

一 每一個人身體傷亡：新台幣二百萬元。

二 每一事故身體傷亡：新台幣一千萬元。

三　每一事故財產損失：新台幣二百萬元。

四　保險期間總保險金額每年新台幣二千四百萬元。

旅館業應將每年度投保之責任保險證明文件，報請地方主管機關備查。

第十條　地方主管機關對於申請旅館業登記案件，應訂定處理期間並公告之。

地方主管機關受理申請旅館業登記案件，必要時，得邀集建築及消防等相關權責單位共同實地勘查。

地方主管機關受理本規則施行前已依法核准經營旅館業務或國民旅舍者之申請登記案件，得免辦理現場會勘。

第十一條　申請旅館業登記案件，有應補正事項者，由地方主管機關記明理由，以書面通知申請人限期補正。

第十二條　申請旅館業登記案件，有下列情形之一者，由地方主管機關記明理由，以書面駁回申請：

一　經通知限期補正，逾期仍未補正者。

二　不符本條例或本規則相關規定者。

三　經其他權責單位審查不符相關法令規定，逾期仍未改善者。

第十三條　旅館業申請登記案件，經審查符合規定者，由地方主管機關以書面通知申請人繳交證照費，領取旅館業登記證及旅館業專用標識。

第十四條　旅館業登記證應載明下列事項：

一　旅館名稱。

二　代表人或負責人。

三　營業所在地。

四　事業名稱。

五　核准登記日期。

六　登記證編號。

第三章　專用標識之形式及使用管理

第十五條　旅館業應將旅館業專用標識懸掛於營業場所外部明顯易見之處。
　　　　　旅館業專用標識形式如附表。
　　　　　前項旅館業專用標識之製發，地方主管機關得委託各該業者團體辦理之。
　　　　　旅館業經受停止營業或廢止登記之處分者，應繳回旅館業專用標識。

第十六條　地方主管機關應將旅館業專用標識編號列管。
　　　　　旅館業非經登記，不得使用旅館業專用標識。
　　　　　旅館業使用前項專用標識時，應將前條第二項規定之形式與第一項之編號共同使用。

第十七條　旅館業專用標識如有遺失或毀損，旅館業應於事實發生之日起三十日內，向地方主管機關申請補發或換發。

第四章　經營管理

第十八條　旅館業應將其登記證，掛置於門廳明顯易見之處。

第十九條　旅館業登記證所載事項如有變更，旅館業應於事實發生之日起三十日內，向地方主管機關申請為變更登記。

第二十條　旅館業登記證如有遺失或毀損，旅館業者應於事實發生之日起三十日內，向地方主管機關申請補發或換發。

第二十一條　旅館業應將其客房價格，報請地方主管機關備查；變更時，亦同。
　　　　　　旅館業向旅客收取之客房費用，不得高於前項客房價格。
　　　　　　旅館業應將其客房價格、旅客住宿須知及避難逃生路線圖，掛置於客房明顯光亮處所。

第二十二條　旅館業於旅客住宿前，已預收訂金或確認訂房者，應依約定之內容保留房間。

第二十三條　旅館業應將每日住宿旅客資料依式登記，並以傳真、電子郵件

或其他適當方式，送該管警察所或分駐（派出）所備查。

前項旅客住宿資料登記格式及送達時間，依當地警察局或分局之規定。

第一項旅客住宿登記資料保存期限為一百八十日。

第二十四條　旅館業不得擅自擴大營業場所，並應經常維持場所之安全與清潔。

第二十五條　旅館業應遵守下列規定：

一　對於旅客建議事項，應妥為處理。

二　對於旅客寄存或遺留之物品，應妥為保管，並依有關法令處理。

三　發現旅客罹患疾病時，應於二十四小時內協助其就醫。

四　遇有火災、天然災害或緊急事故發生，對住宿旅客生命、身體有重大危害時，應即通報有關單位、疏散旅客，並協助傷患就醫。

旅館業於前項第四款事故發生後，應即將其發生原因及處理情形，向地方主管機關報備；地方主管機關並應即向交通部觀光局陳報。

第二十六條　旅館業及其從業人員不得有下列行為：

一　糾纏旅客。

二　向旅客額外需索。

三　強行向旅客推銷物品。

四　為旅客媒介色情。

第二十七條　旅館業發現旅客有下列情形之一者，應即報請當地警察機關處理或為必要之處理。

一　攜帶槍械或其他違禁物品者。

二　施用毒品者。

三　有自殺跡象或死亡者。

四　在旅館內聚賭或深夜喧嘩，妨害公眾安寧者。

五　未攜帶身分證明文件或拒絕住宿登記而強行住宿者。

　　六　行為有公共危險之虞或其他犯罪嫌疑者。

第二十八條　旅館業暫停營業一個月以上，屬公司組織者，應於暫停營業前十五日內，備具申請書及股東會議事錄或股東同意書，報請地方主管機關備查；非屬公司組織者，應備具申請書並詳述理由，報請地方主管機關備查。

　　前項申請暫停營業期間，最長不得超過一年，其有正當理由者，得申請展延一次，期間以一年為限，並應於期間屆滿前十五日內提出。

　　停業期限屆滿後，應於十五日內向地方主管機關申報復業，經審查符合規定者，准予復業。

　　未依第一項規定報請備查或前項規定申報復業，達六個月以上者，地方主管機關得廢止其登記並註銷其登記證。

　　地方主管機關應將當月旅館業設立登記、變更登記、補發或換發登記證、停歇業及投保責任保險之資料，於次月五日前，陳報交通部觀光局。

第二十九條　主管機關對旅館業之經營管理、營業設施，得實施定期或不定期檢查。

　　旅館之建築管理與防火避難設施及防空避難設備、消防安全設備、營業衛生、安全防護，由各有關機關逐依主管法令實施檢查；經檢查有不合規定事項時，並由各有關機關逐依主管法令辦理。

　　前二項之檢查業務，得聯合辦理之。

第三十條　主管機關人員對於旅館業之經營管理、營業設施進行檢查時，應出示公務身分證明文件，並說明實施之內容。

　　旅館業及其從業人員不得規避、妨礙或拒絕前項檢查，並應提供必要之協助。

第三十一條　旅館業之等級，得由交通部觀光局按其建築與設備標準、經營

管理狀況、服務品質等項目訂定標準評定之。

前項旅館業之等級評定，得委託民間團體辦理。

旅館業經評定等級後，應將主管機關發給之等級區分標識，掛置於明顯易見處所；其形式及應掛置之處所，由交通部觀光局定之。

第五章　獎勵及處罰

第三十二條　民間機構經營旅館業之貸款經中央主管機關報請行政院核定者，中央主管機關為配合發展觀光政策之需要，得洽請相關機關或金融機構提供優惠貸款。

第三十三條　經營管理良好之旅館業或其服務成績優良之從業人員，由主管機關表揚之。

第三十四條　旅館業違反本規則第六條、第七條、第九條第二項、第十五條第一項、第十六條第三項、第十七條至第二十六條、第三十一條第三項規定者，由地方主管機關依本條例第五十五條第二項第三款規定處罰之。

旅館業從業人員違反本規則第二十六條規定者，由地方主管機關依本條例第五十八條第一項規定處罰之。

第六章　附則

第三十五條　旅館業申請登記，應繳納證照費新台幣五千元；其申請變更登記或補發、換發旅館業登記證者，應繳納新台幣一千元；其申請補發或換發旅館業專用標識者，應繳納新台幣四千元；本規則施行前已依法核准經營旅館業務或國民旅舍者申請登記，應繳納新台幣四千元。

因行政區域調整或門牌改編之地址變更而申請換發登記證者，免繳納證照費。

第三十六條　本規則施行前已依法核准經營旅館業務或國民旅舍者，其營業場所空間或房間設備，不符本規則第六條或第七條規定者，應

自本規則施行之日起二年內完成改善。

第三十七條　本規則所列書表格式，除另有規定外，由交通部觀光局定之。

第三十八條　本規則自發布日施行。

附錄二　觀光旅館業管理規則

(民國 92 年 04 月 28 日修正)

第一章　總則

第一條　本規則依發展觀光條例第六十六條第二項規定訂定之。

第二條　觀光旅館業經營之觀光旅館分為國際觀光旅館及一般觀光旅館，其建築及設備應符合觀光旅館建築及設備標準之規定。

第三條　非依本規則申請核准之旅館，不得使用國際觀光旅館或一般觀光旅館之名稱或專用標識。

國際觀光旅館及一般觀光旅館專用標識應編號列管，其形式如附表。

第二章　觀光旅館業之籌設、發照及變更

第四條　經營觀光旅館業者，應先備具下列文件，向主管機關申請核准籌設：

一　觀光旅館業籌設申請書。

二　發起人名冊或董事、監察人名冊。

三　公司章程。

四　營業計畫書。

五　財務計畫書。

六　土地所有權狀影本或土地使用權同意書及土地使用分區證明；
一般旅館及其他既有建築物擬作為觀光旅館者，並應備具建築物所有權狀影本或建築物使用權同意書。

七　建築設計圖說。

八　設備總說明書。

申請籌設觀光旅館業之案件，除在直轄市籌設一般觀光旅館業者，由交通部委託直轄市主管機關受理外，其餘由交通部委任觀光局受

理。受理之主管機關應於收件後十五日內，將審查結果函復申請人；對於符合規定之案件，並應將核准籌設函件副本抄送有關機關。

主管機關審查觀光旅館建築設計圖說，得向申請人收取審查費；設計圖說變更時，亦同。

第五條　依前條規定申請核准籌設觀光旅館業者，應依法辦理公司登記，並備具下列文件報請原受理機關備查：

一　公司登記證明文件影本。

二　董事、監察人及經理人名冊。

前項登記事項有變更時，應於公司主管機關核准日起十五日內，報請原受理機關備查。

第六條　觀光旅館之中、外文名稱，不得使用其他觀光旅館已登記之相同或類似名稱。但依第三十一條規定報備加入國內、外旅館聯營組織者，不在此限。

第七條　經核准籌設之觀光旅館，其申請人應於二年內依建築法之規定，向當地主管建築機關申請核發用途為觀光旅館之建造執照依法興建；觀光旅館業於核准籌設前，其建築物已領有使用執照者，其申請人應於核准籌設後二年內，向當地主管建築機關申請核發用途為觀光旅館之使用執照；逾期即廢止其籌設之核准，並副知相關機關。但有正當事由者，得於期限屆滿前報請原受理機關予以展期。

觀光旅館業其建築物於興建前或興建中變更原設計時，應備具變更設計圖說及有關文件，報請原受理機關核准，並依建築法令相關規定辦理。

觀光旅館業於籌設中轉讓他人者，應備具下列文件，申請原受理機關核准：

一　有關契約書副本。

二　轉讓人之股東會議事錄或股東同意書。

三　受讓人之營業計畫書及財務計畫書。

第八條　觀光旅館業籌設完成後，應備具下列文件報請原受理機關會同警察、建築管理、消防及衛生等有關機關查驗合格後，由交通部發給觀光旅館業營業執照及觀光旅館業專用標識，始得營業：

一　觀光旅館業營業執照申請書。

二　建築物使用執照影本及竣工圖。

三　公司登記證明文件影本。

第九條　興建觀光旅館客房間數在三百間以上，具備下列條件，得依前條規定申請查驗，符合規定者，發給觀光旅館業營業執照及觀光旅館專用標識，先行營業：

一　領有觀光旅館之全部建築物使用執照及竣工圖。

二　客房裝設完成已達百分之六十，且不少於二百四十間；營業之樓層並已全部裝設完成。

三　餐廳營業之合計面積，不少於營業客房數乘一點五平方公尺，營業之樓層並已全部裝設完成。

四　門廳樓層、會客室、電梯、餐廳附設之廚房、衣帽間及盥洗室均已裝設完成。

五　未裝設完成之樓層，應設有敬告旅客注意安全之明顯標識。

前項先行營業之觀光旅館業，應於一年內全部裝設完成，並依前條規定報請查驗合格。但有正當理由者，得報請原受理機關予以展期，其期限不得超過一年。

第十條　觀光旅館建築物之增建、改建及修建，準用關於籌設之規定辦理；但免附送公司發起人名冊或董事、監察人名冊。

第十一條　經核准與其他用途之建築物綜合設計共同使用基地之觀光旅館，於營業後，如需將同幢其他用途部分變更為觀光旅館使用者，應先檢附下列文件，申請原受理機關核准：

一　營業計畫書。

二　財務計畫書。

三　申請變更為觀光旅館使用部分之建築物所有權狀影本或使用

權同意書。

四　建築設計圖說。

五　設備說明書。

前項觀光旅館於變更部分竣工後，應備具下列文件，申請原受理
機關查驗合格後，始得營業：

一　建築物變更使用執照核准文件影本及竣工圖。

二　建築管理與防火避難設施及防空避難設備、消防安全設備、
　　營業衛生、安全防護等事項，經有關機關查驗合格之文件。

第十二條　觀光旅館之門廳、客房、餐廳、會議場所、休閒場所、商店等營
　　　　　業場所之建築及設備，如需變更，仍應符合觀光旅館建築及設備
　　　　　標準，並報請原受理機關核准；非經原受理機關查驗合格，不得
　　　　　使用。

　　　　　前項變更部分，原受理機關應通知有關機關。

第十三條　觀光旅館業之組織、名稱、業務範圍、地址及代表公司之負責人
　　　　　有變更時，應自公司主管機關核准變更登記之日起十五日內，備
　　　　　具下列文件送請原受理機關辦理變更登記，並轉報交通部換發觀
　　　　　光旅館業營業執照：

一　觀光旅館業變更登記申請書。

二　公司登記證明文件影本、股東會議事錄或股東同意書或董事
　　會議事錄。

第十四條　主管機關得依職權或觀光旅館業之申請辦理等級評鑑。觀光旅館
　　　　　之等級評鑑標準表由交通部觀光局按其建築與設備標準、經營管
　　　　　理狀況、服務品質等訂定之。

　　　　　主管機關為辦理前項評鑑事務，得委託民間團體辦理。

　　　　　觀光旅館業經營之觀光旅館經等級評鑑後，應將主管機關發給之
　　　　　等級區分標識，置於門廳明顯易見之處。

　　　　　前項等級區分標識由交通部觀光局定之。

第十五條　申請觀光旅館業營業執照及其換發或補發，應繳納執照費。

第三章　觀光旅館業之經營與管理

第十六條　觀光旅館業應備置旅客資料活頁登記表，將每日住宿旅客依式登記，並送該管警察所或分駐（派出）所，送達時間，依當地警察局、分局之規定。

前項旅客登記資料，其保存期間為半年。

第十七條　觀光旅館業應將旅客寄存之金錢、有價證券、珠寶或其他貴重物品妥為保管，並應旅客之要求掣給收據，如有毀損、喪失，依法負賠償責任。

第十八條　觀光旅館業發現旅客遺留之行李物品，應登記其特徵及發現時間、地點，並妥為保管，已知其所有人及住址者，通知其前來認領或送還，不知其所有人者，應報請該管警察機關處理。

第十九條　觀光旅館業應對其經營之觀光旅館業務，投保責任保險。

責任保險之保險範圍及最低投保金額如下：

一　每一個人身體傷亡：新台幣二百萬元。

二　每一事故身體傷亡：新台幣一千萬元。

三　每一事故財產損失：新台幣二百萬元。

四　保險期間總保險金額：新台幣二千四百萬元。

第二十條　觀光旅館業之經營管理，應遵守下列規定：

一　不得代客媒介色情或為其他妨害善良風俗或詐騙旅客之行為。

二　附設表演場所者，不得僱用未經核准之外國藝人演出。

三　附設夜總會供跳舞者，不得僱用或代客介紹職業或非職業舞伴或陪侍。

第二十一條　觀光旅館業發現旅客有下列情形之一者，應即為必要之處理或報請當地警察機關處理：

一　有危害國家安全之嫌疑者。

二　攜帶軍械、危險物品或其他違禁物品者。

三　施用煙毒或其他麻醉藥品者。

四　有自殺企圖之跡象或死亡者。

五　有聚賭或為其他妨害公眾安寧、公共秩序及善良風俗之行
　　為，不聽勸止者。

六　未攜帶身分證明文件或拒絕住宿登記而強行住宿者。

七　有其他犯罪嫌疑者。

第二十二條　觀光旅館業發現旅客罹患疾病時，應於二十四小時內協助就
　　　　　　醫。

第二十三條　觀光旅館業客房之定價，由該觀光旅館業自行訂定後，報請原
　　　　　　受理機關備查，並副知當地觀光旅館商業同業公會；變更時亦
　　　　　　同。

　　　　　　觀光旅館業應將房租價格、旅客住宿須知及避難位置圖置於客
　　　　　　房明顯易見之處。

第二十四條　觀光旅館業應將觀光旅館業專用標識，置於門廳明顯易見之
　　　　　　處。

　　　　　　觀光旅館業經申請核准註銷其營業執照或經受停止營業或廢止
　　　　　　營業執照之處分者，應繳回觀光旅館業專用標識。

　　　　　　未依前項規定繳回觀光旅館業專用標識者，由主管機關公告註
　　　　　　銷，觀光旅館業不得繼續使用之。

第二十五條　觀光旅館業於開業前或開業後，不得以保證支付租金或利潤等
　　　　　　方式招攬銷售其建築物及設備之一部或全部。

第二十六條　觀光旅館業開業後，應將下列資料依限填表分報各級主管機
　　　　　　關：

一　每月營業收入、客房住用率、住客人數統計及外匯收入實
　　績，於次月十五日前。

二　資產負債表、損益表，於次年四月底前。

第二十七條　依本規則核准之觀光旅館建築物除全部轉讓外，不得分割轉
　　　　　　讓。

　　　　　　觀光旅館業將其觀光旅館之全部建築物及設備出租或轉讓他人

經營觀光旅館業時，應先由雙方當事人備具下列文件，申請原
受理機關核定：

一　有關契約書副本。

二　出租人或轉讓人之股東會議事錄或股東同意書。

三　承租人或受讓人之營業計畫書及財務計畫書。

前項申請案件經核定後，承租人或受讓人應於二個月內依法辦
安公司設立登記或變更登記，並由雙方當事人備具下列文件，
申請原受理機關核轉交通部核發觀光旅館業營業執照：

一　觀光旅館業營業執照申請書。

二　原領觀光旅館業營業執照。

三　承租人或受讓人之公司章程、公司登記證明文件影本、董
　　事、監察人名冊。

第三項所定期限，如有正當事由，其承租人或受讓人得申請展
延二個月，並以一次為限。

第二十八條　觀光旅館建築物經法院拍賣或經債權人依法承受者，其買受人
或承受人申請繼續經營觀光旅館業時，應於拍定受讓後檢送不
動產權利移轉證書及所有權狀，準用關於籌設之有關規定，申
請原受理機關辦理籌設及發照。第三人因向買受人或承受人受
讓或受託經營觀光旅館業者，亦同。

前項申請案件，其建築設備標準，未變更使用者，適用原籌設
時之法令審核。但變更使用部分，適用申請時之法令。

第二十九條　觀光旅館業暫停營業一個月以上者，應於十五日內備具股東會
議事錄或股東同意書報原受理機關備查。

前項申請暫停營業期間，最長不得超過一年。其有正當事由
者，得申請展延一次，期間以一年為限，並應於期間屆滿前十
五日內提出申請。停業期限屆滿後，應於十五日內向原受理機
關申報復業。

觀光旅館業因故結束營業者，應檢附下列文件向原受理機關申

請註銷觀光旅館業營業執照：

一　原核發觀光旅館業營業執照。

二　股東會議事錄或股東同意書。

第三十條　觀光旅館業不得將其客房之全部或一部出租他人經營。觀光旅館業將所營觀光旅館之餐廳、會議場所及其他附屬設備之一部出租他人經營，其承租人或僱用之職工均應遵守本規則之規定；如有違反時，觀光旅館業仍應負本規則規定之責任。

第三十一條　觀光旅館業參加國內、外旅館聯營組織經營時，應依有關法令規定辦理後，檢附契約書等相關文件報請原受理機關備查。其由直轄市主管機關備查者，並應副知交通部觀光局。

第三十二條　觀光旅館業對於主管機關及其他國際民間觀光組織所舉辦之推廣活動，應積極配合參與。

第三十三條　觀光旅館業對其僱用之職工，應實施職前及在職訓練，必要時得由主管機關協助之。

主管機關為提高觀光旅館從業人員素質所舉辦之專業訓練，觀光旅館業應依規定派員參加並應遵守受訓人員應遵守事項。

前項專業訓練，主管機關得收取報名費、學雜費及證書費。

第四章　觀光旅館業從業人員之管理

第三十四條　觀光旅館業之經理人應具備其所經營業務之專門學識與能力。

第三十五條　觀光旅館業應依其業務，分設部門，各置經理人，並應於公司主管機關核准日起十五日內，報請原受理機關備查，其經理人變更時亦同。

第三十六條　觀光旅館業為加強推展國外業務，得在國外重要據點設置業務代表，並應於設置後一個月內報請原受理機關備查。

第三十七條　觀光旅館業對其僱用之人員，應嚴加管理，隨時登記其異動，並對本規則規定人員應遵守之事項負監督責任。

前項僱用之人員，應給予合理之薪金，不得以小帳分成抵充其

薪金。

第三十八條　觀光旅館業對其僱用之人員，應製發制服及易於識別之胸章。

前項人員工作時，應穿著制服及佩帶有姓名或代號之胸章，並不得有下列行為：

一　代客媒介色情、代客僱用舞伴或從事其他妨害善良風俗行為。

二　竊取或侵占旅客財物。

三　詐騙旅客。

四　向旅客額外需索。

五　私自兌換外幣。

第五章　獎勵及處罰

第三十九條　觀光旅館之興建，符合觀光旅館之建築及設備標準者，依法獎勵之。

第四十條　主管機關為輔導興建觀光旅館，得視實際需要，協調土地管理機關依法租售公有土地。

第四十一條　觀光旅館業有下列情事之一者，主管機關得予以獎勵或表揚：

一　維護國家榮譽或社會治安有特殊貢獻者。

二　參加國際推廣活動，增進國際友誼有重大表現者。

三　改進管理制度及提高服務品質有卓越成效者。

四　外匯收入有優異業績者。

五　其他有足以表揚之事蹟者。

第四十二條　觀光旅館業從業人員有下列情事之一者，主管機關得予以獎勵或表揚：

一　推動觀光事業有卓越表現者。

二　對觀光旅館管理之研究發展，有顯著成效者。

三　接待觀光旅客服務周全，獲有好評或有感人事蹟者。

四　維護國家榮譽，增進國際友誼，表現優異者。

五　在同一事業單位連續服務滿十五年以上，具有敬業精神
　　　　者。

　　六　其他有足以表揚之事蹟者。

第四十三條　觀光旅館業違反第六條、第九條、第十一條至第十三條、第十
　　　　四條第四項、第十六條至第十八條、第二十條第二款、第三
　　　　款、第二十一條至第二十三條、第二十四條第一項、第二項、
　　　　第二十五條至第二十七條、第二十九條第三項至第三十一條、
　　　　第三十三條第二項、第三十五條、第三十七條或第三十八條第
　　　　一項規定者，由原受理機關依本條例第五十五條第二項第三款
　　　　規定處罰之。

　　　　觀光旅館業僱用之人員違反第三十八條第二項第二款、第四款
　　　　或第五款規定者由原受理機關依本條例第五十八條第一項第二
　　　　款規定處罰之。

第六章　附則

第四十四條　主管機關依本規則所收取之費用，其金額如下：

　　一　核發觀光旅館業營業執照費新台幣三千元。

　　二　換發或補發觀光旅館業營業執照費新台幣一千五百元。

　　三　補發觀光旅館專用標識費新台幣二萬元。

第四十五條　本規則自發布日施行。

附錄三　觀光旅館建築及設備標準

（民國 92 年 04 月 28 日公發布）

第一條　本標準依發展觀光條例第二十三條第二項規定訂定之。

第二條　本標準所稱之觀光旅館係指國際觀光旅館及一般觀光旅館。

第三條　觀光旅館之建築設計、構造、設備除依本標準規定外，並應符合有關
　　　　建築、衛生及消防法令之規定。

第四條　依觀光旅館業管理規則申請在都市土地籌設新建之觀光旅館建築物，
　　　　除都市計畫風景區外，得在都市土地使用分區有關規定之範圍內綜合
　　　　設計。

第五條　觀光旅館基地位在住宅區者，限幣幢建築物供觀光旅館使用，且其
　　　　客房樓地板面積合計不得低於計算容積率之總樓地板面積百分之六
　　　　十。

　　　　前項客房樓地板面積之規定，於本標準發布施行前已設立及經核准
　　　　籌設之觀光旅館不適用之。

第六條　觀光旅館旅客主要出入口之樓層應設門廳及會客場所。

第七條　觀光旅館應設置處理乾式垃圾之密閉式垃圾箱及處理濕式垃圾之冷藏
　　　　密閉式垃圾儲藏設備。

第八條　觀光旅館客房及公共用室應設置中央系統或具類似功能之空氣調節設
　　　　備。

第九條　觀光旅館所有客房應裝設寢具、彩色電視機、冰箱及自動電話；公共
　　　　用室及門廳附近，應裝設對外之公共電話及對內之服務電話。

第十條　觀光旅館客房層每層樓客房數在二十間以上者，應設置備品室一
　　　　處。

第十一條　觀光旅館客房浴室應設置淋浴設備、沖水馬桶及洗臉盆等，並應
　　　　　供應冷熱水。

第十二條　國際觀光旅館應附設餐廳、會議場所、咖啡廳、酒吧、宴會廳、游泳池、健身房、商店、貴重物品保管專櫃、衛星節目收視設備，並得酌設下列附屬設備：

一　夜總會。

二　三溫暖。

三　洗衣間。

四　美容室。

五　理髮室。

六　射箭場。

七　各式球場。

八　室內遊樂設施。

九　郵電服務設施。

一〇　旅行服務設施。

一一　高爾夫球練習場。

一二　其他經中央主管機關核准與觀光旅館有關之附屬設備。

前項供餐飲場所之淨面積不得小於客房數乘一點五平方公尺。

第十三條　國際觀光旅館房間數、客房及浴廁淨面積應符合下列規定：

一　應有單人房、雙人房及套房，在直轄市及省轄市至少八十間，風景特定區至少三十間，其他地區至少四十間。

二　各式客房每間之淨面積（不包括浴廁），應有百分之六十以上不得小於下列標準：

（一）單人房十三平方公尺。

（二）雙人房十九平方公尺。

（三）套房三十二平方公尺。

三　每間客房應有向戶外開設之窗戶，並設專用浴廁，其淨面積不得小於三點五平方公尺。

第十四條　國際觀光旅館廚房之淨面積不得小於下列規定：

供餐飲場所淨面積	廚房（包括備餐室）淨面積
一五○○平方公尺以下	至少為供餐飲場所淨面積之三三%
一五○一至二○○○平方公尺	至少為供餐飲場所淨面積之二八%加七五平方公尺
二○○一至二五○○平方公尺	至少為供餐飲場所淨面積之二三%加一七五平方公尺
二五○一平方公尺以上	至少為供餐飲場所淨面積之二一%加二二五平方公尺

未滿一平方公尺者，以一平方公尺計算。

第十五條　國際觀光旅館自營業樓層之最下層算起四層以上之建築物，應設置客用升降機至客房樓層，其數量不得少於下列規定：

客房間數	客用升降機座數	每座容量
八○間以下	二座	八人
八一至一五○間	二座	十二人
一五一至二五○間	三座	十二人
二五一至三七五間	四座	十二人
三七六至五○○間	五座	十二人
五○一至六二五間	六座	十二人
六二六至七五○間	七座	十二人
七五一至九○○間	八座	十二人
九○一間以上	每增二○○間增設一座，不足二○○間以二○○間計算	十二人

國際觀光旅館應設工作專用升降機，客房二百間以下者至少一座，二百零一間以上者，每增加二百間加一座，不足二百間者以二百間計算。前項工作專用升降機載重量每座不得少於四百五十

公斤。如採用較小或較大容量者，其座數可照比例增減之。

第十六條　一般觀光旅館應附設餐廳、咖啡廳、會議場所、貴重物品保管專
　　　　　櫃、衛星節目收視設備，並得酌設下列附屬設備：

一　商店。

二　游泳池。

三　宴會廳。

四　夜總會。

五　三溫暖。

六　健身房。

七　洗衣間。

八　美容室。

九　理髮室。

一〇　射箭場。

一一　各式球場。

一二　室內遊樂設施。

一三　郵電服務設施。

一四　旅行服務設施。

一五　高爾夫球練習場。

一六　其他經中央主管機關核准與觀光旅館有關之附屬設備。

　　　　　前項供餐飲場所之淨面積不得小於客房數乘一點五平方公尺。

第十七條　一般觀光旅館房間數、客房及浴廁淨面積應符合下列規定：

一　應有單人房、雙人房及套房，在直轄市及省轄市至少五十
　　間，其他地區至少三十間。

二　各式客房每間之淨面積（不包括浴廁），應有百分之六十以上
　　不得小於下列標準：

　　（一）單人房十平方公尺。

　　（二）雙人房十五平方公尺。

　　（三）套房二十五平方公尺。

三　每間客房應有向戶外開設之窗戶，並設專用浴廁，其淨面積
　　　　不得小於三平方公尺。

第十八條　一般觀光旅館廚房之淨面積不得小於下列規定：

供餐飲場所淨面積	廚房（包括備餐室）淨面積
一五〇〇平方公尺以下	至少爲供餐飲場所淨面積之三〇％
一五〇一至二〇〇〇平方公尺	至少爲供餐飲場所淨面積之二五％加七五平方公尺
二〇〇一平方公尺以上	至少爲供餐飲場所淨面積之二〇％加一七五平方公尺

　　未滿一平方公尺者，以一平方公尺計算。

第十九條　一般觀光旅館自營業樓層之最下層算起四層以上之建築物，應設
　　　　置客用升降機至客房樓層，其數量不得少於下列規定：

客房間數	客用升降機座數	每座容量
八〇間以下	二座	八人
八一至一五〇間	二座	十人
一五一至二五〇間	三座	十人
二五一至三七五間	四座	十人
三七六至五〇〇間	五座	十人
五〇一至六二五間	六座	十人
六二六間以上	每增二〇〇間增設一座，不足二〇〇間以二〇〇間計算	十人

　　一般觀光旅館客房八十間以上者應設工作專用升降機，其載重量
　　不得少於四百五十公斤。

第二十條　本標準自發布日施行。

附錄四　觀光旅館及旅館旅宿安寧維護辦法

（民國 91 年 05 月 17 日公發布）

第一條　本辦法依發展觀光條例第二十二條第二項及第二十四條第二項規定訂
　　　　定之。

第二條　觀光旅館及旅館旅宿安寧之維護，依本辦法之規定；本辦法未規定
　　　　者，依其他法令之規定。

第三條　觀光旅館業、旅館業進行設備設施保養維護，或客務、房務、餐飲、
　　　　廚房服務作業，應注意安全維護及避免產生噪音。

第四條　觀光旅館業、旅館業應於公共區域裝置安全監視系統或派員監視，並
　　　　應不定時巡視營業場所，如發現旅客行為已構成或即將發生危害旅宿
　　　　安寧情事，應速為必要之處理並向警察或其他有關機關（構）通報。

第五條　觀光旅館業應設置單位或指定專人執行有關旅宿安寧維護事項，並由
　　　　當地警察機關輔導協助之。

第六條　觀光旅館業、旅館業及其從業人員不得有下列行為：

　　　　一　不當廣播、擴音。

　　　　二　電話騷擾。

　　　　三　任意敲擊房門。

　　　　四　無正當理由進入旅客住宿之客房。

　　　　五　其他有妨礙旅宿安寧之行為。

第七條　警察人員對於住宿旅客之臨檢，以有相當理由，足認為其行為已構成
　　　　或即將發生危害者為限。

第八條　警察人員於執行觀光旅館或旅館之臨檢前，對值班人員、受臨檢人等
　　　　在場者，應出示證件表明其身分，並告以實施臨檢之事由。

第九條　警察人員對觀光旅館及旅館營業場所實施臨檢時，應會同現場值班人
　　　　員行之，並應儘量避免干擾正當營業及影響其他住宿旅客安寧。

第十條　受臨檢人、利害關係人對執行臨檢之命令、方法、應遵守之程序或其他侵害利益情事，於臨檢程序終結前，得向執行之警察人員提出異議。在場執行人員中職位最高者，認其異議有理由者，應即為停止臨檢之決定；認其異議無理由者，得續行臨檢。

　　　　　經受臨檢人請求，於臨檢程序終結時，應填具臨檢紀錄單，並將存執聯交予受臨檢人。

第十一條　警察人員檢查客房住宿旅客身分時應於現場實施，除有犯罪嫌疑或受臨檢人同意或無從確定其身分或在現場臨檢將有不利影響或妨害安寧者外，身分一經查明，應即任其離去，不得要求受臨檢人同行至警察局、所進行盤查。

第十二條　本辦法自發布日施行。

附錄五　旅館常用術語

Ⓐ

Accommodation	設備
Advance deposit	預付訂金（保證金）。 Advance payment 是指入住後的預付房租，與 Advance deposit 不同，但顧客亦常混用
Air conditioner	空調。例如， Air conditioner control 空調控制器（空調控制面板）。同 Aircon 。
Air freshener	空氣清香器。
Airline	航空公司，同 Airway 。
Alarm clock	鬧鐘。
A la care	單餐時的「單點」方式（不是套餐）
Allowance sheet	折讓調整單，同 Allowance chit ，例如房租折讓時需填寫 Allowance sheet 。
Almonds	杏仁果。
Amenity	備品。
Apple juice	蘋果汁。
Approval code	信用卡的授權碼。
Area code	區碼，電話的區域號碼。
Arrival, ARR	到達，例如： Arrival list 旅客到達名單。
Ashtray	煙灰缸。
Assistant manager	副理。

Ⓑ

Baby bed	嬰兒床。同 Crib ， Cot 。

Baby sitter	保姆。
Baggage	行李。同 luggage 。Baggage down 下行李，B/D 。
Ball point pen	原子筆。
Base board	踢腳板。
Basin	洗臉槽。
Bath gel	沐浴精。
Bath mat	足布。
Bathrobe	浴袍。同 Yukata 。
Bathroom	浴室。
Bath salts	浴鹽。
Bath towel	浴巾（大毛）。
Bathtub	浴缸。
Bed cover	床罩。
Bed pad	保潔墊，床墊。
Bed sheet	床單。
Bed skirt	床裙。
Bed table	床頭櫃，床頭几。同 Night table ，Side table 。
Bell captain	服務中心的領班，Bellman 行李員。
Bible	聖經。
Bill	帳單。
Black list	黑名單，也就是不受歡迎者名單。
Blanket	毛毯。
Block	鎖住，Block room 鎖住的不賣房間，Block booking 鎖住不接受訂房。
Board room	會議室。
Body lotion	乳液。
Boiler	熱水器，煮水器。
Breakfast card	早餐卡。Breakfast menu 早餐菜單。

Budget	預算。
Bulbs	燈泡。
Business center	商務中心，B/C。
Business class	飛機的商務艙。
Business hotel	商務旅館。
Butler	專屬的管家。

C

Cancel	CXL，取消。例如，Cancel reservation 取消訂房。
Carpet	地毯。
Cart	房務員整理房間用的手推車。例如，Maid cart 手推車。
Cashier	出納。
Chain lock	門鍊。
Change	更換。例如，Room change 換房。
Charge	記帳，入帳。即需要收費之意。
Check in	旅客遷入程序。
Check out	旅客遷出程序。
Cheque	支票。例如，Travelers cheque 旅行支票。
Closet	衣櫃，衣櫥。同 Wardrobe。
Clothes	衣服。
Cocktail	雞尾酒。例如，Cocktail stick 雞尾酒調棒。同 Stirrer。
Coffee	咖啡。
Coffee spoon	咖啡匙。
Coke	可樂。同 Coca cola 可口可樂。
Collect call	對方付費電話。由總機撥叫後，經受話人同意付費才接通電話。

Comb	梳子。
Commercial hotel	商務旅館。
Complaint	抱怨。
Concierge	CNG，服務中心。同 Service center。
Conditioner	潤髮乳，潤絲精。
Conductor	導遊，同 Tour guide。但有也將 Conductor 專指爲本國的領隊，Tour guide 專指爲當地導遊。
Confirm	CFM，確認。例如，Confirm booking 確認訂房。
Connecting room	CNR，連通房。指兩間客房中間有門可相連通的房型。
Conner room	邊間或角間的客房。
Contract	合約。
Control panel	控制面板。
Copy machine	影印機。
Core	電線。例如，Extension core 延長線。
Corporate rate	合約價，公司價，團體價。也就是特別的價格。同 Contract rate，Commercial rate，Company rate。
Counter	洗臉檯。
Coupon	CPN，餐券。
Credit card	C/C，信用卡。
Curtain	窗簾。同 Drapes。
Customer	顧客，客人。

Ⓓ

Day use	D/U，白天使用房間但不過夜，類似休息。
Deluxe	豪華。例如，Deluxe room 豪華客房。
Departure	DEP，出發（離開飯店出發至下一個目的）。例如，Departure date 離開飯店的日期。

Deposit	訂金，保證金。例如，Deposit payment 保證金。
Desk	書桌。
Diet coke	健怡可樂，不含糖的可樂。
DND	Do not disturb ，請勿打擾。例如，DND sign「請勿打擾」牌。
Door chain	門鍊，防盜鍊。
Doorknob	門把，門把手。
Door man	門僮，門衛。
Double bed	雙人床。指可供兩人睡的大床，而不是兩張床。
Double booking	重複訂房。
Double-double	四人房。
Double lock	反鎖，客房門由內鎖住。
Double room	雙人房，兩張床的客房。
Down comforter	羽毛被。
Down pillow	羽毛枕。同 Feather pillow 。
Drawer	抽屜。
Dress	洋裝（連身的）。
Dressing mirror	化妝鏡。
Dressing table	化妝檯，化妝桌。
Duty	值勤。例如，Duty manager 值勤經理（大廳副理），On duty 值勤中。
Duty	稅。例如，Duty free shop 免稅商店。

E

Early departure	提早離開飯店，提早退房。同 Early check out 。
EBS	Executive business service ，簽約公司服務。通常也指簽約廠商這類的客戶。
Economy class	飛機的經濟艙。

Elevator	電梯（美式說法）。同 Lift（英式說法）。
Emergency	緊急事件。例如， Emergency paging 緊急廣播。
Employee	員工。
Envelop	信封。
Escort	旅行團的領隊。
Exchange	匯兌外幣。例如， Exchange rate 匯率。
Executive floor	主管樓層，商務樓層。同 VIP floor。
Expected arrival	預定抵達而尚未抵達的客人。例如， Expected arrival list 預定抵達旅客名單。
Expected departure	預定離開（退房）的旅客。
Express pressing	快燙服務。
Express service	指「快洗服務」。
Extension	電話分機。例如， Extension number 分機號碼。
Extra bed	加床。

F

F&B	Food and beverage ，餐飲。例如， F&B department 餐飲部，簡稱 F&B 。
Face towel	洗臉毛巾，小方巾（小毛）。同 Wash towel 。
Feather pillow	羽毛枕。
Female	女性，女用。例如， Female hanger 女用衣架。
Fill out	填寫。
Fire alarm	火警警報。
Fire hydrant	消防栓。
Fire safety mask	防煙面罩。
Fist class	飛機的頭等艙。
FIT	Foreign independent traveler ，國外獨立旅行者，國外散客。

Flight	航班，班機。例如，Flight number 航班號碼，Flight time 航班時間，Flight delay 航班誤點。
Floor	樓層。例如，Floor station 樓層服務檯，Floor supervisor 樓層領班。
Floor indicator	樓層指示燈。
FMK	Floor master key ，樓層總鑰匙。
FO	Front office ，客務部。
Foam pillow	海棉枕。
Folio	帳單，消費明細。
FOM	Front office manager ，客務部經理。
Foreign exchange	外幣兌換。同 Foreign currency ，Money exchange 。
Fourposter	四角床。
Front desk	前檯，櫃檯。
Fruit	水果。例如，Fruit basket 水果籃，Fruit fork 水果叉，Fruit knife 水果刀。
Full length mirror	穿衣鏡。
Fully booked	客滿，客房被預訂滿額。

G

GIT	Group inclusive tourist ，團體旅客，團客。
Glass	玻璃杯，沒有把手的杯子。例如，Glass cover 杯蓋。
Glove	手套。
GM	General manager ，總經理。
GMK	General master key ，全館通用的總鑰匙。同 Grand master key 。
Group	團體。例如，Group calculation sheet 團體簽認單，Group rooming list 團體房號名單，Group rate 團體價。

Guest	顧客，客人。例如，Guest history（GH）客人歷史資料，Guest name 客人姓名，Guest title 客人身分，Guest room 客房。
Guest comment	顧客意見。
Guest elevator	客用電梯

Ⓗ

Hair dryer	吹風機。
Hand towel	擦手巾（中毛）。
Hanger	衣架。例如，Lady's hanger 淑女衣架。
Hanger stand	立式衣架。
Heater	暖氣，暖氣設備。
High season	旺季。
HK	Housekeeping，Housekeeping department，房務部。有些台灣以外的華人地區稱「管家部」。
Hold	保留。例如，Hold account 保留帳，Holding time 保留時間，Hold for arrival 保留至顧客抵達。
Hook	掛鉤。
Hotel	旅館，飯店，酒店。
Hotel card	旅館的店卡。
Hotel directory	旅館指南，介紹旅館內各項設施的說明。
Housekeeper	房務部經理，房務部的最高主管，或稱 Executive housekeeper。有些台灣以外的華人地區稱「管家」。
House phone	館內電話。
House use	H/U，公帳使用館內的消費性設施及服務，即飯店職工因公務簽帳。

Ⓘ

Ice	冰。例如，Ice cube 冰塊。

Ice bucket	冰桶。同 Ice can 。
Ice tongs	冰夾。IDD International direct dialing，國際直撥電話。
Incidental charge	私帳，私人的雜費。同 Personal account 。
Incoming	由外部進來的。例如，Incoming fax 外部傳來的傳真，Incoming call 來電。
Individual	散客。
Information	詢問處。
Inside room	位於建築物內部、無窗戶的客房。
International	國際性的。例如，International tourist hotel 國際觀光飯店，International call 國際電話。
Invoice	發票。例如，Invoice number 統一編號。
IOU	簽帳單。
Iron	熨斗。例如，Iron board 燙衣板。

Ｊ

Jacket	夾克，外套。
Jacuzzi	按摩浴缸。例如，Jacuzzi bath tub 按摩浴缸。 Jean 牛仔褲。
Junior	等級較小的。例如，Junior suite 等級較低的套房。

Ｋ

Kettle	煮水器。
Key	鑰匙。例如，Room key 客房鑰匙，Key box 鑰匙盒，Key tag 鑰匙牌。
King size	超大尺寸的。例如，King size bed 超大尺寸的床。
Kitchen	廚房。

L

L&F	Lost and found，客人遺失物招領。
Late check out	延遲退房。
Laundry	洗衣。例如，Laundry service 洗衣服務，Laundry bag 洗衣袋，Laundry list 洗衣單。
Letter	信件。例如，Letter paper 信紙。
Lift	電梯（英式說法）。同 Elevator（美式說法）。
Light	電燈。例如，Light control 電燈控制開關。同 Lamp。
Linen	布巾。
Linen chute	布巾投擲口。
Linen room	布巾間。
Lobby	旅館大廳，大堂。
Long distance call	長途電話。
Lounge	接待賓客的交誼廳。例如，VIP lounge 貴賓廳。
Low season	淡季。
Luggage	行李（英式說法）。同 Baggage（美式說法）。例如，Luggage tag 行李牌，Luggage room 行李房。
Luggage rack	行李架。

M

Magazine	雜誌。
Maid	房務員。同 Room attendant。
Mail	郵件。例如，Mailman 郵差，Mail advice note 郵件通知單。
Make bed	鋪床。
Make up	整理打掃。例如，Make up room 整理房間。
Male	男性，男用。例如，Male hanger 男用衣架。
Management	管理。例如，Hotel management 旅館管理。

Map	地圖。
Massage	按摩。例如， Massage service 按摩服務。
Masseur	男按摩師。
Masseuse	女按摩師。
Matches	火柴。
Mattress	彈簧床墊。彈簧床之上墊。
Memo	便條紙。例如， Memo pad 便條夾。
Message	MSG ，留言。例如， Message slip 留言單， Message lamp 留言燈。
Mina bar	迷你吧台。
Mineral water	礦泉水。
Mirror	鏡子。
MIS	Management information system ，管理資訊系統。
Money change	外幣兌換。同 Foreign exchange ， Foreign currency 。
Morning call	M/C ，晨間喚醒服務。
Motel	汽車旅館。
Mouthwash	漱口水。

Ⓝ

New arrival	N/A ，新遷入的客房。
Night audit	夜間稽核。
Night duty	夜間值勤。
Night gown	睡衣。
Night light	夜燈。
Night manager	夜間經理。
NNS	No night service ，不需夜床服務。
No answer	電話未接。
No baggage	沒有行李。指沒有行李的客人。

Non smoking floor	非吸煙樓層。
Non-slip bathtub mat	浴室止滑墊。
No show	N/S，未出現，未到達。指旅客訂房而未到達 check in 。
NSR	No service request ，不需要整理房間。
Nut	堅果類的食品。

⦿

OCC	Occupied ，已住客人的客房。
Occupancy	住房率。
OK room	經檢查通過可賣的房間。同 Ready to sell 。
On change	整理中。
On hanger	用衣架掛。客衣的包裝方式之一。
One way viewer	貓眼，窺孔。同 Peep hole 。
Oolong tea	烏龍茶。
OOO	Out of order ，故障。
Open	營業中。
Opener	開瓶器，開罐器。
Operator	總機。
Orange juice	柳橙汁。
Over booking	超額訂房。
Overseas call	越洋電話。

℗

Package	配套成組。例如， Package tour 套裝行程。
Pack luggage	打包行李，或已打包好行李的房間（待 check out）。
Page	廣播，呼叫。
Paid	已付帳。例如， Paid already 已付過帳， paid for advance 已預付過帳。

Pajamas	睡衣。
Pants	褲子。
Passport	護照。
Pay	付帳。例如，payment 帳務，Prepayment 預付帳。
Pay by room 1201	此人的帳由 1201 房住客付。
Pay for room 1202	此人幫 1202 房的住客付帳。
Pencil	鉛筆。
Per	每一。例如，Per night 每晚，Per room 每一客房，Per person 每一個人，Pay-per-view 每看一次付一次費用（付費電視），Per-person-rate 每一個人的價格。
Perrier	沛綠雅，法國氣泡礦泉水。
Person to person call	叫人電話。指定某人接聽，若指定之人不在，則不需費用。這種電話與「對方付費」電話一樣，需要由總機透過國際台轉接。
Phone	電話。例如，Phone book 電話簿，Phone number 電話號碼。
Pick up	P/U，接，接機。
Pillow	枕頭。例如，Pillow case 枕套。
Pocari	寶礦力，運動飲料。
Porter	行李員。同 Bellman 。
Post card	明信片。
Posting	登帳，入帳。
Potato chips	洋芋片。
Presidential suite	總統套房。通常是一定規模以上的旅館中最高級的客房。
Pressing	燙衣。例如，Pressing service 燙衣服務，Pressing list 燙衣單。
Profile	檔案。

Program card	節目表。
Public area	P/A，公共區域。

Ⓠ

Queen size bed	大尺寸床（雙人使用的尺寸）。

Ⓡ

Ready to sell	經檢查合格可賣的房間。同 OK room。
Reception	接待，接待櫃檯的簡稱。例如，Reception counter。
Receptionist	接待員（櫃檯員）。
Register	登記簿，收銀機。
Registration	登記（接待櫃檯）。同 Reception 接待（櫃檯）。
Remote control	遙控。例如，Remote controller 遙控器。
Rental car	租車。
Reservation	訂房。對內簡稱訂房組。
Resort hotel	休閒旅館，通常位於風景區。
Return guest	重複光臨的客人。
Room	客房。例如，Room rate 房價，Room type 客房形式（房型）。
Room assignment	排房。
Room attendant	房務員。同 Room maid。
Room change	換房。
Room division	客房部門。即客務部（FO）加上房務部（HK）的統合管理部門。
Rooming guest	安排客房給客人。
Rooming list	住客房號名單或房號分配表。
Room service	R/S，客房餐服務。對內也指負責客房餐飲的部門。例如，Room service menu 客房餐飲服務菜單。
Room status	客房狀況。例如，Room status report 客房狀況報表。

Round bed	圓床。
Rubber mat	浴室防滑墊。同 Non-slip bathtub mat 。

S

Safety deposit	保險箱。同 Safety box 。
Scissors	剪刀。
Scotch tape	膠帶。
Service	服務。
Service center	S/C ，服務中心。
Service station	服務檯。同 Floor station ， Pantry 。
Sewing kit	針線包。
Shampoo	洗髮精。
Shaver	刮鬍刀。
Shaving cream	刮鬍膏，刮鬍泡沫。
Sheet cover	被套。
Shirt	襯衫。
Shoe horn	鞋拔。
Shoe mitt	擦鞋布。同 Shoe cloth 。
Shoe polish	鞋油。
Shoeshine service	擦鞋服務。同 Shoe cleaning service 。
Shopping bag	購物袋。
Shorts	短褲。
Shower	淋浴。
Shower cap	浴帽。
Shower curtain	浴簾。
Shower head	蓮蓬頭。
Shower room	淋浴間。
Shuttle bus	往來飯店與特定地點的接駁巴士。

Single bed	單人床。只供一人使用的小床。
Single room	單人房。通常都提供一張 double bed，可以供夫妻同住。
Sleep out	S/O，在外過夜未歸。指住客當晚未返回旅館，整夜在外。
Sofa bed	沙發床。具沙發與床兩用的功能，白天當沙發，夜晚可拉出隱藏的部分，成為床的形式。同 Studio bed，Hide-a-bed。
SOP	Standard operation procedure，標準作業程序（標準作業流程）。
Souvenir	紀念品。
Special rate	特別優惠的價格。
Special service	快洗服務。客衣送洗的快洗服務，通常二小時送回。
Sprite	雪碧。汽水的一種，類似 7-up（Seven-up）。
Standard	標準。例如，Standard room 標準房。
Stapler	訂書機。Staple 訂書針。
Starch	上漿。例如，No starch 不上漿，Light starch 輕漿。
Station to station call	叫號電話。指定撥接某個電話號碼，有人接聽則開始計費，未接通則不必付費。
Stay over	續住。
Store room	倉庫。同 Storage。
Suit	套裝，西裝。
Suite	套房。指臥房（Bed room）與客廳（Living room）分開的客房形式。
Supplies	備品。
Sweater	毛衣。
Switch	開關。
Switch board	總機。指總機的硬體設備。

T

Table lamp	檯燈。
Tag	標籤，吊牌。
Tariff	房價。
Tax	稅。
Tea bag	茶包。
Telephone	電話。同 Phone 。
Telephone list	電話報表，電話帳單。
Telephone toll	電話費。
Ticket	搭乘交通工具的票。例如， Flight ticket 機票， Bus ticket 汽車票， Train ticket 火車票。
Tie	領帶。
Time difference	時差。
Tip	小費。
Tissue paper	面紙。
Toilet	廁所，馬桶。例如， Toilet seat 馬桶座， Toilet seat cover 馬桶蓋， Toilet paper 衛生紙， Toilet roll 捲筒衛生紙。
Toothbrush	牙刷。
Toothpaste	牙膏。
Tour	旅遊。例如， City tour 市區旅遊， Tour package 套裝旅遊行程。
Tour guide	導遊。同 Conductor 。
Tourist	觀光客。
Towel	毛巾。例如， Towel rock 毛巾架， Towel ring 毛巾環。
Trash can	垃圾桶。
Travel agent	旅行社。

Travelers cheque	T/C ，旅行支票。
Triple room	三人房。
Trolley	行李車。
T/S	Tour service ，旅行社。同 Travel agent 。
T-shirt	T 恤衫，運動衫。
Turn down service	夜床服務。同 Night service ， Open bed service 。傍晚時將床罩取下，並將毛毯或羽毛被折出一個角，以方便住客就寢。
TV	Television ，電視。
Twin double	四人房。同 Double double 。
Twin room	雙人房。指兩張床分開的客房。

Ⓤ

Underpants	內褲。
Underwear	內衣。同 Undershirt 。
Unoccupied	未住客的房間，空房。同 Vacant room 。
Update	更新。
Up grade	升等。同樣的房價，從較小的房間升等為較大的房間。

Ⓥ

Vacant	VAC ，空房。同 Unoccupied 。
Valuable	貴重物品。
Vase	花瓶， Flower vase 。
Vest	背心。
Villa	別墅。亦指別墅型態的旅館。
VIP	Very important person ，貴賓，重要的客人。
Visa	簽證。另外有一種知名的信用卡品牌也叫 Visa ， Visa card 是指這個品牌的信用卡。

| Volume | 音量。 |
| Voucher | VHR ，住宿憑證。 |

W

Waiting	候補。例如， Waiting list 候補名單。
Wake up call	喚起電話。例如， Wake up call service 喚醒服務。
Walk in	W/I ，臨時未經訂房的客人。
Walk out	W/O ，跑帳。
Wall paper	壁紙。
Wall picture	壁畫。同 Wall painting 。
Wardrobe	衣櫥，衣櫃。同 Closet 。
Weekday rate	平日價格。
Weekend rate	週末假日價格。
Welcome letter	歡迎信函。
Welcome tea	迎賓茶。或是 Welcome drink ，迎賓飲料。
White board	白板。例如， White board marker 白板筆。
Writing desk	書桌，寫字檯。

Y

| Yellow page | 黃頁。指工商分類電話簿。 |
| Yukata | 日式浴袍。 |

參考書目

內政部消防署全球資訊網 www.nfa.gov.tw 。

台北市政府消防局網站 www.tfd.gov.tw 。

阮仲仁（1991）。《觀光飯店計畫》。台北市：旺文社。

郭春敏（2003）。《房務作業管理》。台北市：揚智文化。

郭春敏（2003）。《旅館前檯作業管理》。台北市：揚智文化。

陳天來、陳諍嵐（2000）。《飯店環境管理》。遼寧科學技術出版社。

黃惠伯（2000）。《旅館安全管理》。台北市：揚智文化。

黃獻輝（1989）。《房務管理》。台北縣永和市：著者發行。

詹氏書局編輯部編（2004）。《各類場所消防安全設備設置標準》。台北市：詹
　　　氏。

詹氏書局編輯部編（2004）。《最新建築技術規則》。台北市：詹氏。

詹益政（1992）。《現代旅館實務》（增訂第十九版）。台北市：著者發行。

國家圖書館出版品預行編目資料

現代精緻旅館經營管理：理論與實務 / 余慶華著.
-- 初版.-- 台北市：揚智文化, 2005 [民 94]
　　面：　公分.
　　參考書目：面
　　ISBN 957-818-753-X（平裝）

　　1. 旅館業 - 管理

489.2　　　　　　　　　　　　　　　94017260

現代精緻旅館經營管理──理論與實務

著　　者╱余慶華
出 版 者╱揚智文化事業股份有限公司
發 行 人╱葉忠賢
總 編 輯╱林新倫
執行編輯╱晏華璞
登 記 證╱局版北市業字第 1117 號
地　　址╱台北縣深坑鄉北深路三段 260 號 8 樓
電　　話╱(02)8662-6826
傳　　真╱(02)2664-7633
E - m a i l ╱ service@ycrc.com.tw
網　　址╱ http://www.ycrc.com.tw
郵撥帳號╱ 19735365
戶　　名╱葉忠賢
印　　刷╱興旺彩色印刷製版有限公司
法律顧問╱北辰著作權事務所　蕭雄淋律師
初版三刷╱ 2011 年 09 月
定　　價╱新台幣 550 元
Ｉ Ｓ Ｂ Ｎ ╱ 957-818-753-X